哈洛新知
Hello Knowledge

知识就是力量

国家出版基金项目

牛 津 科 普 系 列

量子物理学

[美]迈克尔·G.雷默/著

吴纯白/译

華中科技大學出版社
http://press.hust.edu.cn
中国·武汉

湖北省版权局著作权合同登记　图字：17-2021-116 号

图书在版编目（CIP）数据

量子物理学 /（美）迈克尔・G. 雷默著；吴纯白译 . —武汉：华中科技大学出版社，2022. 8（2024. 8 重印）
（牛津科普系列）
ISBN 978-7-5680-6236-7

Ⅰ. ①量… Ⅱ. ①迈… ②吴… Ⅲ. ①量子论—普及读物 Ⅳ. ① O413-49

中国版本图书馆 CIP 数据核字（2022）第 059005 号

量子物理学
Liangzi Wulixue

［美］迈克尔・G. 雷默　著
吴纯白　译

策划编辑：杨玉斌
责任编辑：曾　菡　　装帧设计：李　楠　陈　露
责任校对：曾　婷　　责任监印：朱　玢

出版发行：华中科技大学出版社（中国・武汉）　电话：（027）81321913
武汉市东湖新技术开发区华工科技园　邮编：430223

录　排：华中科技大学惠友文印中心
印　刷：湖北金港彩印有限公司
开　本：880 mm × 1230 mm　1/32
印　张：11.75
字　数：264 千字
版　次：2024 年 8 月第 1 版第 3 次印刷
定　价：108.00 元

总序

欲厦之高，必牢其基础。一个国家，如果全民科学素质不高，不可能成为一个科技强国。提高我国全民科学素质，是实现中华民族伟大复兴的中国梦的客观需要。长期以来，我一直倡导培养年轻人的科学人文精神，就是提倡既要注重年轻人正确的价值观和思想的塑造，又要培养年轻人对自然的探索精神，使他们成为既懂人文、富于人文精神，又懂科技、具有科技能力和科学精神的人，从而做到"物格而后知至，知至而后意诚，意诚而后心正，心正而后身修，身修而后家齐，家齐而后国治，国治而后天下平"。

科学普及是提高全民科学素质的一个重要方式。习近平总书记提出："科技创新、科学普及是实现创新发展的两翼，要把科学普及放在与科技创新同等重要的位置。"这一讲话历史性地将科学普及提高到了国家科技强国战略的高度，充分地显示了科普工作的重要地位和意义。华中科技大学出版社组织翻译出版"牛津科普系列"，引进国外优秀的科普作品，这是一件非常有意义的工作。所以，当他们邀请我为这套书作序时，我欣然同意。

人类社会目前正面临许多的困难和危机，这其中许多问题和危机的解决，有赖于人类的共同努力，尤其是科学技术的发展。而科学技术的发展不仅仅是科研人员的事情，也与公众密切相关。大量的事实表明，如果公众对科学探索、技术创新了解不深入，甚至有误解，最终会影响科学自身的发展。科普是连接科学和公众的桥梁。“牛津科普系列”着眼于全球现实问题，多方位、多角度地聚焦全人类的生存与发展，探讨现代社会公众普遍关注的社会公共议题、前沿问题、切身问题，选题新颖，时代感强，内容先进，相信读者一定会喜欢。

科普是一种创造性的活动，也是一门艺术。科技发展日新月异，科技名词不断涌现，新一轮科技革命和产业变革方兴未艾，如何用通俗易懂的语言、生动形象的比喻，引人入胜地向公众讲述枯燥抽象的原理和专业深奥的知识，从而激发读者对科学的兴趣和探索，理解科技知识，掌握科学方法，领会科学思想，培养科学精神，需要创造性的思维、艺术性的表达。“牛津科普系列”主要采用“一问一答”的编写方式，分专题先介绍有关的基本概念、基本知识，然后解答公众所关心的问题，内容通俗易懂、简明扼要。正所谓“善学者必善问”，“一问一答”可以较好地触动读者的好奇心，引起他们求知的兴趣，产生共鸣，我以为这套书很好地抓住了科普的本质，令人称道。

王国维曾就诗词创作写道：“诗人对宇宙人生，须入乎其内，又须出乎其外。入乎其内，故能写之。出乎其外，故能观之。入乎其内，故有生气。出乎其外，故有高致。”科普的创作也是如此。科学分工越来越细，必定“隔行如隔山”，要将深奥的专业知识转化为通俗易懂的内容，专家最有资格，而且能保证作品的质量。“牛津科普系列”的作者都是该领域的一流专家，包括诺贝尔奖获得者、一些发达国家的国家科学院院士等，译者也都是我国各领域的专家、大学教授，这套书可谓是名副其实的“大家小书”。这也从另一个方面反映出出版社的编辑们对“牛津科普系列”进行了尽心组织、精心策划、匠心打造。

我期待这套书能够成为科普图书百花园中一道亮丽的风景线。

是为序。

杨叔子

（总序作者系中国科学院院士、华中科技大学原校长）

序

本书向非科研人员详细地解释了量子物理学到底是什么，并且介绍了那些正在高速发展的、以光和物质所特有的量子现象为基础的科学技术。“什么才是所有人都需要了解的量子物理学?”当我在思考如何回答这个问题的时候，我意识到，尽管量子物理学是一门涉及范围非常广的学科，但是关于它的一本科普读物不应该试图面面俱到。与其回答刚才那个问题，我不如问我自己，什么才是量子物理学中最博大精深的思想，同时这种思想是每一个人都能理解的？对于很多物理学家来说，量子物理学最出色的方面是让他们重新审视物质世界最深层次、最基本的概念，也就是他们的科学世界观。

量子物理学最重要的思想是：量子世界呈现出概率性，而这种概率性和我们的直觉思维是有冲突的。这个思想包含了下面两个要点：

首先，物理世界的运作方式并不像时钟发条那样精准——就算我们用最完美的方法知道了物体现在的状态，这并不能保证我们可以准确地预测它将来的状态。将来可能发生的事并不是预先决定好的。我们可以谈论的，只是或大或小的概率而已。同理，用完美的方法观察到的物体，它现在的状态并不能使我们确切地得知它过去的状态。这个要点看上去不足为奇，尤其是对一些复杂系统（比如人的行为）来说，但是，量子物理学却告诉我们，这个要点对最简单的物体（比如一个单电子）也适用。

其次，假设有一个隐藏的物体，在我们第一次观测到它的时候，我们的直觉思维是，在被观察到的那一刻，它的外观和表现就是它被观察到之前的样子。比如，你打开一个礼物盒，看到一个小巧的绿宝石，那么，你会自然而然地认为，在你打开盒子之前，这颗宝石就是小小的、绿色的。但是，对于量子层面的物体，也就是当我们试图观察和测量像电子这样的基本粒子时，这样的直觉思维式世界观却不再适用。

也许你会想，在观测微小物体的性质和表现时，直觉思维不可靠这一点也不奇怪，但是大多数物理学家却觉得，如果你思考得更深入，那么你就会觉得这里面有很大的问题。诺贝尔物理学奖获得者默里·盖尔曼（Murray Gell-Mann）曾经说过："量子力学的发现是人类历史上最伟大的成就之一，但它同时也是人类最难掌握的理论之一……它违反了我们的直觉思维——确切地说，应该是人类的直觉思维是建立在忽略量子效应的基础上。"

这本书最主要的目的是帮助你深入思考和理解量子物理学的定位，从而你也可能感叹，量子物理学的世界观是多么反直觉，并且这个事实已经一次又一次地被实验室里的各种实验所证实。在2015年，当我还在写这本书的时候，世界上3个不同的实验室分别独立地完成了相似的实验，这些实现的结果第一次完完全全地证实了：我们赖以生存的这个世界，与我们用直觉思维形成的、经典物理学世界观解释的世界，是格格不入的。在经典物理学世界观里，我们用直觉思维认定每一个基本粒子都具有确定的性质和表现，这和它们是否或者如何被观测到无关。《科学》杂志把这项发现纳入当年的十大科学发现之一。这些科学实验彻底改变了我们的科学世界观，在本书中我们将详细探讨它们。

科学世界观的改变通常是和技术革命紧密联系在一起的，这两者互相扶持，形成了一个从发现到创造发明的反馈式循环，如农业科技和人类劳动分工的出现，印刷术和文化的传播，18 世纪物理学和生产工业化，等等。在人类探索了量子物理学 100 多年后的今天，一个新型技术分支正在冉冉升起，它就是：量子技术。这个新型技术是基于我们全新的科学世界观而发展起来的。虽然这个世界观和直觉思维相反，科学家和工程师却可以利用量子技术完成各种新型任务：无法破解的信息加密，超高精度的重力和加速度传感器，能以指数级速度计算并给出问题答案的、比目前任何计算机都要快的量子计算机，等等。

我写这本书的目的是用浅显易懂的语言，尽全力让一个没有物理学基础，但又充满好奇心、具有恒心的读者，在读书的过程中，有能力去理解和遵循我们用来解释量子理论正确性的逻辑思维。

致谢

我必须要重点感谢我的妻子,凯西·林德兰(Kathie Lindlan)。她用浓浓爱意来鼓励和支持我完成本书的写作。我想感谢我的父亲,戈登·雷默(Gordon Raymer)。他不辞辛劳地阅读了本书,并且给予了我很多专业上和语言上的非常好的建议。

我想由衷地感谢在本书的撰写过程中为我提供了大量帮助的人。我要感谢物理学家马克·贝克(Mark Beck)、史蒂文·范恩克(Steven van Enk)和丹尼斯·霍尔(Dennis Hall)对本书的部分内容提出的建设性意见。除了他们,我要特别感谢两位年轻的物理学家:克里斯·杰克逊(Chris Jackson)和迪利普·雷迪(Dileep Reddy)。在俄勒冈大学,我们一起开发和教授了一门量子物理学课程,面向的是那些并不是都想要成为科学家的大学生。这门课程的目的是把量子物理学理论中的精华部分提炼出来,用通俗的语言加以解释,而不借助复杂的数学知识。另外,克里斯还审阅了初稿,帮助我审核一些适合大众理解的量子物理学术语。我对他们为了本书的顺利出版所给予的启发和热情帮助表示感激。当然,在本书中如果出现任何错误,都由我自己来承担。

目录

1　什么是量子物理学？　1

什么是量子物理学？　2

量子物理学怎样影响着我们的日常生活？　4

什么是物理学理论，以及什么是物理学课题？　5

为什么当我们谈论物理时会使用“模型”这个词？　7

为什么 2015 年是量子物理学特别成功的一年？　8

为什么有些物体可以用经典物理模型来描述，而有些却需要用量子物理模型来描述？　10

什么是组成物理世界的最基本实体？　12

光在经典物理学和量子物理学中的描述有何不同？　15

光探测的离散性具有什么物理意义？　16

人们有可能制造出并且探测到单光子吗？　19

量子物理学是如何被发现的？　21

电磁场具有量子本质吗？　25

2 **量子测量以及测量产生的后果** 29

什么是经典物理学中的“测量”? 30

什么是光的偏振? 31

我们怎样确定或者测量光的偏振? 33

如果光包含有多种偏振，会发生什么? 36

如果光是纯偏振光，但偏振不在 H 或者 V 方向，
会发生什么? 37

这些测量偏振的结果背后有什么物理意义? 39

什么是光的相干性? 它扮演了什么角色? 41

我们可以测量单光子的偏振吗? 43

我们如何制备偏振在某一特定方向上的纯偏振态单光子? 45

你可以通过量子测量来确定单光子的偏振态吗? 45

光的偏振态在经典物理学和量子物理学中的区别是什么? 46

我们如何预测光偏振态测量中的概率? 47

在量子领域中进行测量到底是什么意思? 51

什么是互补测量? 52

为什么宏观物体看上去具有确定的性质，但组成它的
量子个体却不具备这种确定性? 54

什么是我们所指的物体的“态”? 55

什么是量子态? 56

鲍勃有可能在实验上确定爱丽丝制备的量子态吗? 58

鲍勃能复制(克隆)一个光子的量子态吗? 60

什么是量子相干性? 61
什么是量子力学的指导性原则? 61
量子力学到底描述了什么? 63

3 应用量子数据加密 65

人类可以利用量子物理学来创造出绝对安全的通信网络吗? 66
加密是如何使信息保密的? 66
绝大部分的加密方法都能被破译，这是真的吗? 67
有没有一种无法破译的加密方式? 69
文本信息在二进制编码中如何显示? 70
文本信息是如何被二进制密钥加密和解密的? 71
光子的偏振态是如何被用来创建安全密钥的? 71
量子密钥分发是基于哪些物理学原理? 73
量子密钥分发的工作原理是什么? 75
如果有窃听者，情况会怎样? 78
爱丽丝和鲍勃如何得知窃听者伊夫是否存在? 80
如果伊夫一直存在怎么办? 81
伊夫有可能使用其他更好的窃听方式吗? 83
量子密钥分发的研究现状是什么? 83

4 量子行为 85

在没有被测量的情况下，量子物体的行为是什么? 86

电子和弹珠的行为有什么区别? 86
为什么电子总是落到山羊上? 88
如果我们改变设置，结果会怎么样呢? 89
如果我们挡住一条路径，会发生什么? 90
到目前为止，我们可以得出什么结论? 91
我们可以测量电子运动的路径吗? 92
为什么我们不能把同样的逻辑用在弹珠上呢? 93
什么是幺正表现? 94
有没有其他幺正过程的例子来说明主要论点? 96
一个过程如果是幺正的，会有哪些进一步的后果? 97
在双路径实验里，物质的表现可不可以和光子的表现相同? 100
光子的表现会不会偶尔符合经典概率论? 102
我们如何把上述的讨论总结为一个物理学原理? 103
在量子物理学中，什么是一次测量? 104
一个量子物体可以同时出现在两个地点吗? 104
量子密钥分发是如何利用幺正过程这个概念的? 105
量子理论如何描述具有两种可能性的态? 106
量子理论是如何描述一个拥有两条可通过路径的电子的? 106
状态箭头可以用来代表宏观物体的“态”吗? 109
结果的概率和量子可能性是如何联系在一起的? 109
一个电子是如何被“分离”进入两条路径的? 110
当路径干涉出现时，如何使用状态箭头来计算概率? 111
如果我们更改其中一条路径，会发生什么? 113

我们怎样把上面的想法总结成一个指导性原则? 114
如果我们进一步改变路径长度，结果会怎样呢? 114
从上面的实验中我们能否推导出一个普适性原则? 118
本章的结束语是什么? 120

5 应用方面——用量子干涉感应重力 123

什么是感应技术? 124
感应引力强度有什么用途? 125
怎样利用量子物理学来感应引力? 126
本章的引力干涉仪和前一章的电子干涉仪有什么不同? 129
中子干涉仪是一个有实际意义的引力感应器吗? 129

6 量子概率和波动性 131

波这个概念是如何被引入量子理论的? 132
什么是波? 132
什么是波干涉? 134
什么是量子概率波? 135
psi-波函数是如何掌控其内部时序的? 137
是什么决定了粒子内部时钟的循环时间或者频率? 138
我们如何把提出的指导性原则结合成一个有条理的量子理论? 140
什么是动量，以及什么可以改变动量? 141

什么是能量? 143

薛定谔方程是怎样描述量子物体在时空中的运动过程的? 144

量子概率波是怎样和概率联系在一起的? 146

能否举一个薛定谔方程在应用中的实例? 147

一个量子粒子是如何穿过 0 概率区域的? 149

什么是海森堡不确定性原理? 150

电子既是粒子又是波的说法正确吗? 153

7 里程碑和三岔路口 155

当你来到三岔路口时,你应该做什么? 156

迄今为止,我们有哪些重要的里程碑? 157

8 定域实在论的终结和贝尔测试 163

物理实验可以探究“实在论”的本质吗? 164

什么是相关性? 它告诉了我们什么? 165

能否举一个有关相关性属性的例子? 166

能否举一个有关相关性表现的例子? 167

相关性是如何被计量的? 168

经典相关性和量子相关性的区别是什么? 172

什么是实在论,以及我们如何在实验里测试它? 173

如何为测试实在论做好准备? 175

如果我们只能进行部分测量,那会怎么样呢? 178

怎样阻止实验双方之间互通信息? 181
什么是定域实在论? 183
什么样的实验可以推翻定域实在论? 183
对于原子中释放的光子对，是不是任何量子态都能
产生上述结果? 191
在上述讨论中，是否有任何漏洞或者瑕疵? 192
什么样的实验克服了潜在的瑕疵? 193
约翰·贝尔对于这样的实验结果做出了什么评价? 193
定域实在论这一观点的崩塌意味着我们必须放弃经典
直觉和经典物理学吗? 195
我们应该放弃定域因果原则或者实在论吗?
或者两者都放弃? 195

9 量子纠缠和隐形传态 197

什么是量子纠缠? 198
我们如何表示一个复合体的量子态? 199
我们如何表示光子对的量子纠缠态? 201
我们如何制备处于贝尔纠缠态的光子对? 203
贝尔纠缠态是如何违背定域实在论的? 204
关于一个量子组合体的组成部分，哪些是你可以知道的? 206
在实际情况中，知道了关于量子组合体所能知道的
一切将意味着什么? 207
什么是我们利用量子纠缠可以做到，而没有量子纠缠
就做不到的? 209

量子纠缠是怎样使量子态的隐形传送变为可能的? 210
在爱丽丝那里发生的事会影响鲍勃那边吗? 213
量子态的隐形传送是瞬时的吗? 214
人类可以被隐形传送吗? 215
量子态的隐形传送有什么用? 216

10 应用——量子计算 217

信息是有形的吗? 218
什么是计算机? 218
计算机是怎么工作的? 220
单个逻辑门可以有多小? 223
我们可以创造出使用内在量子表现的计算机吗? 224
什么是量子比特? 225
哪个物理原理区分了经典计算机和量子计算机? 226
量子计算机会使用哪些逻辑门? 227
我们将如何操作量子计算机? 231
为什么质因数分解很难? 234
量子计算机如何解决质因数问题? 237
量子计算机还能解决计算机科学中的其他难题吗? 239
量子计算机可以解决哪些物理和化学难题? 241
为什么制造量子计算机如此艰难? 244
制造量子计算机的前景如何? 245
用哪些方法有希望制造出量子计算机? 246

11 能量量子化和原子 249

什么是能量量子化? 250

为什么当一个粒子受到约束时，能量会被量子化? 250

在一个原子中，电子的能量是如何量子化的? 253

为什么电子不会停留在势阱的底部? 256

原子如何吸收光波? 257

一个原子如何辐射出光? 260

经典物理学理论中电子围绕原子核进行轨道运动的说法，在量子物理学理论中变成了什么? 260

环形 psi-波函数和量子尺有什么关系? 262

电子的 psi-波函数在三维空间是什么样的? 262

12 应用——利用量子技术感应时间、位移和引力 265

什么是基于量子物理学的感应技术? 266

什么是时间的科学定义? 266

什么是时钟? 267

我们怎样才能制造出完全相同的时钟? 268

为什么基本量子物体可以被制成最完美的时钟? 269

为什么先进的时钟技术非常重要? 270

目前的原子钟有多精确? 272

原子钟的基本工作原理是什么? 273

最先进的原子钟是如何工作的? 275

什么是惯性传感器? 278

什么是加速度计? 279

常规加速度计是怎么工作的? 280

加速度计有什么用途? 281

什么是重力仪? 它的用途是什么? 282

常规重力仪如何工作? 282

第一台量子重力仪是如何工作的? 284

高级量子重力仪如何工作? 285

原子干涉仪可以探测到引力波吗? 288

13 量子场和它的激发子 291

什么是经典物理学中的粒子和场? 292

统一了粒子和场这两个概念的量子物理学原理是什么? 294

如果我们测量一个量子场，会发生什么? 296

网格的量子理论如何被应用到光波上? 298

什么是量子场? 300

什么是光子? 301

粒子和场是同一种事物的不同形态吗? 302

场和粒子的统一也适用于电子吗? 302

为什么我们看不到普通物体的出现和消失? 304

宇宙是由什么组成的? 305

什么是量子真空? 305

基本粒子是怎样获得质量的? 307

还有其他事实为量子场的存在提供证据吗? 309

对量子场的理解解开了贝尔关系式的谜团吗? 311

对量子场的理解解开了量子测量的谜团吗? 312

为什么关于量子场的讨论被推迟到接近本书的结尾处? 313

14 有待解决的问题和争议 315

关于量子物理学，有哪些是我们不知道的? 316

什么样的自然界是量子理论试图告诉我们的? 317

量子理论很明显的一个问题是什么? 318

量子纠缠态是如何更新的? 321

海森堡的观点解决了“测量难题”吗? 323

退相干有什么用? 327

“从实际情况出发”，足够吗? 328

量子概率是主观的吗? 330

这一切都在我的脑海里吗? 334

相干性万岁? 336

为什么贝尔关系式会出现? 341

本书的意义是什么? 342

注释 345

1 什么是量子物理学？

什么是量子物理学？

量子物理学是在“量子领域”里研究物质世界的基本组成——物质和能量。量子领域包含了自然界中无法用经典物理学解释的各个方面。我们讲的经典物理学，指的是17世纪以来由艾萨克·牛顿(Isaac Newton)和其他物理学家“推导”出的自然科学理论。推动这个理论发展的原因，主要是人们需要用它来解释各种各样的宏观物理现象，特别是针对那些人们所熟悉的物体，例如岩石、行星、海洋、云层、车轮、齿轮、滑轮、时钟和蒸汽机等。由于这些物体具有力学性质，经典物理学理论又被称为经典力学。经典物理学理论在19世纪以后得以扩展，涵盖了电学和磁学。相比人们熟悉的物体，电磁场更难被看见，甚至很难被想象。但是在那个年代，人们还是或多或少地用力学概念来解释它们，也就是说，用到了经典物理学理论的基本概念。

所以，自然科学的经典物理学理论在很大程度上关注所谓的“粒子”——在时间、空间内移动的独立个体，以及“力场”——使不直接接触的物体之间产生力的作用。比如，电场和磁场使带电物体之间形成力的作用，引出了诸如无线电信号和光波这样的现象，而它们存在于比单个粒子大得多的空间区域中。

在1900年左右，科学家们第一次提出了原子的组成和构造，当时他们自然而然地认为，电子、质子和中子必然是基本粒子，而且它们的行为可以很好地用经典力学来描述。他们把电子想象成小小的行星，围绕着就像是太阳一样的原子核不停地旋转。但是,科学家们惊奇地发现,当他们试图使用牛顿的经典力学理论和电磁理论对原子的结构进行推算时,得出的理论预测结果却和真实世界的实验结果不一致。

这个历史状况促使科学家们在1900年到1925年间进行了一场物理学的认知革命。这场革命对人类的影响甚至可以与法国大革命和美国独立战争相提并论。在这期间,科学家们为经典力学补充了更加强有力的理论,被称为量子力学,或者叫作量子理论。在这里我用了“补充”这个词,而不是“推翻”,这是因为经典力学还是非常有用的,它可以精确描述在人类可见范围内的各种物理现象。例如,我们没必要用量子力学来描述飞机、火车和汽车的运动。但是,我们需要用量子力学来解释电子和其他原子量级的物理现象。

我们工作的难点在于,量子力学是一门极其抽象的理论,我们很难真正窥探到它的确切含义。令人欣慰的是,迄今为止,每次物理学家们直接运用量子理论,都可以很准确地解释

八大行星围绕着太阳

各种物理现象。比如,沿着量子理论的思路,物理学家们成功理解了电子如何在半导体晶体中运动,从而利用半导体晶体制造出大部分现代化电子设备。如果没有这些知识,工程师们就无法发明计算机,也就不会有互联网以及信息社会。

本书试图简单明了地回答下面几个重要问题:原子量级的物体和与其相关的力场,它们的哪些性质和表现不能用经典物理学理论来描述?我们如何用量子理论来理解这些物理现象?这些量子理论的知识怎样才能被好好地运用?最后一个问题会引出一些非常有趣的量子物理学的实际应用,这也就是我们所说的一个新研发热点——量子技术。

量子物理学怎样影响着我们的日常生活?

对量子物理学的深入理解使人们研发了很多熟悉的科学技术、设备或仪器:激光,发光二极管(LED),晶体管,包括计算机

集成电路
Photo on Pexels

和智能手机在内的半导体电子设备,高存储量的电脑磁盘驱动器,闪存中用到的全电子内存,无磁盘化的笔记本电脑和在信息技术领域里随处可见的液晶显示屏(LCD)。近年在量子物理学的研究领域中出现了一项不太为人所熟知的技术,那就是高度安全的数据加密法。随着各种相关的社会新闻所反映出的人们保护信息内容的困难程度,以及个人或组织试图窃取互联网信息的猖獗程度,人们越发能感受到这项技术的重要性。

现代电子设备,包括计算机和智能手机,都依赖电子的量子效应。广泛应用于消费品里的激光技术,则是利用了光子的量子效应。你也许会问,什么是电子和光子? 它们的表现分别是什么? 物理学家如何利用量子理论来解释它们看似奇怪的行为? "量子"这个词到底如何理解?

你也许还会对现在新闻报道中提到的所谓量子计算或者量子技术的突破感到好奇。你也许会问,为什么量子这个词会让一些技术专家感到兴奋? 什么是量子技术能够做到,而经典物理技术却做不到的? 新的突破会不会创造出未来科技? 本书将会探讨这些问题的答案。

什么是物理学理论,以及什么是物理学课题?

一个物理学理论就是一种推理方式,它由一套已经被证实的概念和原理组成。我们用这些概念或原理来搭建一些"模型",这些模型是自然现象的抽象表示。一个好的理论通常包含或者抓住了许多属于不同类别的物理系统的特征和表现。几乎所有的物理学理论都使用数学方法来表达。从这个观点上看,物理其实就是人类建造的物质世界的一个数学模型。如果一个理论要成为被证实的科学理论,它必须首先通过严格的实验检验。这些检验就是试图发现这个理论在某种情形下是否会失效。

如果一个物理学理论通过了所有的实验测试,那么它就有可能被认为是"正确的",从而人们可以放心地用它来为某些特定的情形建立物理模型。但需要指出的一点是,科学家们永远不可能真正证明一个理论绝对正确——他们只能说这个理论在目前所有能做的实验中都成功了。这个理论将来有可能会被一个更好、更完整的理论所代替。反之,如果实验结果和理论预测的结论截然相反,科学家们则有可能认为这个理论是错误的。

物理学的各种理论并不只是简单地预测在某种情形下会发生什么。在理想状况下,物理学理论将通过它们之间的许多关联性来试图解释一个现象是如何发生的,以及在某种程度上,为什么这个现象会发生。诚然,当物理学家们需要解释自然界中那些超出人类知识范围的现象时,他们对于"为什么"给出的答案其实只是"情况就是如此"。人们正是通过实验得知"情况就是如此"的。

所以,什么是物理学课题?也就是说,物理学家们想努力得到什么?为什么人类需要建造物质世界的数学模型?有两个主要原因:为了满足好奇心,以及为了把知识加以利用。所有的物理发现,虽然绝大部分都是出于好奇心的驱使,但都有机会被广泛应用于现实生活中。只是有的很早就被利用,而有的却很晚。比如,根据半导体物理技术开发出的晶体管,就很快被用到了微型电路上，从而开始了现代计算机革命。而爱因斯坦 1915 年提出的广义相对论却直到约 80 年后才有实际意义的应用——它是建立全球定位系统(GPS)的理论依据之一，而 GPS 已经深深地影响着我们生活的各个方面。

为什么当我们谈论物理时会使用“模型”这个词？

这个问题涉及了科学这个词的核心含义和它所扮演的角色。很久以前，哲学家们相信，自然哲学可以揭示世界上很多事物的本质，所以他们把自然哲学称为科学。近代以来，人们对科学的看法有了改变。现在，一个常见的观点是，科学并不能揭示世界内在的本质(即世界“到底是什么”)，而只是为世界的表现提供各种概念化的模型。

在科学领域里，一个“模型”就是一种意识或概念化的结构体，人们用它来代表现实世界中到底发生了什么。所以，科学模型被设计成允许我们用它来预测被建模系统是如何真正演变的。这样的模型通常通过数学方法来描述。典型的例子就是，气象学家设计出的用来预测二氧化碳的增加对地球大气产生影响的算法程序。然而，重要的一点是区分概念化模型和这个模型本身代表的系统。打个比方，一个玩具火车可能是真火车的优质模型，但没有人会把玩具火车和真火车混淆。

量子物理学所试图模型化的是自然界中最基本的要素，但是我们不能把量子物理模型(也就是一整套概念和数学表达式)和真正的事物(自然界)混淆。如果我们无法区分这两者，严重的话有可能陷入一个误区，用著名的科普作家吉姆·巴戈特(Jim Baggott)的话来说，就是“物理童话”。

人们渐渐地改变了对科学的看法，意识到科学只能提供概念化的模型，这个历史进程和量子物理学的形成过程有着紧密的联系。由于我们无法看到、直接触摸到、甚至推断出像电子之类的微小物体到底是什么，因此，当涉及量子层面的自然界时，我们被迫在更抽象、更远离现实的层次里进行研究。由于所有的事物都是由某种“量子物质”组成，许多科学家相信同一种理解最终会适用于一切事物。

为什么 2015 年是量子物理学特别成功的一年？

当我还在写这本书的时候，3 组科学家团队宣布，他们在实验中第一次确认了，两个精心准备的、具有相关性的物体产生的实验结果无法用经典物理学理论解释。具体来说，来自荷兰的代尔夫特(Delft)、美国科罗拉多州的波德(Boulder)，以及奥地利维也纳(Vienna)的物理学家们，对空间上分离但具有关

玩具火车模型

联性的物体进行了测量,他们的实验结果一劳永逸地终结了经典物理学世界观中所谓的“定域实在论”。经典物理学世界观本身是基于下面的假设:当具有物理属性的物体被测量时,这些物体携带有特定的属性或者“指令”来指导它们如何对测量产生反应①,而所有对任何物体产生物理影响的行为都无法以超光速传播②。在经典物理学世界观中,两个物体可以有相关性。例如,两个球体被涂上相同的颜色,虽然具体是什么颜色没有人知道,但是,球的颜色在被观测前已经确定了。如果有人看到了一个球的颜色,那么,他也会立即知道另外一个球的颜色。

用来测试“定域实在论”的实验被称作“贝尔测试实验”,它因物理学家约翰·贝尔(John Bell)而得名。现在,作为经典物理学理论基础的“定域实在论”这个假设,被“贝尔测试实验”的结果证明是错误的。这个意义深远的结论来自对两个遥远的物体分别进行测量,虽然单个物体的测量显示出了无序而随机的结果,但是把两个物体的测量结果进行比较时,却显示出惊人的相关性。这样的实验结果公然违抗了自然界如何运转的常识性观点(同样,在经典物理学的观点中,测量结果看起来可能是随机的,但它们在实际测量之前就已经确定了)。

另一方面,量子理论却可以被用来完美地模拟上述实验,并且给出合理的解释。它无须用到测量前实验结果已经确定的准则。这就意味着量子理论和“定域实在论”不一致。20 世

---

① 这就是“实在论”。——译者注

② 这就是“地域论”。——译者注

纪 60 年代,约翰·贝尔首次从理论上证实了这一点。这些事实似乎给"实在论"的真正意义提出了深刻的哲学启示。但到目前为止,下面的问题仍然是个谜:既然不能把两个远程实验的结果想象成揭开各自被测物理量预先确定好的数值,那为什么强大的关联性还会出现呢?

本书中的一些章节将着重解释贝尔测试实验,以及所谓的量子纠缠是如何解释具有相关性的实验结果的。

为什么有些物体可以用经典物理模型来描述,而有些却需要用量子物理模型来描述?

这个问题很难用一句话来回答,所以贯穿本书我将着重笔墨来给出这个问题的答案。简洁地说,主要有两个原因:微小性和相干性。在这里有必要扼要地总结一下这两个性质。微小性既可以指物体的体积大小,也可以指物体所具有的能量大小。如果物体的体积大小是在原子量级的(大约是 10^{-10} 米),那么我们几乎可以肯定它不能用经典力学模型来描述,而必须用量子理论。然而,有趣的是,反之则未必正确:在实验中,人们观察到,物体体积大到毫米量级依旧能显示出量子性。

举个例子,能量微小(或者说是低能量)可以指在略高于绝对零度(—273 ℃)的环境下金属导线(超导体)中电流所具有的特性。低温就意味着低能量。另外,低能量又可以指微弱的闪光,其能量微弱到只有一个 100 瓦的灯泡在 1 秒内的发光量的非常非常小的一部分(大约是 10^{-21})。这样的闪光被称作一个光子,指的是一种特定颜色的光所具有的最小的、独立的单位能量。

这个独立的单位能量也经常被称作“光量子”。如果一束闪光具有较高的能量,那么我们就认为它具有很多个光量子。我们将会在以后章节中更详细地描述光能量的可独立单位化,因为它就是“量子物理学”名称的来源。

从原则上来说,一个像光子这样的单独的量子个体,可以跨越很大的一个区域,比如,长达若干千米的区域。虽然每个光子在尺寸上是很大的,但它具有的能量却是很低的,所以说量子理论仍然适用于光子。

一个物体需要用到量子理论而不是经典物理学理论的另外一个原因是“量子相干性”。这是一个非常微妙的概念。量子态是量子理论里用来描述物体状态的用语。在理解量子态的含义之前,量子相干性的含义通常是很难被正确理解的。这

发出微弱光线的小灯泡

里我提前透露一下后几章将要讲到的内容：量子物体的表现看上去是完全随机的，虽然这种随机性并没有任何内在的物理机制。对于像电子这样的物体来说，量子相干性是量子理论中用来解释为什么电子在被观测到之前是有可能处在不同的空间位置的。从某种意义上来说，人们常用的逻辑思维方式，如“电子在这里或者不在这里”，并不适用于量子物体。相反，“电子在这里或者不在这里”的两种可能性必须以叠加的方式存在于我们的思考中，而不是说这两种可能性只能取其一。量子相干性使“可能性叠加”成为物理上可实现的量，我在以后的章节中会解释这一点。

什么是组成物理世界的最基本实体？

这是一个很大的问题，过去几个世纪的物理研究就是为了能够回答这个问题。最简洁的答案是，几乎所有我们人类可以直接感知的物质都是由原子组成的，而原子又是由电子、质子

物质的不同层级

Photo by Miss MJ on Wikimedia Commons

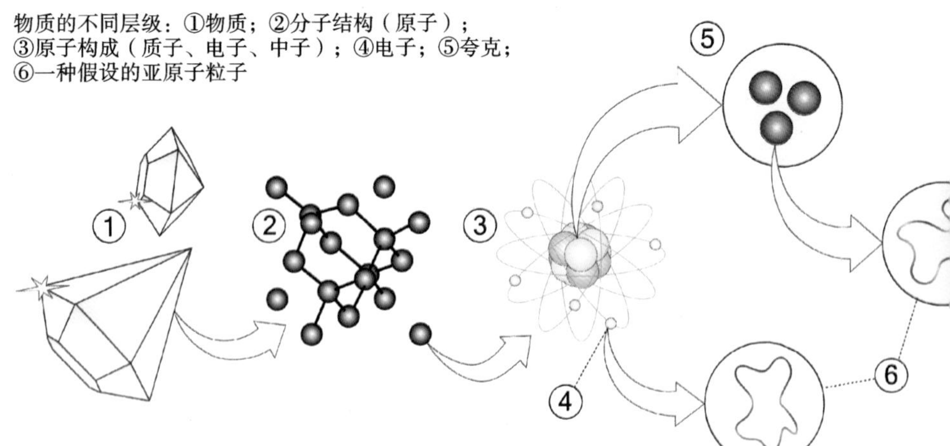

和中子组成。电子被认为是物质的最“基本”成分是因为电子不能由更小的成分组成。(注意,在这里我没有使用“基本粒子”这个词。我不想让这个词所表达的意思产生任何歧义。)另一方面,质子和中子又由更小的基本成分夸克组成。夸克很有意思,除了聚合在一起形成质子或中子外,它无法单独存在。夸克是在始于1968年的高速电子撞击质子的实验中被发现的。撞击后电子的偏转图案显示质子内部具有精细结构。根据实验结果,人们建立了一个具体的量子物理模型,其中每个中子和质子都由三个不同类型的夸克组成。这个模型也为后续实验提供了具体的预测,并且这些预测都得到了证实。所以我们有充分的理由相信夸克模型是正确的。

另外一个重要的实体就是电磁场,它指的是在带电体或者磁体周围环绕着的电场和磁场的组合体。电磁场也是“势力场”,它不仅仅只是传导静态电磁力,它还构成了无线电波和光波。在前面我已经提到了这一点。无线电波和光波具有能量,而能量最简单的定义就是有能力造成物体的运动。举个例子,当一束无线电波被天线捕捉到时,它造成了电子在金属天线里的运动(这个运动可以被探测到,并被放大从而驱动扩音器)。这个现象已经在经典力学中被详细描述了。

在量子领域里,光被看成由光子组成,而光子又被大致想象成无线电波或者光波中像粒子一样的具有能量的实体。光子是基本的,因为它们没有其他组成成分。甚至对于光子来说,它们不具备精确的“空间位置”或者“地点”这个概念——一个我们通常和粒子联系在一起的概念。尽管如此,我们在以后的例子中仍会看到，光子在某种情况下表现得像粒子一样。与此同时，我们知道光有时又表现得像波一样，所以光子也有波动性。因此，在经典物理学中光子既不是粒子也不是波。

你们也许感觉到了，我使用了避重就轻的语言来描述光子，这其实就是因为很难说清楚什么才是真正的光子，也很难精确地观察光子的运动表现。对于光子的这种模糊性，物理学家们早就习惯了。他们知道如何调配适当的数学工具，来预测与光子有关的各种实验结果。然而，物理学家们还是无法简单地描绘出这样的场景是如何形成的。对于某些人，比如我，这种困惑使得我们觉得量子物理学变得越发有趣而且引人入胜。

现实中还存在其他像粒子一样的基本实体，比如介子、μ子、正电子，以及中微子。同时，除了电磁场外还存在其他类似场一样的基本实体，比如在原子核中把质子和中子结合在一起的强力场。在粒子物理学领域里，“标准模型”是具有完备体系的理论模型，它基于量子力学，包含了所有我在这里提到的和未提到的基本实体。这个高度抽象的数学模型，成功地预测了在自然界中与已知基本实体有关联的所有现象和过程。在2012年，科学家们首次探测到了希格斯玻色子的存在，这个里程碑式的发现是支持标准模型最有力的证据。

标准模型的发现以及对它进行的实验验证，是人类历史上的一个杰出成就。然而，在宇宙中仍然有很多未知领域等待我们探索：例如，所谓的暗物质和暗能量。天文学家们通过对遥远星系运动的分析得知它们的存在。事实上,科学家们估计95%的宇宙是由这些未知物所组成的。当将来某一天,暗物质和暗能量被发现时,我们可以预计标准模型也需要升级换代。即便如此,很多科学家还是认为,用量子理论来模拟世界的基本方式并不需要改变。

光在经典物理学和量子物理学中的描述有何不同?

每个人都很熟悉光,而且光是人们用量子理论所描述的第一个现象,所以就让我们选择光作为本书中详细讨论的第一个例子。就像我前面提到的,光是具有能量的电磁波。在经典物理学理论中,光的能量在光束所占有的空间里被想象成是平滑(指连续而又光滑)传播的。例如,当我们用激光笔瞄准屏幕时,光的能量在光束中平滑地在激光笔和屏幕之间扩展,以及在被光照亮的屏幕区域上光的能量也是平滑分布的。这有点

用激光笔瞄准屏幕

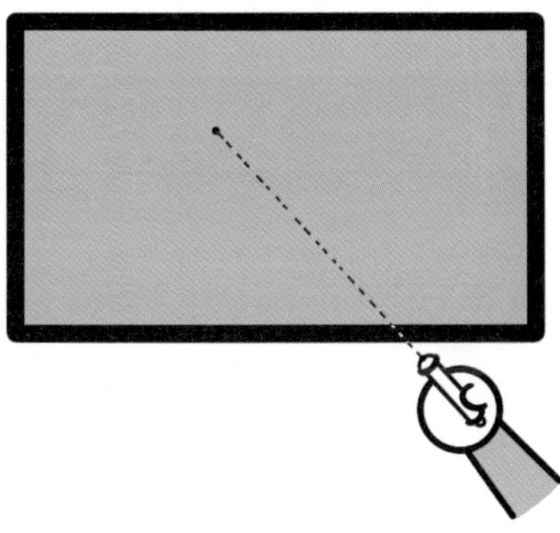

像一艘船在湖面上荡起水波，水波的能量连续不断地分布到周围的水域中，并且最终以平滑分布的方式到达湖岸。

任何波动都和“频率”有关。光波的频率是指光波在电磁场中振动的速度。光波的频率和光的颜色是直接联系在一起的：蓝光比红光的频率更高。

以上关于光在经典物理学中的描述是可以直接应用到量子物理学中的，但是有一点重要的区别：尽管光波的能量在空间中扩散，但是当能量从光波中释放时，整个过程却是以很多小能量块的形式释放出来。我们把这样的表现称作光探测的离散性。

光探测的离散性具有什么物理意义？

当你看到一个被灯泡照亮的物体时，你可以去观察该物体

圆形光线
Photo by Asim Alnamat on Pexels

的形状、颜色，以及质地。如果它质地光滑，颜色均匀，你看到的物体将会拥有一个亮度均匀的表面。如果灯泡的亮度是可调节的，那么当你把灯泡调亮一点点时，你会看到物体的表面也会亮一点点。我们把这样的变化形式叫作“连续型”。与之相反的就是“离散型”，意思是指某些东西以“一步一步”或者“一块一块”的形式出现。比如，轮椅坡道是连续的，而台阶却是离散的。再比如，一幅油画是连续的（至少对不小于油漆颗粒大小的尺度来说），而这幅画的数码照片却不是，因为它在照相机上以液晶显示屏的每个像素（远大于油漆颗粒）为基础，以离散的形式呈现出来。

想象一下，如果光源的亮度被大幅度减弱，情况会如何变化？在这种情况下，照片会显得很有“颗粒感”（几乎所有的摄影师都知道这个效果）。你可以试着在光线很暗的房间里拍一张照片，然后用软件把照片的亮度提高，你就能看到同样的效果。你会发现，照片的亮度会显得不是那么均匀。事实上，一

数码相机拍摄
Photo by Lisa Fotios on Pexels

些像素会显得太亮，而另外一些却又显得很暗。无论是使用数码摄影技术还是旧时的化学胶片摄影技术，照片都会出现这样的效果。“颗粒感”这个词其实就是从胶片中所含的感光成分——微小的氯化银晶体颗粒——而来。

照相机的像素矩阵都是很均匀的。也就是说，所有的感光像素具有相同的大小和几乎相同的感光性。即便如此，如果曝光量低的话，照片也会呈现出颗粒感。这是因为，每一个像素都需要获得一定的最低光能，才能产生出一个传送至相机内存里的电信号。如果打到整个像素矩阵上的总光强过低，那么只有一小部分的像素能够产生电信号。所以，拍的照片就显得很有颗粒感。除此之外，另一种解释颗粒感形成的原因是，灯泡发出的光明暗不均，从而导致一些像素会获得更多的曝光。

为了去除后面一种可能性，我们用激光取代灯泡。激光发射出一束很宽的光束，“照亮”了照相机的所有像素。激光产生的光束可以做到均匀分布在所有像素上。在经典物理学模型里，这意味着每一个像素都会获得来自激光的绝对稳定的功率。当然了，照相机的像素矩阵也可以做到吸收打在所有像素上的光能。假设像素矩阵在微弱的激光中的曝光时间仅仅是1秒，如果我们用经典物理学来分析，我们会预计当激光强度低于某种程度时，在这一秒钟的曝光时间内将没有像素可以获得足够的能量来“释放”出一个电信号到照相机的内存中。但是，我们观察到的结果却并非如此。事实上，当光强足够低时，我们观察到有一些像素“释放”了电信号而另外一些像素却没有。尽管激光是完全均匀地分布到所有像素上，但是当激光的能量被释放时，这个释放过程看上去却是离散的。

如何正确理解我们观察到的结果呢?答案是使用量子物理学模型,该模型告诉我们,尽管电磁波是完全均匀地分布在所有像素上的,但是当电磁波的能量被释放时,它的表现是“一块一块”的,也就是我们常说的“量子性”。量子物理学理论解释的奇妙之处在于,它暗示电磁波的能量可以被全部聚集在一个像素上,从而使这个像素获得足够高的能量来“释放”一个电信号,而经典物理学理论却认为没有任何一个像素可以获得足够的能量。平心而论,光在被像素矩阵探测时的表现,暗示了光场具有某种粒子属性。但这并不意味着光就是由小的粒子,或者说是光子组成的。这只是表明,在某种场合下,光表现得好像它就是完全由光子组成的一样。阿尔伯特·爱因斯坦(Albert Einstein)因为发现光的这种表现而获得了诺贝尔物理学奖。

人们有可能制造出并且探测到单光子吗?

答案是肯定的,而且有很多方法可以做到。这里举一个只是概念上的例子:在某个地方我们分离得到一个原子——假设是一个钠原子——并且把一束橘红色的短激光脉冲照射到这个原子上。尽管我们不知道光脉冲的能量含有多少个光子,但我们可以做到让那个原子仅仅吸收光脉冲中相当于一个光子的能量。经过一段时间以后,这个吸收了能量的原子将以发射出一个光子的形式把能量重新释放出来。我们可以使用透镜和反光镜把产生的单光子导向想要的方向。

在实验中我们也可以测试,通过上述方法得到的是不是单光子:把产生的光投射到一个单面镀银的反光镜上。这个镜子其实就是一块透明的玻璃，它的一面镀上了一层薄薄的银。对于这样的镜子来说，大约有一半的光将透过镜子，而另一半的光将被镜子反射。这也就是为什么戴上镀银的太阳镜，你只是感到光线弱了，但是你还能看得很清楚。在图 1.1 中，每个圆柱体代表了一个光探测器。每个光探测器都有可能接收到一些光信号。然而，在实验中，我们观测到每次只有一个光探测器接收到了光信号。其实这很好理解，尤其是如果简单地把光当作一束粒子，那么每个粒子要么穿过镜子，要么被镜子反射。如果只有一个粒子存在，那么每次就只有一个探测器会发出信号。

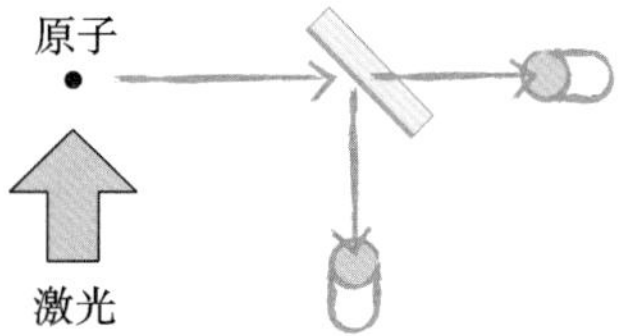

图 1.1　从一台激光器中发出的光脉冲，把能量作用到一个单原子上，这个原子将以光的形式再把能量释放出来。释放出的光穿过一个半透明的镀银镜子，从而被分成两束，分别打到两个光探测器上。每次进行实验时，只有其中一个光探测器会发出信号。

但是，把单光子想象成单个粒子，并且想象它到达镜子后可以自由选择去哪一个光探测器，这样的想象其实并不正确。因为如果把光探测器换成其他设备，实验结果有可能会让我们认为到达镜子上的光表现得更像是波而不是粒子。在后续章节中我们会讨论这类实验。在这里，如果换成量子力学的说法，就是单光子所包含的电磁场，虽然表现得像波一样，可以到达两个光探测器，但是，它所含的能量却只可以使其中一个光探测器发出信号。也就是说，一个光子的能量值不知何故被集中到了一个光探测器上。所以,尽管我们可以说,在上述实验中只有一个光子,但不能说一个光子就是一个粒子。在这里,更加准确的说法是,单光子的光包含了一个光子的能量;当光被探测时,它的能量无法再被分割。正因为如此,我们说光子是“基本的”——它无法再分成更小的几个部分。

量子物理学是如何被发现的?

发现量子物理学的奇闻轶事引人入胜,有很多书已经详细描写过。但是回想起来,对我来说,20 世纪初人类花大力气来创立量子理论,除了说明量子物理学本身很难以外,更重要的是,它指出了人类当时(其实现在也是)要跳出经典物理学的思维有多么困难。所以,这本书不会详谈物理学发展史,只会在需要澄清某个物理学知识时才会提及。在本节里,我将通过列举物理学中令人瞩目的成就来描述物理学发展史的缩影,并指出这些成就如何推动了量子物理学的发展。同时,我也会介绍一些前面没有提到的量子物理学的概念,尤其是量子场论。

早期的哲学家和科学家,就像牛顿,都曾对光的本质有过浓厚兴趣——它到底是波还是粒子? 或者两者都不是? 直到 20 世纪,陆续的科学实验证据才使科学家们能够试着回答这个问题。接下来发生的故事是这样的:设想一个完全由黑色材料组成的物体(黑体)被加热到很高的温度时,它会发出不同颜色的光,这和厨房里做饭用的电热丝加热发光是一个道理。如果这个物体温度够高,那么它发出的光看上去是白色的。我们用一个棱镜把白色的光中所含的光谱分离出来,然后用光探测器测量不同颜色光的亮度。当科学家们把测量到的光谱亮度和根据经典物理学理论计算的结果进行比较时,发现两者并不吻合,这暗示着经典物理学理论需要进一步完善。

德国物理学家马克斯·普朗克(Max Planck)发现,经典物理学理论的问题在于它的一个看似合理的假设。这个假设是指:在黑体辐射里热物质和光能之间存在着能量互换(也就是说,热物质吸收和发射光达到了动态平衡),而且能量是以连续的形式存在的。为了使计算结果和实验相吻合,普朗克尝试改变经典物理学的理论模型。他的改动并不大,只是很小的一点。他做了新的假设(在他的那个时代,这个假设是非常大胆的):物质和光之间可以互换的能量是以离散的形式存在的。他的具体假设是,这种离散型能量的单位能量和光的频率(与光的颜色有关)成正比,而比值就是现在为人熟知的普朗克常数。让物理学界惊讶的是,根据普朗克模型计算出的光谱亮度和实验结果完美吻合。

将黑色材料加热到很高温度时

普朗克模型的成功启发了阿尔伯特·爱因斯坦。他对光提出了一个宽泛的假想。他设定,一种颜色的光所含有的能量是离散的,而不是经典物理学中所预期的连续的。他把光的离散型能量的数值称作"光的量子数"。同时,他把其中单位能量的光称作光量子,这也是我们现在经常说的"光子"。爱因斯坦进一步假设光量子不可继续分割,并且它和光吸收材料之间的作用也是整体性的:每个光子要么被吸收,要么没有被吸收;它不存在一部分被吸收的情况。根据这些假设,爱因斯坦发现了一个可行的理论,正确地预测了原子是如何吸收和发射光的。普朗克公式在 1960 年成为科学家们发明激光的理论基础。这再一次印证,几乎所有的技术发明都是从基础科学里的某些重大发现中生根发芽的。尽管有的时候,两者之间有很长的时间差。

在普朗克思索出如何解释热物体会发出平整的彩虹型光谱之后不久,其他科学家也研究了单一元素气体(比如氖气)在

混色激光
Photo on Pexels

通电状态下发出的光，这样的光也是我们现在常见的灯泡中发出的荧光。但是在那个年代，氖原子被认为是由一个含有10个质子和10个中子的原子核，以及包围在其周围的10个电子所组成的。而且科学家们知道电子是一种“物质”，因为它有质量，这一点和光子不同（光子没有质量）。电子围绕原子核运动的方式通常被想象成一个微小的行星在绕着一个微小的太阳不停地旋转。通过这样的模型，经典物理学理论预测，当氖原子中电子所含能量被释放时，产生的光的颜色在一定范围内应该是连续的。但是，实验物理学家却发现，氖原子发出的光是由几种独立的颜色组成的，而不是平整的彩虹型光谱。这个无法用经典物理学解释的现象在当时是个巨大的谜团。

长话短说，到了1925年，物理学家们已经意识到，通过把电子当成行星这个假设而得出的理论模型应该是有漏洞的。也就是说，电子的运动不应该是像行星绕着太阳转那样，或者说不是一团物质绕着既定的轨道在原子核周围运动。当时身为巴黎大学物理系研究生的路易斯·德布罗意（Louis de Broglie）首次提出了电子的运动可能和波有些相似——这是一个电子的非粒子性观点。埃尔温·薛定谔（Erwin Schrodinger）把德布罗意的这个观点用数学方程（薛定谔方程）演绎出来，并且完美地预测了电子在给定的原子类型中有可能产生的、像波一样的图像模式。他证明了每种像波一样的图像模式都和特定的波频率有关，根据普朗克的想法，也就是和特定的能量有关。他进一步发现，当电子从高能量的图像模式变迁到低能量的图像模式时，它发出了某种特定频率的光，也就是具有某种颜色的光。于是，薛定谔方程就能正确地预测在实验中观测到的原子气态灯泡所发出的、具有独立颜色性质的光谱。由于薛定谔方程是具有划时代意义的重大发现,同时对物理学家来说它显得那么的优美而动人心魄,因此我在脚注里写出了这个方程的具体形式①。

电磁场具有量子本质吗?

在这里我们还是略过很多重要的历史细节,再次把目光放到 1925 年,当时马克斯·玻恩(Max Born)、维尔纳·海森堡(Werner Heisenberg)以及帕斯夸尔·约尔旦(Pasqual Jordan)正在思考下面的问题:根据经典物理学理论中的麦克斯韦方程组,物理学家们相信电场和磁场是在这个世界里真正存在的"东西"。但是爱因斯坦却给漂亮的经典电磁场理论带来了挥之不去的困惑,也就是他所谓的那个表述很不清楚的光量子。

光子的概念和场的概念有什么联系呢?玻恩、海森堡和约尔旦很想知道这一点。他们想,如果电磁场是真正的"东西",那么这个"东西"必须要用量子理论来描述。他们建立了一套数学体系,也就是我们现在说的量子场论。他们的理论显示,如果假设电磁场,而不是光子,是自然界最基本的"东西",那么量子场论就能自然而然地把光子的本质描述成光的粒子性。

1927 年,当时还只有 25 岁,刚从英国剑桥大学毕业的保罗·狄拉克(Paul Dirac),第一次使用新的量子场论来回答原

① 薛定谔方程:$i\hbar\frac{\partial\Psi}{\partial t}=-\frac{\hbar^2}{2m}\nabla^2\Psi+V\Psi$。你不需要理解它,只要由衷地赞叹一下就好。在我学习微积分以前,仅仅因为看到了它,研究这个方程就成了我决定研究量子物理学的主要动力之一。它深深吸引我的地方是,这么简单的公式竟可以代表这么多复杂的现象。

子是如何吸收和发射光量子的。他使用了自己的数学方法,成功推导出和爱因斯坦根据普朗克的观点提出的设想相一致的结论。狄拉克这一里程碑式的成果为量子场论的发展奠定了坚实的基础。

不久之后,物理学家们,从帕斯夸尔・约尔旦和尤金・维格纳(Eugene Wigner)开始,试图把类似的方法运用到电子上。电子是一种物质,电子具有质量,而光子却没有。物理学家们认为,如果光的理论基于"电磁场是自然界中最基本的'东西'"这个假设,而光子就是电磁场的量子特征,那么同样的逻辑也可以用在物质身上。也许存在着一种"类电子物质场",而电子只不过是这个场的量子性的特征表现而已。物理学家们发现,这个想法从数学的角度来说讲得通。于是他们开始相信,也许各种物质场也是自然界中实实在在的那些有形的"东西"。但是当时没有实验可以验证这个观点是否正确。

最终,到了20世纪60年代,实验结果显示,只有在理论中同时用到两种量子场——电磁场和物质场,一些物理效应才能获得最佳的解释。这些实验涉及了两种量子场的直接作用。举个例子,在实验中,物理学家们观测到,当一个能量非常高的电磁场和类电子物质场相互作用时,电磁场会失去一个光子的能量而类电子物质场会获得一个电子的能量。如果用类似粒子效应的语言,我们可以说一个光子被消灭了,同时一个电子被创造出来了。与此同时,实验中观察到了一个全新的物质场,也获取了能量,创造出一种叫作正电子的像粒子一样的物质。正电子具有电子的所有属性,只是它所带的是正电荷而不是负电荷。理论物理学家们发现,与其把这个物理过程说成粒子类的物体出现或者消失了,不如把它说成这些粒子类的场获得或者失去了一个量子等级的能量来得自然和贴切。这也意味着量子场——而不是基本粒子——被认为是自然界最真实的"东西"。所以,通过理论的提出和实验的验证,大部分物理学家已经承认量子场是组成物质宇宙的基本载体。在这个观点中,所谓的粒子只不过是量子场物质化的表现而已。

量子场论最终演化成了粒子物理学中的标准模型。这点我们在前面几节中已经提到过。这个理论也是人类到目前为止所拥有的最先进的理论。在这个理论里,不同的基本粒子(电子、夸克、中微子等)都被认为是来自其自身所对应的量子场。也就是说,除了有类电子物质场,还有类夸克物质场、类中微子物质场等。这些量子场之间通过某些中介力场,比如说以光子为特征的量子电磁场,而发生相互作用。事实上,在标准模型中,所有已知物质种类以及已知力场都被表述为量子场。在这样的观点中,所有的东西,包括组成你的原子和把你黏合在一起的力,都是互相作用的量子场。你就是一个客观上能自主运动,而微观上却由许多互相作用的量子场组成的集合体!

2 量子测量以及测量产生的后果

什么是经典物理学中的“测量”？

对于经典物理学领域中人们常见的物体，比如摩托车或者建筑物等，“测量”的含义是很清晰的。如果你想知道卧室里的一面墙有多长，你只需要使用一把直尺或者卷尺量一下就好了。再或者，如果你想知道一辆飞驰而过的摩托车的速度，那么你可以在街上画出 30 英尺[①]左右的距离，然后用秒表测量出摩托车通过这段距离时所花的时间。摩托车的车速就是距离除以时间所得结果。

在经典物理学中，测量这个概念有三个特征。首先，如果我们有适当的仪器，那么我们认为测量精度可以无限度地提高。其次，比较明确的一点是，如果我们选择正确的测量方式，就可以做到在测量的过程中被测物体不会有显著的变化。再次，墙的长度以及摩托车的速度很明显在被测量前和被测量时都“具有”实际的数值。也就是说，我们认为，在测量开始前，被测物体的物理量具有确定的数值。

可是对于原子大小的量子物体，比如电子，上述“经典”世界中所谓的测量概念就不再适用。我们不清楚，在测量量子物体时，如何做到不显著地改变它的状态。我们甚至不清楚，在测量前，量子物体在量子世界里的性质或者物理量是否“具有”确定的数值。

上面这些关于量子测量的想法，看似疯狂，但其实它是对

① 1 英尺≈0.3 米。——译者注

亚原子世界的真实展现。在试图阐述这些想法之前，让我们首先来“参观”一下偏振光的世界。它将为量子领域中“测量”的工作原理提供一个很好的示例。同时，在“参观”的过程中，我们也会看到“量子”这个概念是如何被引入的。

什么是光的偏振？

每一束光都具有一个特征叫作偏振。光的偏振有很广泛的应用：偏振型太阳眼镜可以将照射到湖面或者车顶的耀眼太阳光大大减弱，在电影院里观看三维电影的特殊眼镜也利用了光的偏振，计算机或者智能手机的液晶显示屏的工作原理也涉及光的偏振。不信的话，你可以试着把两副偏振型太阳眼镜放在屏幕前旋转，透过它们看看显示屏有什么变化。

要理解偏振光的原理，我们可以设想在空中飞着的一支箭。这支箭在箭尾带有一对箭羽。在这里，我们只考虑这对箭

飞驰中的摩托车

羽的指向在箭的飞行过程中保持不变的情况。箭羽的指向可以认为是这支箭的一个特征，或者属性：可以指一支箭羽竖起的箭，也可以指一支箭羽横着的箭，当然还可以指箭羽在任意方位的箭。

对于一束传播方向和地面平行的光来说，它的偏振就好像是箭羽的方位：可以是竖直方向，也可以是水平方向，或者位于与水平或竖直方向成某个角度的方向。那么什么是光的偏振？在第一章里，我提到了电场是一种使不直接接触的带电体之间互相产生力的作用的势力场。根据经典物理学理论，光是由在空间内传播、来回振动的电场和磁场组成的。光的偏振就是指在光传播时它的电场振动的方向。光的偏振方向是和光的传播方向垂直的，就像是箭羽垂直于箭的飞行方向一样。光的偏振方向可以认为是光的一个特征，或者属性：可以指竖直偏振光，也可以指水平偏振光，当然还可以指偏振在任意方向上的光。

计算机液晶显示屏

Photo by Christopher Gower on Unsplash

我们怎样确定或者测量光的偏振?

我们还是考虑带有箭羽的那支箭。为了简单起见,让我们限定箭羽竖直或者水平。如果这支箭是在黑暗的房间里飞行,你怎么能看到羽毛,又怎么能知道箭羽的方位呢?要回答这个问题,你就需要把飞行的箭放到某种“测试”里,然后再看看会发生什么。假设箭头通过了一个排列着密集板条的栅栏,如图2.1所示。如果箭的箭羽是水平的,那么箭将无障碍地通过栅栏。但是如果箭羽是竖直的而且不那么柔软,那么箭将无法通过这个栅栏。

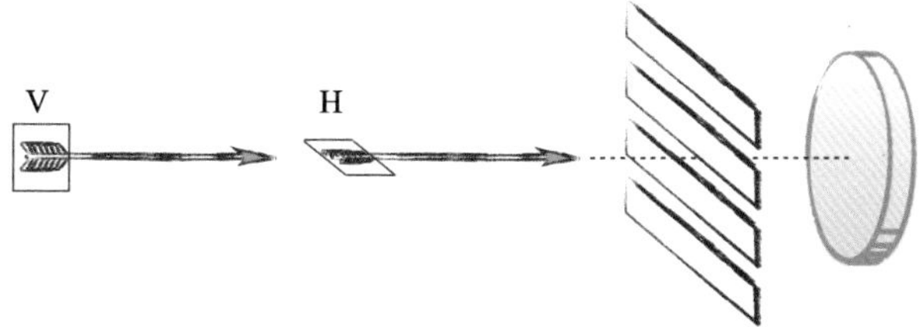

图2.1　测量箭羽的方向。如图所示,栅栏上的板条会让水平箭羽(H)通过,从而打到其后的标靶上。

如果你提前知道这支箭的箭羽只能是竖直或者水平的,那么你可以用刚才描述的办法来得知箭羽的方向。假设我们让一支箭试图飞过栅栏,如果你设法确认箭的确通过了栅栏,那么你就知道这是一支箭羽水平的箭,甚至不需要真正地去看上一眼。相反,如果你确认箭没有通过,那么你就知道这是一支箭羽竖直的箭。

为了判断箭有没有通过栅栏,你可以在栅栏后放置一个箭靶，把手放在箭靶的边缘。这样，如果箭打中了箭靶，你就可以感觉到。这个箭靶的作用就是“记录”或者“登记”箭有没有到达。在物理学中，我们把栅栏叫作选择器，而把箭靶叫作探测器。对于一个有意义的测量，这两者缺一不可。

如果有一连串的箭射向栅栏，其中一些箭羽竖直，另外一些箭羽水平，那么一些箭会穿过栅栏，而另外一些则不会。这就是在经典物理学中判断每支箭箭羽方向的方法。我们可以通过计数计算出这串箭中箭羽竖直和箭羽水平的比例，并用它来描述一连串被射出的箭。例如，我们在测量中发现，某段时间内发出的箭中，35％的箭羽是竖直的，65％的箭羽是水平的。

为了能够测量光的偏振，你需要用到一块由特殊材料做成的玻璃片，这种材料会使特定偏振度的光通过，而会挡住偏振与玻璃片在方向上垂直的光。我们把这样的玻璃片叫作偏振片。如果竖直偏振的光被打到这样一个恰好位于某个方位的偏振片上，那么竖直偏振的光就会被完全挡住。如果这个偏振片被旋转 90 度，那么，竖直偏振的光就能完全通过偏振片，而这时水平偏振的光会被完全挡住。如果你的太阳镜是用这种偏振材料做成的，那么从车顶反射的太阳光，由于其中大部分是水平偏振，将会被你的太阳眼镜遮挡掉。

我们可以想象一下，偏振片对光产生的作用就和栅栏对箭产生的作用一样，如图 2.2 所示。在这张图里，虚线显示的是光在传播方向上每一个点的电场强度和方向。如果光的偏振方向和偏振片里的板条是平行的，那么光就会完全通过偏振片而不被减弱。但是如果光的偏振方向和偏振片里的板条是垂直的，那么光就会被遮挡住。如果一个可以记录光的探测器被放置于偏振片的后方,我们就有了一个可以测量光偏振的装置,测量得到的结果是水平(H)或者垂直(V)偏振。为使表述简洁,我们把水平偏振简称H-偏振,而垂直偏振简称V-偏振。我们可以说光要么是H-偏振,要么是V-偏振,或者偏振方向在两者之间。

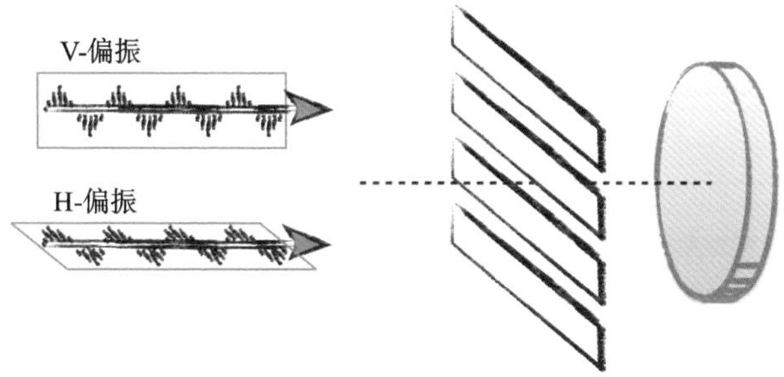

图 2.2 用偏振片和光探测器来测量光的偏振。只有水平偏振(H-偏振)的光可以通过偏振片进而触发探测器。

要是一束光既包含V-偏振,又包含H-偏振,那会怎么样呢?我们如何确认它的偏振状态?参照前例关于如何描述射出的一连串的箭,我们可以说光包含了某些比例的V-偏振或者某些比例的H-偏振。为了能够测量这个比例,我们需要使用一种比较特殊的偏振片,它可以使H-偏振完全通过,但对于V-偏振,它不是完全遮挡,而是把它折射成另一束光。方解石晶体(化学成分:碳酸钙)就可以做到这一点。它是一种很常见的透明矿石。方解石晶体可以产生"双折射"效应,意思是指不同偏振的光在进入晶体后产生的弯曲或者折射是不同的。

图2.3显示了一束光透过方解石晶体后发生的变化。图中,方解石晶体被置于所谓的H/V方向,在方解石晶体上用

一个小箭头标记。如果光的偏振方向和这个小箭头平行,那么这束光就会被折射。我们把这个小箭头所指的方向称作方解石晶体的晶轴方向。偏振方向和晶轴方向垂直的光不会被折射,而是直接穿过方解石晶体。

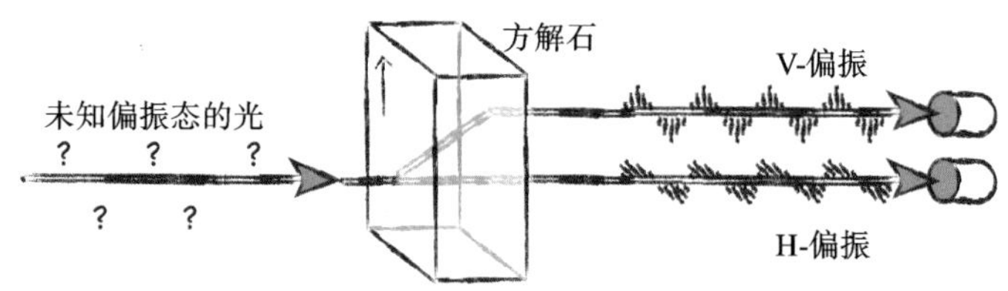

图 2.3 用偏振方向在 H/V 的方解石晶体和两个光探测器来确认一束光的偏振。

我们在方解石晶体后面放置了两个光探测器,每一个探测器对准一束方解石晶体的出射光。当一定能量的光经过方解石晶体后到达任意一个探测器,就会在探测器上产生一个和光能量相关的电压。如果入射到方解石晶体上的光是纯 H-偏振的,那么,只有图 2.3 下方的探测器能探测到光信号。反之,如果入射到方解石晶体上的光是纯 V-偏振的,那么,只有图 2.3 上方的探测器能探测到光信号。

如果光包含有多种偏振,会发生什么?

举个例子,太阳光包含了所有的偏振,即 H-偏振和 V-偏振,以及两者之间所有的偏振——而且所有的偏振强度都差不多。我们把这种光称为全等量"混合"偏振光。在这种情况下,如果我们用图 2.3 中所示的装置来分析太阳光的偏振成分,我们会发现两个探测器接收到了等量的光。事实上,如果我们把方解石晶体旋转到任意位置,并把探测器放到相应的出射位置

(注:光从方解石晶体中折射出的方向会随着方解石晶体的晶轴方向的变化而变化,因此探测器的位置也要跟随着一起改变),我们会发现两个探测器还是接收到了等量的光。这个结果告诉我们,太阳光的偏振并没有一个特殊的方向。

通常情况下,混合偏振光可以包含不等量的偏振成分。为了能了解光的成分,我们可以通过图 2.3 所示的装置来得出 V-偏振的比例以及 H-偏振的比例。这样的测量告诉了我们一些重要的信息,但并不是全部信息。这就引出了下面一个问题。

如果光是纯偏振光,但偏振不在 H 或者 V 方向,会发生什么?

光可以是纯偏振光,并且其偏振方向和竖直方向的夹角可以是任意值。比如,如果一束光的偏振方向和 V 方向呈+45°角(注:沿着光传播的方向看,顺时针旋转为+,逆时针旋转为-),我们把这样的偏振光称为对角偏振,或者简称 D-偏振。同样地,如果这束光的偏振方向和 V 方向呈-45°角,我们把这样的偏振光称为反对角偏振,或者简称为 A-偏振。图 2.4 显示了这两种偏振光。

假设有一束纯 D-偏振光,而你不知道这个假设,如果你把这束光送到如图 2.3 所示的装置里,让它通过方解石晶体,那么你能预测结果吗?其实你会发现,两个光探测器收到了等量的光。换句话说,D-偏振光不知为何也含有等量的 H-偏振光和 V-偏振光。在量子物理学里,我们把这种情形称为“可能性

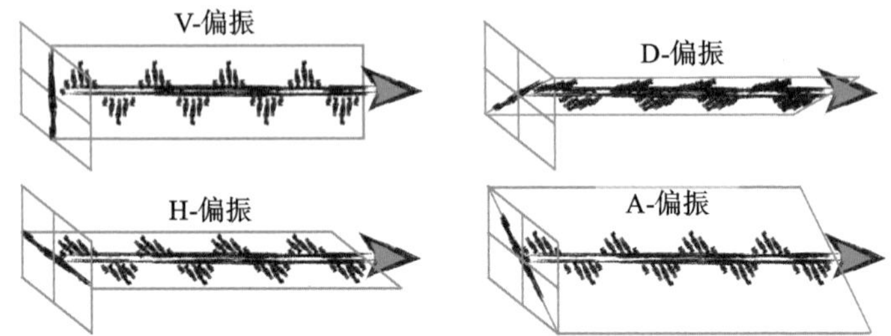

图 2.4 光偏振的几个例子：V-偏振（竖直），H-偏振（水平），D-偏振（对角）以及 A-偏振（反对角）。

叠加”。方解石把光分成了这两种可能性。你也许会奇怪，“我们假设是纯 D-偏振光。它怎么变成了 V-偏振光和 H-偏振光呢？”这样的结果看上去是个谜，对它深入的探究会引导我们对光学和量子物理学获得更加深刻的理解。

另外一个重要的事实是，所有从方解石晶体 V-偏振出光口出射的光都是纯 V-偏振光，即使之前入射的光是 D-偏振光。我们可以验证这个事实，就是让出射的光穿过第二个可以分离 H/V 偏振的方解石晶体。我们发现，这一次所有的光都从第二个方解石的 V-偏振出光口出射，从而验证了这是纯 V-偏振光。

我们刚才的讨论就是要指出，D-偏振光其实由等量的 V-偏振光和 H-偏振光组成。然而，D-偏振光和太阳光那样的混合偏振光却不相同。你可以通过下面的实验证明这一点：如图 2.5 所示，把方解石晶体的晶轴从竖直方向旋转 45°（注：顺时针），然后让 D-偏振光通过这个方解石晶体。结果如图 2.5 所示，D-偏振光不会被分成两束光，并且通过的光还是 D-偏振光，不会有光出现在方解石晶体的 A-偏振出光口。相反，含有混合偏振光的太阳光射出方解石后就会被分出等量的D-偏振和A-偏振光。

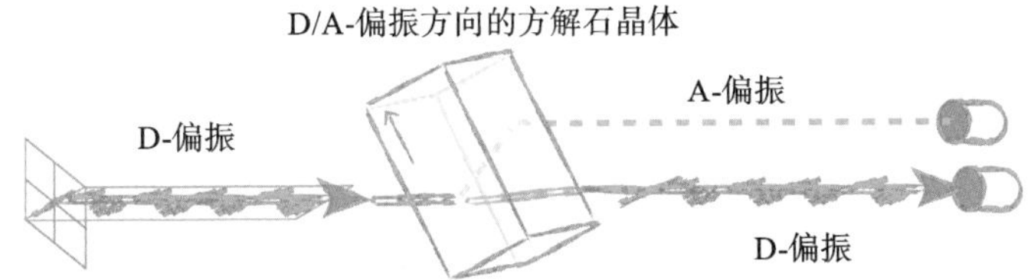

图2.5 尽管D-偏振的光由等量的V-偏振和H-偏振组成，但是当它通过方向转过45°角的方解石晶体后，它将保持D-偏振，并且从相应的出光口出射。

这些测量偏振的结果背后有什么物理意义？

D-偏振光是H-偏振光和V-偏振光的某个特定组合。最好的理解方式就是把光想象成在电磁场中移动的波，这一点我们在前面提到过。前面的几幅插图中，(图中绘画光的方式)其实也有意要显示这种波。光波中的电场具有方向性；在一个给定的时刻，在光传播路径上的某个位置，电场瞄准或者“指向”某个方向[①]。上述插图中的虚线显示了电场在每个位置上的方向。这些方向总是和光传播的方向垂直。在V-偏振光中，电场在竖直方向快速振动。

为了更好地演示电场的方向，我们对照着地图里的方位指南针做个类比。图2.6中，我们用一个箭头表示方位指示。想象一下，有一束光垂直射入书本的纸内，也就是说，它传播的方

---

① 电场指向的意思如下：电场对电子产生力的作用；被放置在电场里的电子，将被推向与电场指向相反的方向。

向是离你而去的。图 2.6 中的方位指示就代表了光的偏振,它指向了东北方向。这就是我们所说的对角线方向(用“+”表示,西南方向被称为反对角线方向,我们用“-”表示)。东北方位可以认为是含有等量的东方(E)和北方(N)分量。或者说,这两个分量加起来使得方位指示为东北。

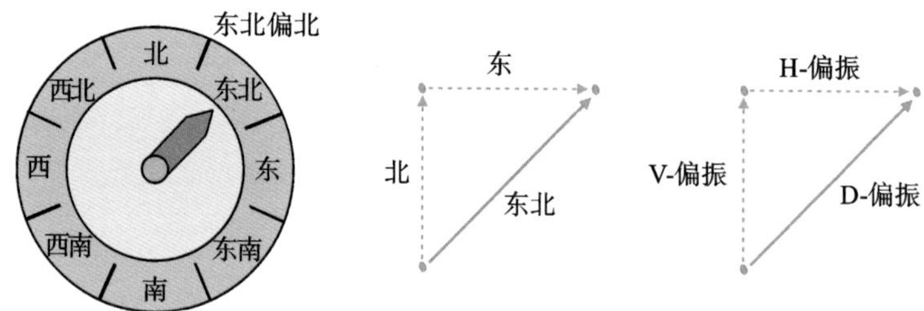

图 2.6 D-偏振由等量的 V-偏振和 H-偏振组成,和东北方向矢量由等量的东和北方向矢量组成是一个道理。

同样道理,D-偏振光所在的方向就含有等量的 V 方向和 H 方向的分量。在图 2.6 中,虚线显示的就是 D-偏振光所指的箭头在 V 和 H 方向上的量,我们把它们称为 D-偏振光中的竖直(V)和水平(H)分量。一个晶轴处于 H/V 方向的方解石晶体可以把 H 分量和 V 分量分开。所以对于一束 D-偏振光来说,通过方解石晶体把它分成了两束等量的光。

如果方向是东北偏北,又会怎么样呢?图 2.6 中显示了东北偏北方向,它比东北方向更靠近北方,所以它没有等量的北方向和东方向分量。如果你画个三角形来分析,你就会发现,北方向分量大于东方向分量。如果把它们组合在一起,你将得到一个指着东北偏北方向的箭头。

什么是光的相干性？ 它扮演了什么角色？

前面我们提到，太阳光是包含所有偏振方向光的混合光。它包含了等量的V-偏振和H-偏振分量。纯D-偏振光却不是混合光，虽然D-偏振也同样包含了等量的V-偏振和H-偏振分量。光的相干性这个概念让我们可以把这两种光区分开。物理学家使用了“相干叠加”这个名词来描述两束偏振光合成在一起变成一束新的具有确定偏振方向的偏振光，而这个新的偏振方向可以和合成前任何一束光的偏振方向都不同。

光所包含的电场是快速振动的。图2.7显示了D-偏振光在1飞秒（1飞秒等于1秒钟的10^{-15}）内电场的变化轨迹。刚开始的时候，也就是时间是0飞秒时，代表电场的箭头在对角线方向D上。在1飞秒的时候，D-偏振中所含有的H-偏振和V-偏振分量减小到0飞秒时的一半，于是代表电场的箭头长度也减小到一半。在2飞秒的时候，这3个箭头的长度都缩短到了零。在3飞秒的时候，每个箭头长度又增加了，但是增加的方向和前面相反。在4飞秒的时候，箭头长度和0飞秒的时候几乎完全一样，但方向不同。在图2.7(e)中，我把两个分量分别标为－V和－H，而代表电场方向的箭头则标为－D。这里的负号是指方向相反的意思。如果我们再多等4飞秒，那么这个电场标记图将变成和0飞秒时一模一样。也就是说，光电场的振动经过8飞秒以后就完成了一个循环，而在这个循环里，电场的方向始终位于对角线方向D上。8飞秒一个循环，表明了这束光是红外光。虽然我们的眼睛看不到红外光，但它还是属于我们通常所说的光。

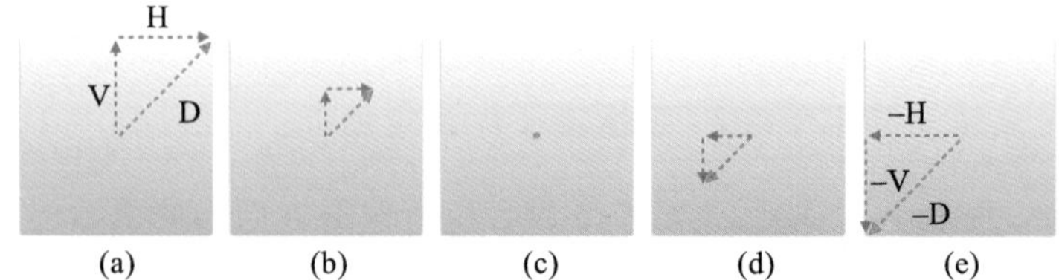

图 2.7　从左到右，D-偏振光束的时间变化轨迹(光束从纸面射出)显示了其中所包含的 V 分量和 H 分量之间的同步振动。光的相干性使得电场的方向箭头保持在对角线方向振动。换句话说，V-偏振和 H-偏振分量“相干叠加”从而形成了 D-偏振。

在刚才的演示中,之所以电场振动如此循环有序,最主要的原因是 V 和 H 分量是同步的。如同花样游泳队正在表演一个节目,这两个分量的变化是有协同性的,从而导致了电场箭头如图 2.7 中所示那样随时间变化。这种协同变化的表现被称为相干性。物理学家把各种可能性(注:在这里也就是分量)之间以协同合成的方式相加称为“相干叠加”。

相反地,如果两个分量随机变化,两者之间没有任何协同性,换句话说,它们没有相干性,在这种情况下,代表电场的箭头就不会一直保持在对角线上——那么光的偏振就不是稳定的,而是指向所有方向。举个例子,太阳光不包含有相干的 V-偏振和 H-偏振分量,所以它是一种混合偏振光,而不是纯偏振光。

上面的例子显示了在经典物理学理论中光的相干性,其中光被想象成了在电场中移动的波。下面我们将在量子物理学中探讨光的相干性这个概念。在这之前,我们会先讨论一下光子的测量,因为光子就代表了光的量子表现。

我们可以测量单光子的偏振吗?

回忆一下,我们在第1章中谈到过,在量子物理学的表述里,光看上去就是由被称为光子的离散型能量单元组成。在具有特定颜色和偏振的一束光中,光子具有最小的或最弱的能量。如果一个V-偏振光子入射到晶轴方向在H/V的方解石晶体,光子会从V-偏振出光口出射。同理,一个入射的H-偏振光子会从H-偏振出光口出射。

但是,如图2.8所示,如果一个D-偏振的光子进入这个晶轴方向在H/V的方解石晶体时,会发生什么呢?如果在方解石晶体的两个出光口各放置一个光探测器,那么,在实验中我们可以观察到,只有其中一个探测器,而不是两个探测器能探测到光子。光子是一个基本物体,对它的探测结果是“要么全有,要么全无”。那么,你也许会问,哪个探测器探测到光子了呢?对于D-偏振光来说,答案是两个探测器都有可能,而且可能性是相同的。也就是说,在自然界中,一些现象是完全随机的,说它们随机并不代表我们对这些现象了解得不够深入。我们知道,进入方解石晶体之前的光子是D-偏振光子,这也就是说,在量子理论里,我们已经完全知道了所有关于光子偏振的信息。然而,测量的结果却还是完全无法预测,以至于被认为是随机的。这个实验事实给一些科学家带来了困惑,因为在他们熟知的经典物理学中,所有的东西,至少在原则上,都被默认为是已确定的或者可被预测的。在这样的世界观里,随机性的现象被自然而然地解释成:因为你对情况了解得不够深入,所以你无法做出完美预测。

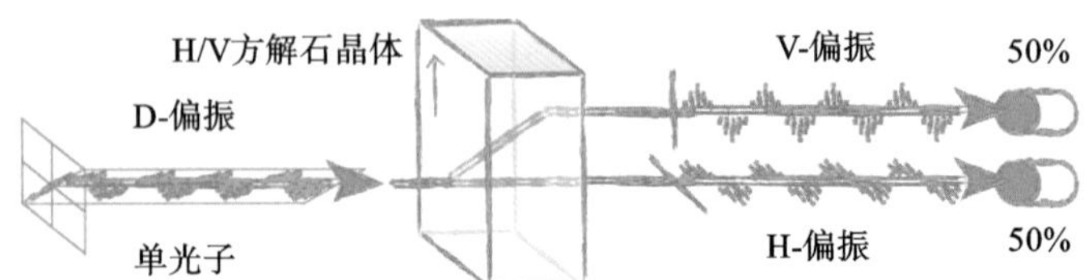

图 2.8 D-偏振的单光子入射到晶轴方向位于 H/V 的方解石晶体，它从 V-偏振或者 H-偏振出光口出射，从而触发相应的光探测器的概率是相同的，各 50%。

我们现在知道这种解释是不正确的。自然界里有一些现象在本质上是无法预测的，比如上述用晶轴方向在H/V的方解石晶体测量单个 D-偏振光子的偏振方向。然而，量子理论允许我们精确地计算每个现象出现的概率，甚至当这些现象串接起来时，这些概率就赋予了我们强大的预测能力。假设：一束光包含了很多光子，而且每个光子都是 D-偏振的，我们还是利用晶轴方向在 H/V 的方解石晶体来测量并分析这束光。那么，这束光中大概一半的光子会触发 V-偏振出光口的探测器，而另一半光子会触发 H-偏振出光口的探测器。这意味着两个光探测器收到几乎相等的光能。这样的结果与我们之前运用经典物理学理论得到的结果完全一致。在这种情形下，量子理论和经典物理学理论做出了同样的预测。

并不是所有的量子现象都是不可预测的。再举个例子，如果有一个 D-偏振的单光子，把它入射到晶轴方向在 D/A 的方解石晶体（见图 2.5），那么测量结果是 100%可预测的：这个光子将触发 D-偏振出光口的探测器。同样道理，对于 H-偏振的光子来说，通过晶轴方向在 H/V 的方解石晶体，100%会触发 H-偏振出光口处的探测器。事实上，对于任何具有纯偏振态的单光子，如果你知道它的偏振态，那么你总是可以找到一个特定的测量方式，可以完美预测测量结果，也就是把方解石晶体（偏振片）的晶轴方向调整到这个单光子的偏振方向。

我们如何制备偏振在某一特定方向上的纯偏振态单光子？

让我们假设你想要一个纯 V-偏振单光子。为了制备这样的单光子，先把一个偏振态未知的单光子送入晶轴方向在 H/V的方解石晶体，如图 2.3 所示。同时需要把 V-偏振出光口的光探测器移走，并观察 H-偏振出光口的光探测器。如果有一个光子通过了方解石晶体，但是 H-偏振出光口的光探测器却没有发出信号，那么在其上方的 V-偏振出光口，由于没有了光探测器，那里必定会有一个可用的光子，而且这个光子是纯 V-偏振单光子。相反，如果你观察到在 H-偏振出光口的光探测器发出了一个信号，那么你就知道制备这个单光子的实验失败了。你需要继续尝试下一个光子，直到成功为止。

你可以通过量子测量来确定单光子的偏振态吗？

不可以，你是做不到的。这是量子理论中很关键的一点。想象一下，如果有一个你一无所知的单光子，你用晶轴方向在 H/V 的方解石晶体来测量它的偏振态。假定你的测量结果是 H-偏振。根据这一测量结果，你所能知道的仅仅是这个光子肯定不是纯 V-偏振单光子，它可以是任何其他偏振态的光子。

事实上，量子理论和实验都表明，没有任何一个装置可以用来确定单一光子的偏振态。这种装置的不存在性，给量子密钥技术提供了基本舞台——这个技术被用来在互联网上发送近乎100%安全的加密信息。这将是第3章的主题。

光的偏振态在经典物理学和量子物理学中的区别是什么？

在本章的开头，我列举了在测量过程中，经典物理学和所谓的常识诱导我们相信测量具有3个特征：

(1) 我们能够无限地提高测量的精度；

(2) 我们应该可以设计出某种测量方法来避免测量对被测物体造成重大改变；

(3) 我们想要测量的物理量在被测量前确实具有一个值，而测量这个行为仅仅是揭示了这个值而已。

从上面关于单光子的讨论中，我们看到，量子物体的测量和经典物理学中的测量在概念上有着显著的区别。首先，如果我们事先不知道单光子的偏振态，那么我们无法设计一个实验来测量这个已经制备好的单光子的偏振态。这个论点表明，在量子物体的测量精度中存在极限。其次，当我们试图测量纯D-偏振单光子的偏振态时，如图2.8所示，这个测量过程实实在在地改变了单光子的偏振态。这种改变看上去是随机的，而且我们也不知道其背后隐藏的原因。我们可以把一束光，根据其中每个光子出现在V-偏振或者H-偏振出光口的概率来进行分类，在上面的例子中是一半对一半。但是，我们通常无法正确预言某个单光子将怎么做！在讨论量子物体时，我们必须和概率打交道。

不可预测性是自然界的一个基本量子特性，在量子领域里无法避免。它和人类能感知的，或者说是经典物理学领域中物体所表现出的可预测性具有巨大差异，因为在经典物理学领域里，我们假定，如果知道足够多的关于被测物体的详细信息，我们就能够对每个被测物体做出完美的预测。

我们如何预测光偏振态测量中的概率?

概率就是一个数字，它代表了你对一个现象将要发生（或者在过去已经发生）的信心度。举个例子，如果你有40%的把握明天会下雨，那么你就会说："明天下雨的概率是40%。"在这里，我给出一个方法来预测光子偏振态测量中各种结果出现的概率。这个方法只涉及了简单的几何算术和量子理论的概念。

回顾一下，一个D-偏振光子，如果用晶轴方向在H/V的

下雨天

方解石晶体来测量它的偏振态，那么它有 50% 的概率被 H-偏振出光口的光探测器探测到。对于 V-偏振出光口的光探测器来说，也是同样的概率。但是，如果光子的偏振方向只是偏离竖直方向一点点，那么测量得到的 H-偏振和 V-偏振的概率又分别会是多少呢？看上去 V-偏振的概率会高很多。这个想法是正确的，因为比起 H-偏振，这个光子的偏振更像 V-偏振。

我们怎样把“相似”这个想法变为一个概率，也就是用一个数字代表某种结果出现的可能性？根据量子理论，仅仅通过作图，然后进行几何分析，你就可以计算出概率。图 2.9 显示了如何分析 D-偏振。其中左图是观察一束光，其中的斜线表示了这束光的偏振方向，被标记为 D。在实验中使用到的方解石晶体的晶轴在 V 方向。在这个例子中，D-偏振位于 H-偏振和 V-偏振的对称轴上，所以我们可以预见，试验结果中出现 H-偏振还是 V-偏振，概率应该是相同的。由于我们知道这两个概率加起来应该等于 1，因此，出现 H-偏振还是 V-偏振的概率都必须是 50%。在图 2.9 的右侧，我画了一个直角三角形，直角的两条边分别代表了 V 和 H 方向，而斜边代表了光子的偏振方向。我同时标记这个斜边的长度为 1，表示两个概率之和必须是 1。这两个短边其实分别代表了光子的偏振态在 V 和 H 方向上的分量。它们的长度分别用字母 a 和 b 表示。由于这是个直角三角形，我们用勾股定理可知，两个短边的平方和等于斜边的平方。也就是说，我们知道 $a^2+b^2=1$。

这里我们需要做一个猜想，它是由马克斯·玻恩在 1925 年首次提出的。在这里，我们想要得到一个方程，它含有两个和为 1 的概率。出于这个原因，玻恩识别出，a^2 就代表了光从

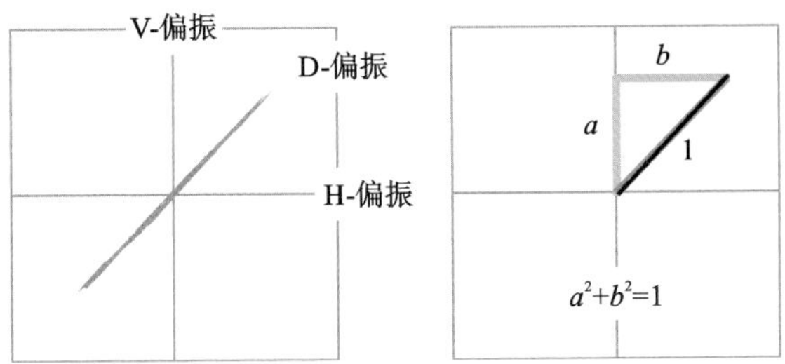

图 2.9 单光子的 D-偏振示意图，以及用一个直角三角形的长边来代表这个光子的 D-偏振方向。

V-偏振出光口出射的概率，而 b^2 代表了光从 H-偏振出光口出射的概率。这个结论被称为玻恩定理。运用这个准则计算得到的结果和所有关于光偏振的实验结果完全一致。

玻恩定理的运用很简单：作图然后用尺子量一下。把图 2.9的三角形重新画在一张纸上，把这个三角形的斜边长度画为 1 米长。我们可以认为这个长度代表 1，而不考虑它的单位“米”①。然后另外两个短边的长度都约为 0.707。如果你把这个数字进行平方计算，你就得到了 $0.707^2 \approx 0.5$。所以，根据玻恩定理，观察到 V-偏振或者是 H-偏振的概率都是 50%。这个结果和我们预计的一样。因此，玻恩定理在这个例子里是完全适用的。

考虑另外一个例子。假设有个光子，而本书中的主角爱丽丝知道它的偏振态。我们先假设这个光子的偏振方向和 H 方向呈 30°角，如图 2.10 左侧图所示。爱丽丝想要确认这个光子的偏振方向，于是她把这个光子送入一个方解石晶体，而这个

① 你可以使用任何标准长度，但是使用公制单位会使直尺测量变得简单一些。

晶体的晶轴也和 H 方向呈 30°角。这个光子通过了方解石晶体。(注:这里指光子没有被方解石晶体折射,出射光子的偏振态还是在和 H 方向呈 30°角的方向上。)然后,爱丽丝把这个光子送给了本书中的另一个主角,鲍勃,而鲍勃却不知道这个光子的偏振态。(注:在本书中我们会反复提到爱丽丝和鲍勃,所以我们要开始慢慢熟悉他们。)

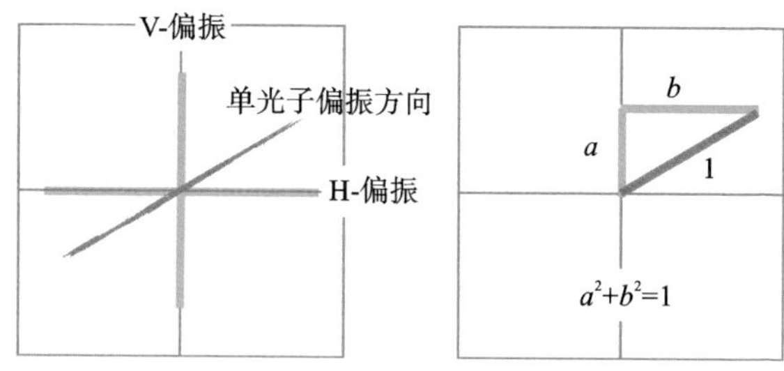

图 2.10　单光子偏振方向和水平方向呈 30° 角的示意图。

为了测量这个光子,鲍勃选择使用晶轴在 H/V 方向的方解石晶体。我们怎么样来预测这个光子从 H-偏振出光口出射的概率呢?也许你可以先猜一下哪个实验结果(获得 H-偏振还是 V-偏振)的概率更高。换句话说,是 V-偏振还是 H-偏振和这个光子的偏振更像?如果你猜是 H-偏振,那么你的猜想是正确的。比起 V 方向,光子的偏振更偏向于 H 方向。但是我们怎么用玻恩定理来计算概率呢?

图 2.10 的右侧显示了一个由长度分别为 a,b 和 1 组成的直角三角形,b 的长度是 0.866。所以,从 H-偏振出口处射出光子的概率是$0.866^2 \approx 0.75$。换句话说,有 75%的概率,这个光子会从 H-偏振出口处射出,a 的长度是 0.5。所以,从 V-偏振出光口射出光子的概率是 $0.5^2=0.25$。换句话说,有 25%

的概率,这个光子会从 V-偏振出光口射出。而我们也可以轻易地验证:0.75+0.25=1。

在后面的章节中,我们会看到,玻恩定理可以适用于量子领域中的很多情况。如果你能理解本章的逻辑思路,那么对于量子理论中很重要的一部分,你现在已经是一个专家了。就算你无法理解,也没有关系。让我们继续!

在量子领域中进行测量到底是什么意思?

总结一下前面的讨论,所有关于测量光子偏振态的实验由 3 个部分组成:光子的制备;方解石晶体晶轴方向的选择;可能出现的“测量结果”。

这里,对于这 3 个步骤,我有一些重要的评论和补充:

(1)对于分析一个光子的偏振态,方解石晶体的晶轴方向的选择是有无数种的。对于单次测量,你只能选择其中的一种。在以后的语境中,我会把方解石晶体晶轴方向的选择简称为“测量方案”。

(2)对于一个确定的测量方案来说,只有两种可能得到的测量结果,这两个结果的概率之和为 1。

(3)在所有的测量方案里,有且仅有一种方案会使测量结果的成功率达到 100%。换句话说,当使用这个测量方案时,一种结果的概率是 1,而另外一种结果的概率为 0。

那么,在量子领域里进行测量到底意味着什么呢?很多物理学家曾经对这个问题进行过深入思考并试图回答。引用其中的一种说法，詹姆斯·金斯(James Jeans)爵士在1943年写道："我们的思维从来都不能跨出它们的牢笼，去探寻事物真正的本质——金、水、厘米或者波长，这些东西存在于我们感官所能触及的范围以外的、谜一般的世界里。我们对这些事物所熟悉的部分，都只是来自那些从我们知觉的窗口处传递来的信息，而这些信息根本就没有告诉我们这些事物起源的自然本质。"

金斯爵士的上述观点揭示了一个事实，那就是任何测量都无法确认一个单光子的偏振态，即使某个特定的实验会得到某些确定的结果。测量结果并不直接和这个光子过去的、明确的性质有关。或者说，从某一个实验中，我们只是获得了关于这个光子偏振态非常有限的信息。再重申一次：如果我们在一个H/V测量方案里观察到，位于V-偏振出光口的探测器探测到了光子，我们能确定的只是这个光子的偏振肯定不在H方向。就像金斯爵士所说的那样，似乎光子给我们发送了一条"消息"，但这个消息只包含了关于我们所问问题的一部分信息，而不是全部信息。

什么是互补测量？

观测一个光子的偏振态可能得到的结果与你如何选择和搭建你的测量仪器有关，也就是说，和你的测量方案有关。举个例子，你可以设置你的方解石晶体来发现一个光子的偏振态是H-偏振还是V-偏振。或者你可以改变晶轴方向，来发现一个光子的偏振态是A-偏振还是D-偏振。但是对于一个给定的单光子来说，你不能同时施行两种测量方案！你无法让时光倒流，好像你从来没有进行过第一次测量一样。

你也许会想：那我可以依次测量，第一次测量使用 H/V 方案，然后第二次测量用 D/A 方案。可是问题在于，第一次测量改变了被测光子的偏振态，而且这种改变是不可控制的，因此你无法达成你的目的。图 2.11 显示了这样的实验设计。在第一次测量里，V-偏振出光口的光探测器被标为“V-探测器”；如果这个探测器没有发出信号，那么你就会知道光子是从 H-偏振出光口射出的。当这个光子达到 D/A 方向的方解石晶体时，根据玻恩定理，这个光子有 50% 的概率到达 A-偏振或者 D-偏振出光口的光探测器。但是这个 50% 的测量概率和被测光子的原始偏振态没有任何关系，因为这个原始偏振态在进行第一次 H/V 测量后已经被改变了！

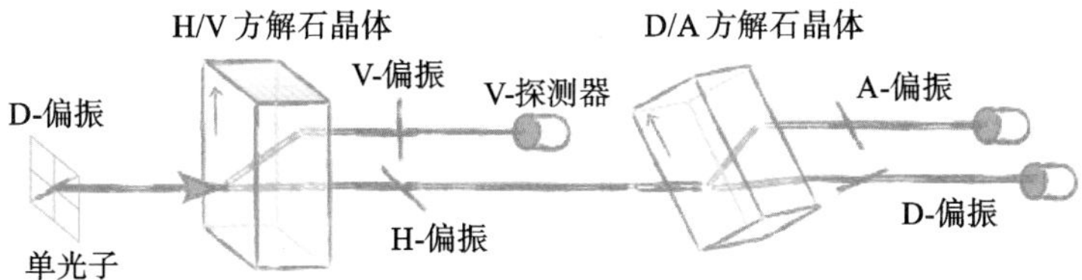

图 2.11 连续两次测量一个单光子的偏振态，这样做并不会给予测量者关于这个光子的偏振态的两个独立而有用的信息。

著名的丹麦物理学家尼尔斯·玻尔（Niels Bohr），在 20 世纪 20 年代引入了“互补测量”的概念来描述上述事实：对于一个给定的光子，你不能完全独立地进行 H/V 以及D/A两种测量。他认为，V 或者 H 偏振测量和 D 或者 A 偏振测量是“互补的”。玻尔的这个互补测量的概念并不仅仅适用于光子偏振态。它还可以应用到如单电子的位置和速度测量等方面。换句话说，对于单电子，这两个物理量的位置和速度无法被独立观测到。

为什么宏观物体看上去具有确定的性质，但组成它的量子个体却不具备这种确定性？

我们无法确定一个单光子的偏振方向，但如果一束光含有大量的光子，就算其中的每一个光子都可能具有不同的偏振方向，我们还是可以确定这束光的平均偏振方向的。我们可以慢慢地转动放在这束光传播方向上的方解石晶体，并且在每个晶轴方向记录下从方解石晶体两个出光口出射（注：被折射和没有被折射）的光子的数量分布。假设我们发现，在某个晶轴方向，从没有被折射的出光口出射的光子比例是最高的，那么我们可以认为这个方向就是这束光的平均偏振方向。如果我们把这束光当作一个宏观物体，那么我们就说，我们确定了它的偏振态。

虽然每个量子个体不具备清晰的、可描述的性质，但是当这些量子个体大量聚集在一起，成为我们人类能感知的宏观物体时，我们人类的直觉允许我们赋予这个物体某种属性。例如，我们认为一个被扔在空中的石块在每个时间点上都具有特定的位置和速度。石块的运动具有一个特定的抛物线轨迹，对于我们来说，这样的事实是常识，根本没有理由去怀疑它。然而这个石块却由很多小的量子个体（如电子、质子、中子等）组成，如果我们来测量它们的速度和位置，那么每个量子个体的测量结果从根本上说是随机的，就像单光子的偏振态一样。那么，对于石块的位置这个概念，我们到底指的是什么呢？我们指的是组成这个石块的大量量子个体集合的“平均”位置。这个平均值只有很小的随机性，因为量子个体的随机性被平均化了。

这个想法也许会帮助你理解之前提到的经典物理学和量子物理学的区别。这当然不是说同时存在两个不同类型的世界。世界只有一个，我们生活在同一个世界。对于经典物理学，我指的是这个世界中用人类的感知可以触及或者看到的方方面面，它们的属性可以在被测量的同时不产生重大变化，它们符合经典物理学定律。对于量子物理学领域，我指的是这个世界里只能被间接感知的各个方面，因为它们对应了基本的量子个体，测量它们的同时会改变它们。当一个人把他的注意力集中在某些凭感觉能看到或接触到的宏观物体或者数目时，这涉及的就是经典物理学领域。

什么是我们所指的物体的“态”？

“态”这个词的意思就是状况，比如我们描述一个人的精神状态。在物理学中，如果我们知道一个物体的态，那么我们就知道了关于这个物体所能被知道的一切。经典物理学是自然界的一个理想化描述，它被运用到宏观物体上。那么，什么是一个物体的态？在经典物理学中，我们可以知道和精确定义一个物体(比如石块)的位置和速度。在经典物理学中，可能还存在其他需要精确定义的特征或特性，比如转速。对一个物体所具有的全部属性、规格进行的精确定义被称作这个物体的“经典态”。

在经典物理学中，如果我们不知道一个物体的态，我们可以通过仔细测量它的位置、速度等来确定它的态。在经典物理学中，物体的态精确地、独一无二地决定了当你对这个物体进行测量时将会得到的结果。所以，在某种意义上，态和所有的测量结果直接联系在一起；反之，如果一个物体的态已知，那么所有的测量结果都可以被准确地预测。

什么是量子态?

“态”这个词对于量子个体来说又是什么意思呢? 在经典物理学中,如果我们知道了一个物体的态,那么我们就知道了关于这个物体所能知道的一切。但是,我们对量子个体的所知却是有限的。我们不能100%确定每次测量量子个体会得到怎样的结果,因为在绝大部分情况下,这些测量结果在本质上是随机的。但是,量子理论却允许我们在选定需要测量的物理量后,可以预测每次测量可能得到的结果所出现的概率。所以,我们说“量子态”对应的是所有测量结果出现的概率的集合。在这里,所有测量结果包含了所有的测量种类,以及每个测量种类可能出现的各种不同结果。所以,经典态直接对应了真正的测量结果(如果你知道这个态,那么测量结果是确凿无疑的),而量子态对应了每个测量结果出现的概率(通常,就算你知道量子态,测量结果也无法预先确定)。

在我们对光子的讨论中,我曾指出如何制备偏振态在某个方向上的单光子。所以在进行任何测量之前,这个偏振态是可以为人所知的。这个单光子已知的偏振态就是一个量子态。它不代表光子中任何预先存在的内在性质。但是,它代表了我们所能获知的关于这个光子偏振方向的一切知识,并且这些知识和我们选择采用的测量方案无关。

在我们之前的例子中,爱丽丝制备了一个光子,所以她知道这个光子的量子态。但是，当她把这个光子传递给鲍勃时，鲍勃没有办法用测量来确定这个光子的量子态。无法确定一个量子个体的量子态也展示了量子物理学与经典物理学的区别。这看上去是一个令人难以接受的概念，但它在实际应用中却有惊喜，因为我们可以利用这个特点来建造绝对安全的信息传递系统。这一点我们将在第 3 章详细讨论。

在前面的章节中，我们在某个方向上画了一条线来代表单光子的(偏振)量子态，如图 2.10 所示。我们可以利用玻恩定理来预测和计算在某个测量方案下可能产生的结果和对应的概率。下面是量子态的一个有用的定义：

一个量子态代表了某个量子物体可以被人所知的一切，从而在选定测量方案的情况下，它允许一个人计算出本质上随机产生的结果的概率。换句话说，量子态指的是对量子个体或实体尽可能详尽的完整描述[①]。诸如电子或光子这样的实体，如果我们完全知道它的量子态，那么也就没有必要获得其他信息了。

对于单光子来说，我们把它的偏振方向称为“偏振量子态”。对于一束强光来说，我们需要用经典物理学理论来描述它，因此我们直接把它的偏振叫作光的偏振并作为光的属性之一。这种思维上的细分是必要的，因为我们无法确定单光子的偏振量子态。对于单光子来说，你仅仅能在某个测量方案下尝试一次，而结果也只是给出了一小部分信息。相反，对于一束

---

① 这是李·斯莫林(Lee Smolin)在其著作《通往量子引力的三条路》(*Three Roads to Quantum Gravity*)中对量子态的定义。感兴趣的读者可以读一读这本书。

强光来说，它可以被反复测量，而每次测量都会给出关于它的偏振态更多的信息。所以，在经典物理学领域中，测量是一个理想化的想法，对宏观物体有效。对于这样的物体，我们可以直观地认为：测量的精确度可以无限高，测量可以不影响物体本身，并且在进行任何测量之前，测量结果都可以预先存在。这就是隐藏在“经典态”背后的物理概念。

鲍勃有可能在实验上确定爱丽丝制备的量子态吗？

虽然鲍勃可能无法确定爱丽丝制备的单光子的（偏振）量子态，但是在一定情形下，他是可以通过观测来确定单光子的量子态的。如果爱丽丝用相同的办法制备了许多（假设 10000 个）单光子，并且她知道这些单光子都具有相同的偏振量子态，那么鲍勃就可以设计一个实验来获知爱丽丝制备的单光子的量子态。

为了使这个例子简化，我们假设鲍勃知道（因为爱丽丝坦诚地告诉了他）所有的光子的偏振态都是指向同一方向（但是鲍勃不知道具体方向）①。为了确定这个方向，也就是这些光子的偏振量子态，鲍勃把他的测量分为两组进行。第一组是 5000 个光子，他把测量用的方解石晶体旋转到 V 方向，以便观察有多少个光子从 V-偏振出光口处出射。这个信息告诉了鲍勃这些光子的偏振方向和 V 方向的夹角，但没有告诉鲍勃这个角度相对 V 方向是正的（顺时针）还是负的（逆时针）。鲍勃

① 为了简化，在这里我们不考虑所谓的圆偏振的可能性。

可以猜测这个角度是正的，并把方解石晶体顺时针旋转到这个角度，然后观察第二组的5000个光子会发生什么。如果他的猜测是正确的，那么他会发现100％的光子会通过方解石晶体而不被折射。如果他猜测错误，那么他将观察到不同的结果。无论如何，他都能正确地得知这些光子的偏振方向，从而完整地得知这些光子的偏振量子态。

这里的关键信息是，虽然鲍勃可以通过一种观测手段来得知爱丽丝所制备的量子态，但仅仅是在爱丽丝利用相同方式制备了很多光子，并把它们传送给鲍勃的情况下。这种测量方法叫作量子态层析，因为，就像是医学中经常用到的计算机断层扫描术(computer tomography，CT)一样，物体虽然无法被直接观察到，但是物体的本性却可以通过一系列不同的测量而被间接地探知(在CT中，多角度地进行X射线成像，然后利用一组图像来还原身体内部的情景)。

人体X射线

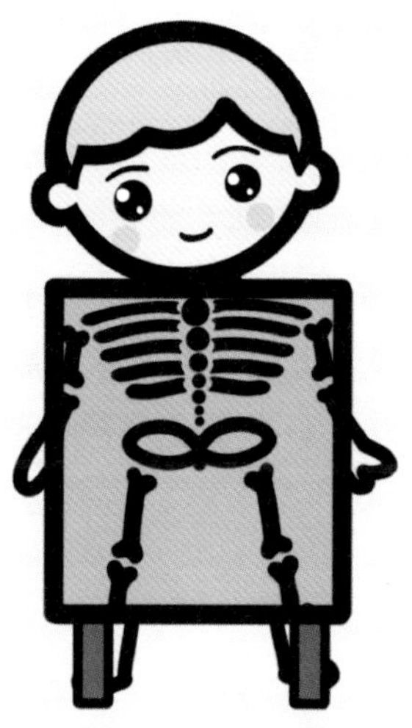

鲍勃能复制(克隆)一个光子的量子态吗?

在关于宏观物体的经典物理学领域中,我们可以很轻易地复制任何单个物体:一件艺术品、一张纸等。为了复制物体,我们需要查验原始物体的各种性质或属性。但是在量子物理学领域里,我们无法查验量子个体的每种性质或属性,因为某些属性之间是互补的,就如尼尔斯·玻尔所说的那样。也就是说,即使你测量了其某种性质,在量子个体里还存在其他性质是你无法真正测量的。这使得没有准确的方法可以用来完美复制量子个体,包括它的量子态。

如果我们不试图去确定一个物体的量子态,也许我们可以使用某种自动量子态克隆机器来完美复制这个量子个体,包括它的量子态。这样的克隆机器甚至在不需要确认量子态的情况下就能工作。可惜的是,我们可以在量子物理学中证明,这种复制或者克隆量子态的方法是不可能的,除非先把被克隆的量子个体毁掉。你无法从一个量子个体中得到另外两个相同的量子个体。"量子复印机"是一直出故障的。这是一个很重要的结论,因为在很多应用中我们都要用到这个结论,例如之前提到的数据加密理论。

这个"无法克隆原则"其实更进一步证实了上一节的结论,那就是量子个体的量子态无法被任何实验所确定。要证实这一点,我们可以假设一下我们有办法克隆一个量子个体的量子态,那么我们就可以复制出很多个同样的量子个体,然后我们可以利用之前所提到的量子态层析的方式来确定这些量子个体的量子态,因为它们可以被认为是通过相同的方式制备出来的。

什么是量子相干性?

量子相干性和经典物理学中的偏振相干性类似。在经典物理学领域里,相干性是电场的一个特征,而量子相干性是量子态的一个特征。也就是说,量子偏振态的两个分量 a 和 b 必须是同步振动,这样偏振的方向才稳定而不任意变化。也只有如此,玻恩定理才能给出针对概率的正确预测。

什么是量子力学的指导性原则?

当一个人试图测量或观察量子物体时,量子物体会如何表现?从上面的讨论中,物理学家得出了一些普遍结论。我将把这些结论介绍为"量子力学的指导性原则"。这些原则很大程度上取代了我在本章开头所讲的经典物理学理论中测量的 3 个要素。在这里,根据我们前面的讨论,我先提出以下 3 个指导性原则。在之后的章节中,我会提出更多的原则。

指导性原则 1:量子世界在本质上是概率性的。就算你最大限度地了解一个量子物体的相关情况,你还是无法 100%预测针对这个量子物体进行的某种测量会得到怎样的结果。

评语:和我们熟知的经典物理学不一样,量子物理学中很明确的一点是,概率这个概念是理解和描述自然界的根本所在,但这并不意味着我们需要放弃因果关系这样的直观理念。

马克斯·玻恩写道:“在经典物理学中,因果关系研究的是一个物理状态依赖于另一个物理状态。在量子物理学中,这个说法还是成立的,但是,互相之间拥有依赖性(即因果关系)的、量子测量的对象需要被重新定义为:它们是每个结果发生的概率,而不是每个结果本身。”玻恩的意思是,对于量子测量,我们可以预测和获知测量结果的概率,但不能确定无疑地预测某个特定结果。

指导性原则 2:我们可以用已经完全确定的量子态来描述一个量子个体的状态。量子态是一个数学表达式,它给出了这个量子个体所有可能被人所知的性质,根据它,我们可以计算出在某种测量方式下测量结果的概率。

评语 1:观测结果不应该被认为是对一个量子个体已有性质的测量。它们应该被认为是为量子个体内在的量子态提供了部分信息。如果有很多相同的量子个体可供研究,那么通过一个聪明的手段,你可以获得这些量子个体共同拥有的量子态的完整信息。但如果只有一个量子个体,你就无法得到以上这些结果。

评语 2:如果你可以使用很多量子个体,但是它们并“不是”通过相同方法制备的,那么这样的量子集合体不具备任何完美的已知量子态的特征。在这种情形下,制备这个量子集合体时使用的“混合态”就足够描述它们的特征了。在实验中,我们可以在不同的测量方案下进行一系列的观测来完整描述这个“混合态”的特征。

指导性原则 3:某两个被观测的属性在物理学上可以是不

相容或者是互补的,因为它们不能一起被独立地观测。更宽泛地讲,测量结果和我们采用的测量方式有关。

评语:你不能在确定一个单光子的偏振是 V-偏振还是 H-偏振以后,再去独立地确定它是 D-偏振还是 A-偏振,这些是不兼容的问题。你可以说,测量不是为了知道某种属性预先存在的值,而是如果你选择了在某种实验搭建的方式下观测某种属性,你将会得到什么结果。出于这个原因,观察得到的结果只是被称为“可能得到的测量结果”。使用这个词是不想让人产生下面的误解:根据物体所具有的属性,结果在测量前就已经被注定了。

让我再强调一下,任何实验仪器,被用在实验里来确定某个被测属性时,通常会改变量子个体的量子态。例如,如果一个 D-偏振光子进入方解石晶体,并从它的 H-偏振出光口出射,那么这个光子出射之后的偏振态是 H-偏振,而不是 D-偏振。这将改变利用这个光子进行后续偏振实验时产生各种结果的概率。

量子力学到底描述了什么?

我将引用马克斯·玻恩的话来回答这个问题:“用量子理论的术语来思考问题需要一些努力和大量的尝试。头绪就是……量子力学没有描述客观外部世界的一种情况,而是描述了一个确定的实验方案,我们用它来观测外部世界的一部分。”玻恩还说过:“我们的感官印象……来自并不依赖我们而存在的外部世界的暗示或信号。”

3 应用量子数据加密

人类可以利用量子物理学来创造出绝对安全的通信网络吗?

可以的。在最近几十年间,科学家们已经学会了如何使用光的量子特性来使得信息和其他数据绝对安全。我们可以利用量子物理学技术来给信息加密,而这种加密方式是任何算法都无法在合理的时间内完成破译的。量子加密技术是一个很棒的论题,它可以让我们首次领略到量子物理学在技术上的应用。

加密是如何使信息保密的?

无论是出于经济、工业、军事等行业需求,还是个人原因,人们总是希望发送的信息内容只被发信人和指定的收信人所知晓。通常,加密系统使用了某种“替代系统”,在这个系统里,根据预先设定好的,同时必须保密的规则,一些字母和数字分别被其他字母、数字或者符号所取代。制定的规则越复杂,那么整个加密系统就越难被破译。

发送保密信息是一门艺术,它的历史可以追溯到几千年以前。在古代,恺撒大帝(Julius Caesar)就使用过加密系统,现在叫作恺撒密码。在这个加密系统里,字母表里的每个字母,都被其在字母表中靠后几位(通常是个固定数字)的字母所取代(字母表中最后几位的字母,就被顺延至字母表中开头的几位字母所取代的位置)。这个固定数字就被称作密钥,因为它的作用就是“锁定”和“解锁”那些加密的文字。举个例子,如果这个密钥是2,那么,文本中的“I love you”(我爱你),就被“K nqxg aqw”取代了。如果收信人知道密钥是 2，那他就能轻易地解密，把收到的文本中的每个字母都依次用其在字母表中的前两个字母替换。如果这个密钥只有发信人和指定收信人知道，那么它就是个安全的密钥。对于没有密钥的第三者来说，他很难破译文本所含的信息。

绝大部分的加密方法都能被破译，这是真的吗？

是的。这样说吧，如果你只是用“替代系统”来加密的话，就算你用了非常复杂的加密规则，你的敌人只要有足够的数学天赋，他总是可以找到一种方式来破译你的信息。举个例子，假如有一个名叫爱丽丝的发信人，给收信人鲍勃发送了一条加密的信息“K nqxg aqw”，由于鲍勃知道密钥是 2，他可以轻易地把信息解密。（我希望他看到消息会很高兴！但是在这里我们不关心消息的内容，而只是在意他们之间的通信内容是不是

凯撒密码

会被别人知晓。)现在我们假设有一个叫作伊夫的偷听者,在半路上拦截到了这个信息。她把信息复制了以后,再把原件传递给鲍勃。她希望鲍勃和爱丽丝对她的所作所为一无所知。但是,她能破译偷窃到的信息吗? 在这个例子中,很有可能她能做到。她只要简单地猜一下爱丽丝用的恺撒密码是什么,然后把 26 个有可能的密码都试一试,看看是否能解密出看似合理的信息。因为只有合理的文字信息才有可能是正确的,而不是那些杂乱无序的字母组合。有一点要注意,伊夫不能完全肯定她的猜测是正确的。就算当她看到破译的信息是"我爱你"时,她也必须判断这个信息是不是正确的。信息越长,伊夫破译出一句通顺的话的可能性就越小。对于这条只有 8 个英文字母的信息,伊夫应该对自己的破译很有信心:"我爱你"就是爱丽丝想要传递给鲍勃的信息。

为了防止窃听,从古罗马时代开始人们就使用复杂的替代式加密法,但是这些方法最后还是被越来越强大的数学技巧所破译。而且,在使用字母替代式加密法时,人们无从知道是不是有聪明的对手已经破译了密码。历史上发生过很多次,发信人和收信人自以为发明了一种最复杂、最深奥、最有技巧的加密方法,坚信窃听者不可能猜出或者推断出解密的办法,只是直到最后一刻才惊讶地发现,他们的对手竟然成功破译了他们的加密信息。

有一个发生在第二次世界大战(简称二战)期间的著名例子(后被改编进电影《模仿游戏》的剧本中)。当时,纳粹德国发明并使用了一种叫作恩尼格玛密码机的机械化信息加密设备。他们认为,这个设备可以创造出让同盟国永远无法破解的密码。作为回应,以阿兰·图灵(Alan Turing)为首的数学家们以及后来的英国科研人员,夜以继日地工作,发明了一种专门对付恩尼格玛密码机的机器。这个机器可以利用数学计算快速破译恩尼格玛密码。他们成功地破译了很多纳粹的军事机密信息,从而影响了整个二战战局。同盟国发明的解密机器和方法,为今天的计算机技术埋下了伏笔。所以,在那段灰暗的历史里,总算还是有一些振奋人心的成果。

有没有一种无法破译的加密方式?

有的。回想一下那个"我爱你"的信息。如果爱丽丝的加密信息中的替代字母,是每个原字母按字母表顺序移动了不同的位数,而只有鲍勃知道它们分别移动了几位,那么会发生什么呢?比如说,第一个字母移动了 2 位,第二个字母移动了 12 位,第三个字母移动了 9 位,等等,鲍勃还是可以解密这个信息的。但是,现在伊夫就为难了,因为她破译出的信息可以是任意 8 个英文字母的组合(有含义或者没有含义)。因此对于伊夫来说,她完全无法破译这样的加密方式。

不幸的是,对于爱丽丝和鲍勃来说,这一串密钥数字(2,12,9…)的长度和信息本身的一样长。而且,他们必须足够聪明,不重复使用这个密钥数字串。也就是说,一个密钥只能使用一次,然后就要被换掉。设想一下,爱丽丝事先给鲍勃一本有 10000 个密钥的密码本。他和爱丽丝也只使用这个密码本一次,所以这样的密码本也被叫作"一次性密码本"。再举个例子,如果你需要发送一个有 10 页纸的文本,那么你就需要使用另外 10 页纸长的密钥来加密和解密这个文本。这些额外的密码本通常被放在手提式的“外交邮袋”里后在国家使馆间传递。这些密码本也可以是计算机硬盘(以前是印刷的书籍),里面含有随机的密钥,可以在将来用于发送和接收绝对安全的加密信息。

但是,如果你用完了所有的密钥,也无法利用像“外交邮袋”那样的方式来和收信人分享新的密钥,那你该怎么办?你有没有办法给你的收信人发送新的密钥,并且这个密钥还不会被你的对手拦截到呢?如果是利用常规手段,那么答案是否定的,在这里你就需要利用量子物理学独有的特点来帮助你。在讨论如何使用量子手段完成密钥分享之前,我们需要理解文本信息在二进制编码中是如何显示的。

文本信息在二进制编码中如何显示?

计算机存储和处理信息的方式是使用一种特殊的语言,这种语言只用到两个字符——0 和 1。这样的语言被称为二进制,而每一个字符被称作“位码”,这是二进制数位的简称。由于现代数据传输和加密系统都用到了计算机,我们需要一个办法把我们的文本文档转化为二进制。做法是使用一个简单的查找表,在表中每一个大写或小写的拉丁字母都分别被转换成一个独一无二、含有八位码的字符串。比如,字母“A”变成了 01000001,字母“B”变成了 010000010,字母“a”变成了 011000001,字母“b”变成了 011000010,等等。你可以很容易在互联网上找到这个计算机系统使用的查找表,叫作 ASCⅡ(美国信息交换标准代码)。

文本信息是如何被二进制密钥加密和解密的?

在二进制里,一条文本信息是根据 ASCⅡ 转换而来的,它是由长长的 0 和 1 组成的字符串。为了能给这条文本加密,工作人员爱丽丝使用了一个同样长度的由 0 和 1 随机组成的字符串作为密钥。她的加密规则是:对于一个在文本信息中给定的字符,如果对应的密钥字符是 0,那么这个字符就保持原样;如果对应的密钥字符是 1,那么就把这个字符反过来,从 0 变为 1 或从 1 变为 0。根据这个规则,加密文本就创建成功了。举个例子,如果原始信息是 11110000,而密钥是 10101010,那么被加密后的信息则是 01011010。爱丽丝可以把加密后的文本字符串通过非安全信息通道传递给指定收信人鲍勃。如果鲍勃有密钥,那么他可以轻易地用加密的反过程来读取原始信息。图 3.1 显示了这样的系统。

这个看似简单的办法是 100%安全的,只要爱丽丝和鲍勃拥有同样的密钥:它和被传输信息长度相同,由随机的 0 和 1 字符串组成。如果他们没有事先共享这个密钥,那么剩下的难点就在于,爱丽丝必须要在他们使用这个密钥之前,把这个长长的字符串秘密地发送给鲍勃。

光子的偏振态是如何被用来创建安全密钥的?

为了可以和鲍勃共享一个密钥,爱丽丝使用单光子源来发送位码(0 或者 1)给鲍勃,其中每个单光子携带 1 个位码。回忆一下,在量子物理学的描述中,光是由被称作光子的离散型

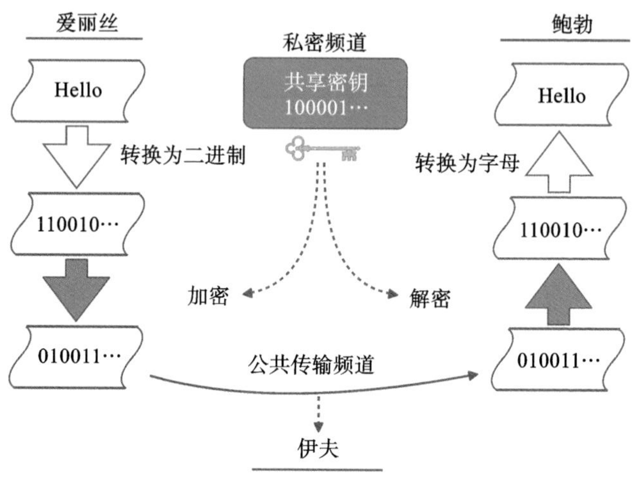

图 3.1 用共享密钥来传送一段加密信息的示意图。

能量单元组成，而光子的偏振态可以被巧妙地操纵和测量。爱丽丝使用的这个办法，它的绝对安全性基于光子的以下特性：光子作为基本的量子实体，我们不能认为对它的测量是简单、被动地揭示光子现有的状态，而应该是一个基本的量子过程。因此，如果一个窃听者窃取了光子，并通过测量它的偏振态来得知相应的位码，那么这个光子的偏振态就势必被扰乱了。鲍勃和爱丽丝可以发现这个扰动，从而得知窃听者的存在。

这样的一个系统所要达成的目标是，允许使用者定义和发送或者“分发”一个密钥给指定的收信人。这个步骤叫作“密钥分发”，它必须是绝对安全的，即使收发双方使用的通信频道是非安全的或者窃听者可能拥有访问权限的。爱丽丝和鲍勃使用的加密方法也是可以让外界知道的——这没必要成为秘密。这个系统的安全性并不依赖于它的复杂程度，而是依赖于量子系统的物理特性。

量子密钥分发是基于哪些物理学原理?

为了能理解发送和分发密钥的物理学原理,你需要回顾一下第 2 章所提到的关于测量光子偏振态的几个要点:

第一,光有时候表现得像一个波,它的电场一边振动一边像波一样传播;光有一个特性叫作偏振——它的电场指向着和其传播方向垂直的任意方向。为了方便讨论,我们仅仅考虑 4 种偏振方向:水平(H),竖直(V),对角(D),以及反对角(A)。

第二,光的能量是以光子的离散型能量单元的形式来传递和探测的。为了测量一个光子的偏振态,我们需要用到一个方解石晶体,以及两个位于其后方的光探测器。根据入射光的偏振方向和晶轴的关系,方解石晶体会把光分成两束;对于只有单光子的光,有且仅有一个光探测器能探测到信号。如图 3.2 所示,如果方解石晶体晶轴所处方向会使 H 和 V 偏振的光分开,我们就说鲍勃使用了 H/V 测量方案;如果方解石晶体晶轴所处方向会使 D 和 A 偏振的光分开,我们就说鲍勃使用了 D/A 测量方案。

第三,如果我们制备了一个 H-偏振光子,并用 H/V 方案去测量这个光子,它将会 100%在 H-偏振出光口处被探测到,而不是在 V-偏振出光口处。如果同样的光子是用 D/A 方案来测量,那么它将有同等概率(50%)被 H-偏振出光口或者 V-偏振出光口的探测器探测到。

第四,一个单光子的偏振量子态是不能被任何实验方案所确定的。相应地,一个单光子也不能被完美复制。

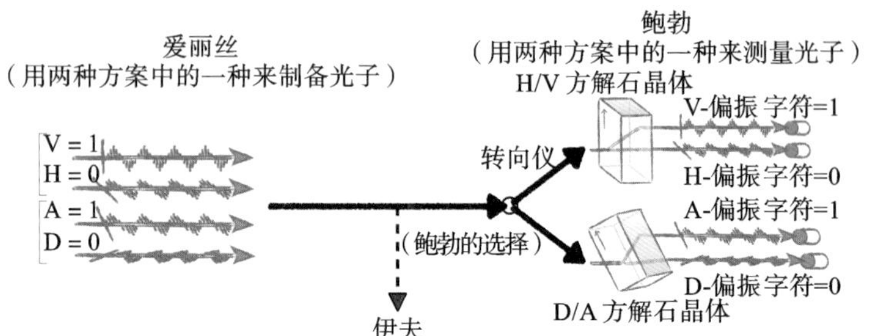

图 3.2 爱丽丝发送的光子可能处于以下 4 种偏振态之一:代表 1 字符的 V 或者 A,以及代表 0 字符的 H 或者 D。鲍勃把接收到的每个光子随机送入两台光探测器之一,产生与测量方案相应的结果。

如图 3.2 所示,爱丽丝将会制备一些偏振在某个确定方向的光子,并把它们传递给鲍勃。她将使用光子的 4 种偏振态来代表密钥数据。为了迷惑正在监视这些光子的窃听者伊夫,爱丽丝在制备每个光子的过程中随机切换方案。如果她选择 H/V 方案,那么 H 将会代表密钥字符 0,而 V 将代表密钥字符 1;相反,如果她选择 D/A 方案,那么 D 将会代表密钥字符 0,而 A 将代表密钥字符 1。举个例子,如果她传送的一个光子序列为 HHDVADAV,那么这个光子序列就代表了一个密钥字符串为 00011011。

显而易见,假如鲍勃使用和爱丽丝制备光子时相同的方案来测量收到的光子,那么他将会收到正确的密钥字符串。但这样做的难点在于,必须使用一种方法让窃听者伊夫无法得知被传输的密钥数据。这是有可能的,因为窃听者(甚至鲍勃自己)都不知道爱丽丝在制备每个光子时所用的方案。只有在鲍勃收到所有的光子之后，密钥才能生成，它来自爱丽丝和鲍勃所拥有的一个由 0 和 1 组成的秘密表单。我们将在下面详细讨论这个过程。

量子密钥分发的工作原理是什么？

在爱丽丝和鲍勃使用如图 3.1 所示的二进制密钥对信息进行加密从而开启安全通信之前，他们必须分享这个密钥。回忆一下，位码是 0 或者 1 指的是被传送光子的真正的偏振态，而"方案"指的是这些偏振态被区分为 H/V 或者 D/A。在图 3.3 中显示了生成量子密钥的步骤，最主要的有以下几点：

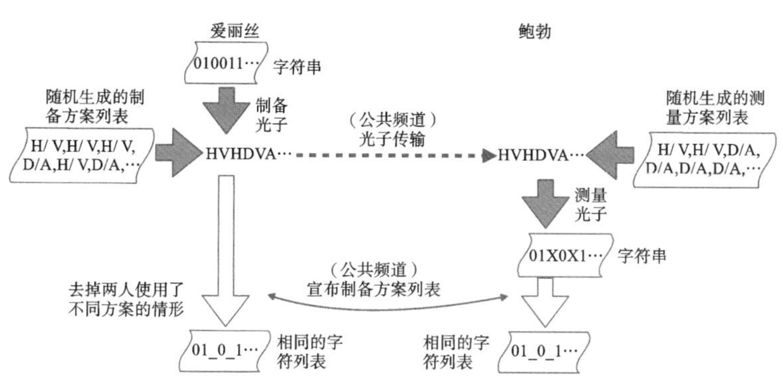

图 3.3 生成密钥的步骤。

(1)爱丽丝生成了一个由位码 0 和 1 组成的很长的字符串，其中有一些会成为量子密钥的一部分。假设她生成的字符串是 0100111011000011010111100101…

(2)爱丽丝使用一些随机方法(比如掷硬币)来决定制备每

个光子的方案，然后记录下这个方案，形成一个列表。假设她使用的方案是 H/V，H/V，H/V，D/A，H/V，D/A，D/A，D/A，H/V，D/A，…

(3)然后爱丽丝按照每个字符串位码和其在方案列表上相应的方案来制备每个光子，它的偏振态是 H/V 或者 D/A。前面我们已经定义了 H 和 D 代表 0，而 V 和 A 代表 1。现在只有爱丽丝知道这些光子的偏振态和她所使用的方案(我们假设爱丽丝的工作地点是隐秘而安全的——没有间谍)。接下来，爱丽丝把她制备的光子都传送给鲍勃。

(4)鲍勃不知道爱丽丝传送的光子所代表的位码或者她使用的方案列表。所以，鲍勃也使用随机方案来测量每个光子的偏振态。他记录下测量每个光子时使用的方案，形成一个列表；在列表里同时也记录下他观测到的每个光子的偏振态，可能是 H、V、D 或者 A。

(5)在这里，让我们先考虑没有窃听者存在的情况。在这种情况下，我们设定所有的光子都按照原样从爱丽丝传到了鲍勃那里。那么，爱丽丝和鲍勃可以通过下面的方法来生成一个共享的密钥：他们在公共频道里显示他们各自使用的制备方案列表和测量方案列表，于是包括他们在内的任何人都知道了他们在传送和接收光子时所使用的方案。但是爱丽丝会把随机生成的字符串进行保密，而鲍勃也会把他观测到的每个光子的偏振态(或者说已经按照设定的规则转换成的字符串)进行保密。

对于所有被传输的光子，爱丽丝和鲍勃会针对其中约一半光子使用不同的方案，比如爱丽丝用了 H/V，而鲍勃用了 D/A；反之亦然。爱丽丝和鲍勃必须把这些情况去除掉，因为在这样的条件下，爱丽丝发送的光子的偏振态和鲍勃测量到的光子偏振态没有任何的相关性。这也是前面我们讨论的量子原理的一个显著结果。

对于剩下的一半光子，爱丽丝和鲍勃使用了相同的方案来制备和测量，而基于量子力学的工作原理，这些光子偏振所代表的位码将是完美匹配的。这也意味着如果爱丽丝和鲍勃只保留这些字符，那么他们将拥有相同的字符列表，而这个字符列表也可以被用作共享密钥。换句话说，这个字符列表可以被用来加密和解密他们之间互相发送的信息(直到所有的密钥字符用尽为止)。

在表 3.1 中显示了上述步骤的一个例子(假设没有窃听者)。爱丽丝所使用的列表按照字母表从 a 到 j 排序。在表中，有 50%的情况是爱丽丝和鲍勃使用了相同的方案(他们也是后来才知道的)，他们使用的位码则是完全相同的。当爱丽丝和鲍勃使用了不同的方案时，鲍勃测量获得的位码是同等概率的 0 或者 1。如果把不同方案的情形从列表中去除，爱丽丝和鲍勃获得了一个完全吻合的共享密钥，如表 3.1 的最右列所示。为了能产生一个有一定长度(假设是 5000)的密钥，那么爱丽丝就需要发送大约 10000 个单光子。

表 3.1 无窃听器的量子密钥分发的光子传输系列示例表(H 和 D 代表 0，V 和 A 代表 1)。

爱丽丝				鲍勃		
	位码	方案	传输	方案	位码	密钥
a	1	H/V	V →	D/A	0，1	
b	1	D/A	A →	D/A	1	1
c	0	D/A	D →	D/A	0	0
d	1	D/A	A →	H/V	0，1	
e	1	H/V	V →	H/V	1	1
f	0	D/A	D →	D/A	0	0
g	1	H/V	V →	H/V	1	1
h	0	H/V	H →	D/A	0，1	
i	0	D/A	D →	H/V	0，1	
j	0	D/A	D →	D/A	0	0

如果有窃听者，情况会怎样？

假设在爱丽丝和鲍勃之间存在窃听者伊夫。表 3.2 显示伊夫截获了爱丽丝发送的每个光子，并且通过猜测爱丽丝使用的制备方案(当然伊夫的猜测也是随机的)来测量每个光子，根据测量结果得到它所代表的位码。因此，伊夫通过这种方式截获了一个字符串，和爱丽丝手中的字符串相比，其中有些位码可能是对的，有些可能是错的，这取决于伊夫使用的测量方案。然后，伊夫根据自己的测量结果，制备了一个处于“相同”偏振态的光子，并把这个光子发送给了鲍勃。伊夫当然希望，爱丽丝和鲍勃不会发现爱丽丝发送的光子都被窃听者给替换了。可能会发生以下几种情况：

表 3.2 利用窃听器进行量子密钥分发的光子传输系列的示例表。

	爱丽丝			伊夫				鲍勃		
	位码	方案		方案	位码	发送		方案	位码	密钥
a	1	H/V	—V→	H/V	1	1	—V→	D/A	0, 1	
b	1	D/A	—A→	H/V	0, 1	0	—H/→	D/A	0, 1	[0]
c	0	D/A	—D→	D/A	0	0	—D→	D/A	0	0
d	1	D/A	—A→	D/A	1	1	—A→	H/V	0, 1	
e	1	H/V	—V→	D/A	0, 1	1	—A/→	H/V	0, 1	①
f	0	D/A	—D→	D/A	0	0	—D→	D/A	0	0
g	1	H/V	—V→	H/V	1	1	—V→	H/V	1	1
h	0	H/V	—H→	D/A	0, 1	1	—A/→	D/A	1	
i	0	D/A	—D→	D/A	0	0	—D→	H/V	0, 1	
j	0	D/A	—D→	H/V	0, 1	1	—H/→	D/A	0, 1	[1]

(1)几乎有一半的概率(表 3.2 中的 a、c、d、f、g、i…),伊夫正确地猜到了爱丽丝使用的制备方案。(虽然伊夫并不知道自己猜对了。)在这些情况下,伊夫通过测量获得正确的位码 0 或者 1,并且制备一个和爱丽丝发送的光子处于相同偏振态的光子给鲍勃。然后,其中又有一半的情形(c、f、g…)是鲍勃也猜到了爱丽丝的制备方案,从而也获得了正确的位码。在这些情形下,鲍勃和爱丽丝得到了相同的位码,而伊夫也成功窃取到了。

(2)有 1/4 的概率,伊夫错误地猜测了爱丽丝使用的制备方案(在表 3.2 中的传送箭头上用斜杠标记)。在这些情况下,即使鲍勃猜对了爱丽丝的制备方案(b、e、j… 占总数的 1/4),他有可能还是获得了错误的位码(b、j… 用方框标记),也可能纯粹靠运气获得了正确的位码(e…用圆圈标记)。

(3)在剩下的 1/4 概率的情形下,伊夫和鲍勃都猜错了。

可是鲍勃和爱丽丝在比较他们的方案以后，会把这些情况都从列表中去除，所以这些情形下伊夫和鲍勃获得了怎样的位码都无关紧要了。

在所有的光子被测量以后，像前面一样，爱丽丝和鲍勃将会在公共频道上显示他们各自使用的制备方案列表和测量方案列表，于是包括他们在内的人们都知道了他们在传送和接收光子时所使用的方案。但是爱丽丝和鲍勃会把他们各自的字符串保密。在差不多一半的情况下，爱丽丝和鲍勃发现彼此使用了相同的方案，所以这些情况下的字符应该都是吻合的，除非有窃听者存在，则另当别论。但是，表 3.2 显示，鲍勃获得的一些字符是错误的，比如表中的 b 和 j 行。所以，现在爱丽丝和鲍勃有两个问题必须要克服：第一是生成的共享密钥中有些字符是不匹配的；第二是共享密钥中的一部分被伊夫获知。他们能怎么做呢？

爱丽丝和鲍勃如何得知窃听者伊夫是否存在？

到目前为止，鲍勃和爱丽丝都不知道伊夫篡改了光子，所以他们就有了使用不吻合的密钥来给信息加密的风险。更危险的是，伊夫知道密钥的一部分。为了检查是否有窃听者，鲍勃会在他和爱丽丝使用了相同方案的情形下随机选择一些方案（假定是 10％），把他获得的测量结果（也就是位码）通过非安全通信频道（比如电子邮件），发送给爱丽丝。他们比对这些字符，如果发现都彼此吻合，那么就有充分的理由相信没有人窃听，因此他们可以放心使用剩余的（90％）共享密钥字符串。

但是如果他们发现，经过比对，有很多位码不匹配，那么他们就有足够的理由怀疑有窃听者，从而他们就会选择换掉所有的密钥字符。也许他们会在次日再次尝试，并希望伊夫会休息一天，这样他们就可以成功地生成一个共享密钥。

我们已经看到，在使用“量子密钥分发”时，窃听者每次测量单光子的行为，在量子力学的层面上，扰动了原始光子的偏振态。事实上，为了测量光子的偏振态，伊夫必须把这个光子送到一个光探测器上，并毁掉这个光子。当她重新制备一个光子来代替被她毁掉的那个光子时，这个新的光子的偏振态通常会和爱丽丝传送的那个光子的偏振态不一样。这样的变化使得爱丽丝和鲍勃可以探知伊夫的存在。

以上总结了使用量子物理学来进行密钥分发的方法以及基本原理，下面将更加详细地描述这个方法。

如果伊夫一直存在怎么办？

如果伊夫想要的结果不是让爱丽丝和鲍勃无法共享一个密钥，而是让他们误以为她并没有在窃听，那么她只需拦截一小部分光子，从中获得爱丽丝和鲍勃共享密钥的一小部分内容即可。在这之后，假如爱丽丝和鲍勃利用这个共享密钥来交换信息，伊夫就会试图用她知道的密钥内容来破译信息。她有可能成功，因为如果信息中含有某种规律，那么，即使是一小部分密钥内容也足够用来发现这样的规律。比如，如果伊夫通过解密发现信息是“I am go＊＊g t＊ t＊e s＊p＊rma＊k＊＊”（注：我正在去超市的路上），那么很明显，伊夫就能猜到没有破译的部分是什么。

爱丽丝和鲍勃面临的另外一个难题就是,伊夫拦截和替换光子时会使鲍勃接收到的字符串产生一些错误。如果这些有错误的密钥被用来解密爱丽丝发送的信息,那么鲍勃就有可能收到错误的信息。

我们假设,爱丽丝和鲍勃察觉到伊夫有可能在扰乱他们的共享密钥。为了能消除可能产生的位码错误,并且使密钥保持安全而不受威胁,爱丽丝和鲍勃可以使用叫作“纠错”和“保密性放大”的数学方法。这些方法依赖于爱丽丝发送给鲍勃的光子数远远大于理想状态下生成一定长度的共享密钥所需要的光子数。

例如,假设爱丽丝和鲍勃需要生成一个由 5000 个位码组成的共享密钥,他们可能需要发送 30000 个光子。这 30000 个光子可以产生一个含有 15000 个位码的密钥(其余一半则是被丢弃了,因为爱丽丝和鲍勃使用了不同的方案)。可是在这 15000 个位码中,有一些位码是不吻合的。长话短说,爱丽丝和鲍勃可以把这些位码分为几组然后合并(比如,把它们分成 3 组,然后相加)以获得含有较短位码数(5000 个)的新共享密钥。概率论证明,使用这样的方法,几乎可以消除所有的错误,而窃听者伊夫获得的关于新共享密钥的信息要远比之前所知的长位码密钥少得多。

使用上述方法,爱丽丝和鲍勃可以获得令人满意的低错误率,以及高度安全的共享密钥,他们付出的代价是爱丽丝需要传送远远多于密钥位码数的光子。可是,多传送一些光子并不是一个很高昂的代价，尤其和生成安全密钥所带来的好处相比更是如此，因为绝对安全的密钥可以用来发送绝对保密的信息。

上面总结了关于量子密钥分发的安全性问题。量子密钥分发的安全性论据和“经典”加密方法的安全性论据本质是不一样的。使用“经典”加密系统，没有人知道聪明的对手是不是可以发掘出新的数学办法来破译你的加密信息。还记得恩尼格玛密码机吗？相反，量子加密系统的安全性依赖于光的量子本质，而不是寄希望于对手在数学上的天赋不够高。

伊夫有可能使用其他更好的窃听方式吗？

你也许会想，如果伊夫使用比光子测量更好的策略来窃听，那会怎么样？也许她可以复制从爱丽丝那里得到的每个光子，并且只测量复制的光子。但这是行不通的——回忆一下，要想把一个单光子的未知量子态复制到另外一个单光子上，在物理学上是办不到的，量子复印机永远处于“故障”状态。

事实上，量子理论物理学家已经证实，根据量子理论，光的量子本质使得伊夫无法使用任何策略来破译量子共享密钥法。只有将来发现量子理论本身有缺陷，才有可能使量子密钥分发的安全性受到质疑。

量子密钥分发的研究现状是什么？

量子密钥分发已经被证实是可行的，而且成了商用远程共享密钥的依托原理。密钥位码已经以每秒百万次的比特率在20千米范围的光纤上成功传输。除此之外,密钥已经在超过300千米的光纤上传输,并且地面至卫星的密钥分发系统正在开发中。至少有4家公司已经在销售商用量子密钥分发系统。而且,这样的系统也已经被试用于银行转账和传送投票结果中。

看来量子技术已经朝着未来大踏步前进了!

4　量子行为

在没有被测量的情况下，量子物体的行为是什么？

在前面几章中，我们讨论了 3 个量子原理的来源：本质上的随机性、量子态，以及测量的互补性。我们学到的主要内容是：量子测量应该对某种现象到底是出现还是没有出现进行判断，而这又主要取决于研究某种现象时采用的测量方案。在本章中，我们考虑的是，如果在一段时间内没有进行量子测量，会发生什么。在这段时间内，尽管我们没有记录任何测量结果，但是一个量子物体还是可以从一处移动到另一处。我们把在这段时间内量子物体所发生的一切称作该物体的“量子行为”。我们会看到，这样的行为和经典物理学所认为的行为有着巨大差别。

电子和弹珠的行为有什么区别？

假设你正在一个游戏机上玩如图 4.1 所示的弹珠游戏。在游戏中，每个弹珠的发射机制都是自动调整好的，以便你每发射一个弹珠，它都会尽可能碰到靠近最上方支撑板正中间的位置。你可以预先设置好这个支撑板的方位，这里有 3 种选择：像图 4.1(A)一样往右弹，或者是像图 4.1(B)一样往左弹，或者是像图 4.1(C)一样同时向左和向右弹。中间的两个支撑板的方位是固定的，而最下方的支撑板是水平的。

在图 4.1(A)中，弹珠总是先弹向右边，然后在弹到最下方的支撑板后，有相同的概率可能弹到左边或者右边。根据弹珠弹跳的方向，你可能会赢得汽车或者山羊。在图 4.1(B)中，弹

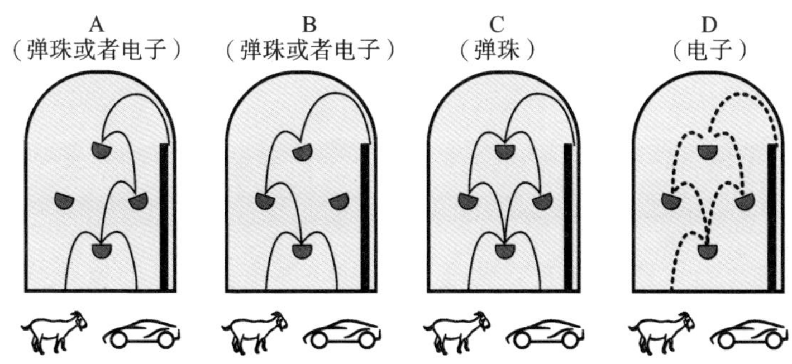

图 4.1 使用弹珠或者电子的游戏。

珠总是先弹到左边,然后在弹到最下方的支撑板后,同样也是有相同的概率可能弹到左边或者右边。也就是说,这两种情况你都有 50%的机会“要么赢得汽车,要么赢得山羊”。

在图 4.1(C)中,最上方的支撑板是平的,所以当弹珠被这块板弹起时,各有 50%的概率向左或者向右。当它到达最下方的支撑板时,又有 50%的概率朝左或者朝右。也就是说,在这个情况下,你有 50%的概率赢得汽车或者山羊,就像图 4.1(A)和图 4.1(B)一样。

现在设想一下,在上述游戏中使用了一个电子,而不是一个弹珠。电子是具有质量的粒子,所以会像弹珠一样在重力的作用下往下落。而且,电子带有负电荷,同性电荷之间是互相排斥的。所以,为了使电子在一个支撑板上弹起,我们用一个带有额外负电荷的小铁板作为支撑板。当一个下落的电子接近支撑板表面但没有触及时,电荷的互斥作用会使电子弹起。

如果我们在一个黑暗的房间里进行这个实验,你就看不到电子是如何下落和反弹的。对于图 4.1(A)和图 4.1(B)所示的情形，电子的表现和弹珠差不多，它可能落在山羊或者汽车上。但是，如果电子经过一个和图 4.1(C)一样的装置，那么如图 4.1(D)所示，某个令人震惊的结果发生了——在最上方的支撑板，电子有 50%的概率向左或者向右弹，但当它从最下方的支撑板上弹起时，它总是往左落到山羊上面。也就是说，在游戏中，你赢得山羊的概率是 100%，而赢得汽车的概率是 0(如果你想赢得汽车，那就只能说抱歉了)。为了强调量子弹珠和经典物理学中的弹珠之间的区别，在图 4.1(D)中我用虚线来表示电子有可能选择的两条路径。下面，我将详细地讨论在暗室中进行电子实验的重要性。

为什么电子总是落到山羊上?

还是参看图 4.1，在图 4.1(D)中，电子总是落到山羊上，而在相似的图 4.1(C)中，弹珠却各有 50%的概率落到山羊和汽车上。电子和弹珠在表现上的本质差异意味着在计算它们的概率时，我们必须使用不同的方法。

对于图 4.1(C)中的弹珠，我们可以用以下方法来计算出赢得山羊的概率：弹珠在第一个支撑板上向左弹的概率是 50%，而从最后一个支撑板向左弹的概率也是 50%，所以两者同时发生的概率是 50%的 50%，也就是 25%。同样道理，另外 3 种可能发生的情况也有相同的概率：左/右，右/右，以及右/左。也就是说，对弹珠来说，它有 4 种可能的路径，每一种可能性都是 25%。为了计算出赢得山羊的概率，把两种可能到达山羊的路径的概率相加，也就是 25%+25%=50%。其实，我们很容易看出赢得山羊和赢得汽车的概率是一样的，因为支撑板的位置安排完全对称。就算把其中的一块支撑板稍微移动一点点,两者的概率还是会非常接近。看上去任何一种情况发生的概率都不可能会是50%以外的其他数值。

对于图4.1(D)中的电子,并没有一种显而易见的方式可以把赢得山羊的两条路径的概率进行排列组合,从而使赢得山羊的概率等于100%。导致这一结果的原因肯定是:我们把各种可能的路径分开,然后单独分析它们的概率,以这种方式来解释像电子这样的量子物体的表现,这是不正确的。

我们还没有回答这个问题:为什么电子总是落到山羊上?对此,我们需要进一步探索。

如果我们改变设置,结果会怎么样呢?

每当实验结果令人困惑时,很自然的一件事就是我们以某种方式对实验设置进行"微调",然后观察一下会发生什么。这有可能会给我们带来新的启发,或者新的思维方式,以解释实验中到底发生了什么。

由于我们不清楚在图4.1(D)中的电子到底发生了什么,我们可以试着这样做:移动其中一个支撑板。对于图4.1(A)到图4.1(C)中的弹珠来说,如果我们把其中一个支撑板移动一点点,它不怎么会改变弹珠到达山羊或者汽车的概率。相反,对于在完全黑暗环境中的电子来说,稍微移动其中一个支撑板就会大幅度地改变这些概率。在图4.2(E)中,相比图4.1(D),最右边的支撑板向上挪动了一点点。对于这个特定的移动距离,实验结果就被彻底地改变了:现在,电子总是落在汽车上！更奇怪的是，如果我们把同一块板再向上挪动一点点，如图 4.2(F)所示，直到总的移动距离是图 4.2(E)所示的两倍，我们会发现，在实验中电子再一次总是落在山羊的位置上。弹珠的表现不可能是这样的，它的落点出现的可能性不会因为游戏设置出现微小变化而发生巨大改变。

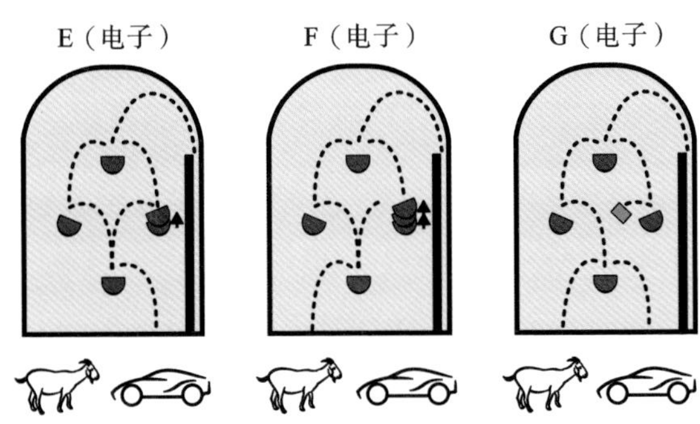

图 4.2 在游戏中，移动支撑板(E、F)或者挡住一条路径(G)。

如果我们挡住一条路径，会发生什么？

让我们试着用另一种方法改变实验设置：插入一块砖头或者其他障碍物来挡住电子有可能通过的路径之一，如图 4.2(G)所示。现在，经过很多次实验后我们发现，电子要么出现在山羊上，要么出现在汽车上，它们的概率相同，各为 25%。剩下的 50%的情况是电子被第一块支撑板反弹到它的右边，从而被砖头挡住了。也就是说，当电子被第一块支撑板反弹到它的左边时，它的这条路径没有被砖头挡住，于是它有同等概率被最下方的支撑板弹往左边或者右边。让我们来比较一下图 4.2(G)和图 4.1(D)这两种实验设置，后者中的电子有左右两条可能的路径。如果我们把设置从图 4.2(G)变回到图 4.1(D)(也就是把砖头移走),结果发生了变化,这意味着从图 4.2(G)到图 4.1(D)增加了一条导向汽车的右通路,它通过某种方式对导向汽车的左通路发生了干扰,从而使得图 4.1(D)设置中电子出现在汽车上的概率为 0。我们再一次强调,弹珠的运动是不会出现这样的情况的;给弹珠增加一条通往汽车的路径,这只会增加赢得汽车的概率,而不是减小这个概率。

到目前为止，我们可以得出什么结论?

从所做的实验中,我们可以给出一个关于量子概率的试探性规则或原则:

如果一个电子可以通过两条不同的路径抵达同一地点,电子出现在这个地点的概率由这两条路径共同决定,而这个概率和电子选择两条路径的概率简单相加比较起来,可大可小。在这种情况下,我们称这两条路径的存在“干涉”了彼此,这样的表现也被称作“量子路径干涉”。

上述结论看上去很奇怪,但这却是科学家们通过很多精密实验和理论模型才得出的。我们不能从直觉层面上来理解这个结论。这是电子自然本性的一个基本方面。

在这里有很重要的一点需要指出,如果电子从第一块支撑板反弹以后的两条路径都是畅通的[也就是说不是图 4.2(G)所示的情况],在这种情况下,我们是不知道电子选择了左通路还是右通路来到达山羊或者汽车处的。由于我们确认了支撑板都是完全固定的,而且实验是在全黑的环境下进行的,因此我们没有办法监视电子的运动轨迹。也许我们需要改变一下实验设置，这样我们就可以探测到电子是如何运动的。

我们可以测量电子运动的路径吗？

是的，我们可以做到。比如说，我们给中间的两个支撑板都安装上金属硬弹簧。假设电子从右边的支撑板反弹，那么这个支撑板的弹簧就开始振动。振动的弹簧会在安装点受到摩擦阻力。摩擦阻力会加热金属，而当所有的能量都转化为热能后，弹簧的振动就会停止。当一个电子通过整个弹珠装置后，我们可以观察一下哪个弹簧被稍稍加热了，从而得知电子是选择了左通路还是右通路。

现在我们发现了一个有趣的结果——当我们通过观测弹簧从而得知电子选择的路径时，电子落到山羊或者汽车上的概率变成了各50%，也就是说，电子的表现就像是经典物理学中的弹珠一样！不知为何，弹簧的介入不仅仅改变了我们在实验中监视电子运动轨迹的能力，还改变了最终结果产生的概率。这不禁让人想起了图4.2(G)，其中挡板的介入消除了电子路径干涉现象，使得每个最终结果具有相近的可能性。

我们的本意，并不是通过得知哪一个弹簧被加热来改变电子路径选择的概率，也就是说从1和0变成了50%和50%。相反，是两个支撑板之一(但并不是一起)被做成可探测的弹簧振动这个事实本身改变了电子路径选择的概率。这样的改变使得电子在被其中一个支撑板反弹时留下了永久性痕迹，从而导致了概率的变化。这个永久性痕迹——也就是弹簧的温度上升——记录下了关于电子所选通路的信息。永久性痕迹的记录构成了一次测量。

很明显,如果在电子的移动过程中进行了一次测量(就算没有人看到测量结果),电子出现在山羊还是汽车上的概率就和我们所能预测的经典物理学上的物体(比如弹珠)的一样。就像爱丽丝(在《爱丽丝梦游仙境》中)所喊的:“越来越奇怪!”

现在看来,在描述量子物体的运动时,我们需要修改在经典物理学中使用的“路径”这个词的概念。在经典物理学中,我们想象一个物体是沿着有轨迹可寻的某个路径在移动。在量子物理学中,“路径”这个概念有两层含义:可能性和被测结果。换句话说,(量子物体运动的)起点和终点应该是通过观测或者测量得到的确定的结果,而两者之间(量子物体)的表现只是一组量子可能性。

为什么我们不能把同样的逻辑用在弹珠上呢?

我们可不可以用普通的弹珠来做相同的实验?例如,我们保证在完全黑暗的环境里,拥有绝对固定的支撑板,但是不知道弹珠所选择的路径,从而获得类似量子物体实验的结果。答案是否定的,我们做不到。对于一个真正的弹珠,假设有几盎司①重,要让它在实验中不留下任何所选路径的痕迹,几乎是做不到的。比如,这个弹珠弹到任何一个支撑板上,都会发出声音。但是,除此之外,还有一个基本的原因使得做这样的实验十分困难:在下面的讨论中我们将看到,实验设置的微小变

① 1盎司≈28.3克。——译者注

化(如图4.2中的图E所示)和物体留下的微小永久性痕迹(比如弹簧的温度上升)的情况取决于这个运动物体有多重,也就是说,和它的质量大小有关。由于一个弹珠的质量远远大于一个电子的质量,因此,要想通过量子路径干涉而使得弹珠在类似图4.1中的图D的实验中每次都落在山羊上,难度是无比巨大的。

这就引出了一个常识性的说法:与弹珠的大小和质量相类似的物体,永远不可能被观察到与电子一样的表现。意识到这一点,有助于我们在实际问题中把量子物理学领域的表现和经典物理学领域的表现区分开。虽然我们知道,所有的物体都在根本上遵循量子物理学的原则,但是物体的具体表现一般来说却和它们的质量(也就是它们有多重)有关,以及与周围事物互相作用的强度有关。要使“大物体”表现出“相干性”是极其困难的。

什么是幺正表现?

如果我们把上面的实验设置成每个支撑板都装有弹簧,从而使得电子在它所走的路径上留下永久性痕迹,那么,我们可以把电子的行为分为两个步骤:①电子被发射出来,然后落在中间靠左或者靠右的支撑板上;②电子落在了山羊或者汽车上。这里有3个观测记录:电子发射、中间路径和最终结果。在这种情形下,我们根据经典物理学计算出的概率就是正确的:我们简单地把通向山羊或者汽车的各种路径对应的概率全部相加,就得到了赢得山羊还是汽车的正确概率。

相反,如果在支撑板被固定住,并且房间是完全黑暗的情况下,电子没有留下我们所能知道的踪迹,那么,这里只有两个观测记录:电子发射和最终结果。在这种情形下,我们不能把弹珠装置内电子通过的路径分成一系列的步骤,并且使每个步骤都有明确的、可观测到的结果。正因如此,电子在装置内部的移动过程必须要被考虑成一个单一行为,物理学家们称它为“幺正表现”或者“幺正过程”。在英语中,“幺正”这个词的意思就是指形成一个单一的整体,它具有无法分割的完整个体的特征。在物理学中,幺正表现是指一个不能被分成几个步骤的过程;它完全发生在“量子物理学领域”里,我们只能谈及它的量子可能性,而无法给出符合直觉的经典物理学解释或者描述。一个幺正过程是相干的,所以计算概率的“量子规则”适用于它。

我们可以给第 2 章中提到的关于量子理论的指导性原则添加一条:

指导性原则 4:在自然界中存在幺正表现或者幺正过程,因为这个过程无法被分割成一系列步骤,并且使每个步骤都具有确定的、可以观察到的结果。经典物理学无法识别出这样的过程。

回顾一下,在第 1 章中我们说电子、光子和夸克是组成物质的基本粒子,因为它们无法被分割成更小的成分。在这里我们使用幺正这个词来指代一个物理过程或表现,它不能进一步被“细分”成多个确定的、具有可测结果的步骤。幺正过程这个概念几乎就是我们对量子世界的完整认知。

有没有其他幺正过程的例子来说明主要论点?

假设这样的故事:在一个完全黑暗的房间里,一个足球在已知的时间点和位置上射出。在这个房间里有一些固定的物体,如果球碰到了以后就会被反弹。整整20秒以后,这个足球进入了被设在房间中央的球网内。关于这个足球从开始到结束所走的路径,你能知道或者描述些什么呢?虽然具体路径是未知的,但你可以很确定地说这个球肯定通过了某条路径(因为你听到了它被反弹的声音)。用上面提到的测量术语来说,我们可以把这个未知路径称作"未知结果"。我们使用结果这个词来指代某个已经发生的事件,并和有可能发生的事件进行对照。

现在考虑一个几乎相同的故事,只是把那个足球改为一个光子。在一个已知时间点,一个原子在全黑的房间里发射出一

足球进入球网

个单光子。在这个房间里有一些固定物体,光子会从这些物体上反弹,就像光线在一面镜子上反射一样。整整 20 纳秒以后,这个光子被放置在房间中央的光探测器所探测到。关于这个光子从开始到结束所走的路径,你能知道或者描述些什么呢?这里的答案就和上面的足球不一样了。主要区别是,在量子世界里,光子可以在黑暗中走过,但同时不留下任何可以用来定义光子走过了单一路径的痕迹——甚至连微观程度上的痕迹都没有。在这种情况下,你“不可以”说光子通过了某条具体的路径。在纯粹的量子世界里,没有所谓的“未知结果”。声称存在有未知结果将是一个错误,这将导致你对光子到达不同地点的探测器的概率做出错误的预测。

关于“光子到底走了哪条路径?”这个问题,没有答案。这个问题本身是没有意义的。这不是因为你不知道光子走了哪条路径,也不是因为光子没走任何路径或者同时走了几条路径。在这里我们再次了解了幺正过程的原理。

一个过程如果是幺正的,会有哪些进一步的后果?

再次想象一下,在一间暗室里一个原子发射出一个光子,假设从起点到探测器,只存在两条可能的路径。我们怎样计算这个光子被位于某处的探测器探测到的概率呢?为了解答这个问题,我们考虑如图 4.3 所示的实验,其中一个原子发射出的光子有两条路径到达一个含有三个探测器的区域。每个探测器都有可能探测到一个光子。被标记为 A 的探测器在水平中轴线上,而被标记为 B 和 C 的探测器都在它下方。从原子中射出的光子可以随机指向任何一个方向。如果光子沿着水平方向飞行，它将被一块固体障碍物(灰色)吸收。两面镜子的方位被调整至可以反射光子到三个探测器中的一个，这由光子从原子中射出时的方向所决定。图 4.3 也显示了光子可以通过的几条路径。如果我们不检测光子的方位，那么我们就不能说单光子走某条路径的概率是多少。当然，这些路径还是客观存在的，并且可供光子选择，这些就是量子可能性。它们将会影响产生某种最终结果的概率，也就是探测器 A、B 或者 C 探测到光子的概率。

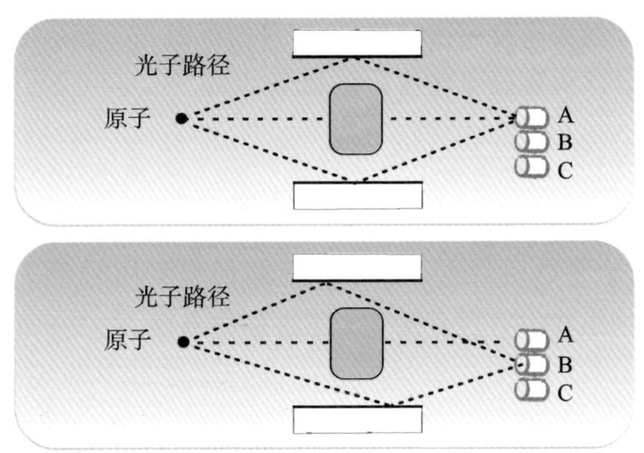

图 4.3 当原子发射出的一个光子，在一间暗室里，该光子朝光探测器的方向飞行时，它可以被两面镜子反射而到达探测器 A、B 或者 C。

如果上述实验所探讨的问题，不是针对一个从原子中发射出的光子，而是针对从一只在海边沙滩上玩了一天的小狗身上抖落下来的一粒沙子，那么这粒沙子和光子一样，也可能朝任何一个方向飞去，而且也可以被任意一面镜子反射而到达其中一个探测器。在这个例子中，我们可以用经典概率论的方法来计算概率，而且所有可能的结果的概率加起来应该是 100%。让我们把注意力集中到沙子打到探测器 A 上的情况，这里有两种可能性——沙子通过上面或者下面的路径。我们可以分析一下从任何一条路径到达探测器 A 的概率，然后把这些概率相加得到最终答案。举个例子，如果我们预计沙子有 10％的概率通过上面的路径到达探测器 A，而通过下面的路径到达探测器 A 的概率也是一样的，那么到达探测器 A 的总的可能性就是 10％＋10％，也就是 20％。

从狗身上抖落的沙子，到达探测器 B 的概率与到达探测器 A 的概率大致相同，这是因为两个探测器距离较近，沙子可以以相同的概率向任何方向喷射。对于探测器 C 也同样如此。

现在我们来考虑从一个原子中发射出的光子。这个光子被探测器 A 或者探测器 B 探测到的概率分别是多少呢？答案和上面分析的沙子的情形不同。要理解这个结果，我们首先试问：如果我们把下方路径堵住，会发生什么？光子通过上方路径到达探测器 A 的概率是多少？

如果你猜在这种情况下光子有 10％的概率通过上方路径到达探测器 A，那么你答对了。如果我们把上方路径堵住，而把下方路径打开，那么我们同样会认为光子有 10％的概率通过下方路径到达相同的探测器。到目前为止，结论和沙子的情形类似。但是，我们会发现下面这个奇怪的结果：如果我们把两个路径都打开，那么探测器 A 探测到光子的概率居然是 40％！这个概率不是两个 10％的概率的简单相加，这是和沙子的情形完全不同的。

更奇怪的是，如果探测器 B 和 A 的距离是某个特定的长度(我们以后会讨论到),那么探测器 B 探测到光子的概率就有可能是 0! 也就是说,我们可以预测光子永远也不会到达探测器 B,即使 B 和 A 的距离非常近。进一步讲,我们还可以预测探测器 C 探测到光子的概率不是 0。这个例子再一次说明,两条路径的可能性看上去是互相干涉的,并在根本上改变了最终结果的概率。

在双路径实验里,物质的表现可不可以和光子的表现相同?

你也许会想,好吧,光子不是一般的物质的成分,它是光的成分,同时它也带有一小部分能量。如果物质也有同样的表现,那我的印象会更加深刻。难道不是吗? 是的——一个单电子,它是物质的基本组成,它在实验中的表现就和光子的表现差不多。在上述光子实验中,如图 4.3 所示,如果用电子代替光子,那么电子探测器 B 探测到电子的概率是 0,而和它相邻的探测器 A 和 C 探测到电子的概率很高。这种与实验设置的细微之处有关的高灵敏度,和我们前面讨论“量子弹珠”机器时得到的结论非常相似。

然后你也许会想,好吧,单电子是一个微小的基本物体,或者也许一个电子是一个“偶发事件”,而不是真正的物体。也许它表现成这样并不令人惊讶。如果有一大块物体也表现得如此量子化,那么我会更加印象深刻。当然,大块物体也可以做到,但仅仅是在一些很特殊的情况下。我在前面的章节中提到,现有的量子理论没有不允许比电子大得多的物体表现出量子化,尽管在现实中,要让一个真正的弹珠或者沙子做到,几乎是不可能的。下面有一个例子:

碳纳米球是一个由60个碳原子按照类似足球接缝形状来排列的分子,它通常被称为巴克球,这是为了纪念巴克敏斯特·富勒(Buckminster Fuller),因为分子的形状类似于他设计的球形屋顶。一个巴克球的质量超过电子质量的100万倍,所以对于原子尺度来说,它是一个大家伙。然而,在类似于图4.3中的实验里,巴克球的表现和电子或者光子是一样的。就算巴克球不是基本物体,但在适当的条件下,它在两点之间的运动最好用幺正过程来描述。而我前面所说的从小狗身上掉出的沙子实在太大太重了,所以它的运动最好用经典物理学来描述。

目前的科学研究正在拓宽某些可以表现出量子力学特征的物体的大小范围。举个例子,在极端实验条件下——非常冷并且和周围环境完全隔离,一个直径10微米的玻璃小球(包含60万亿个原子)的振动被观察到具有量子表现。科学家们已经预见到这类研究进展会带来新的技术应用。

巴克球

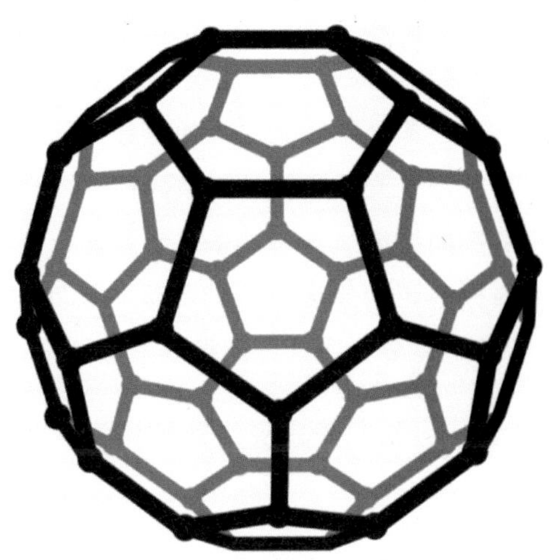

光子的表现会不会偶尔符合经典概率论?

这个问题和前面一个问题是对立的。前面我们问道:大型非基本粒子可不可以表现出具有量子特性?在这里,我们的问题是:光子可不可以表现得具有经典物理学特性?同样地,答案也是:可以有,但只在某种特殊的情况下。如果你想挑战一下自我,那么把下一个章节盖住,然后来试着回答下面这个问题:在什么样的情况或者状态下,光子会表现得符合经典概率论呢?符合经典概率论的意思是,这个光子到达探测器 A 的最终概率,会等于从上方路径和下方路径通过的单独概率相加之和(从上面的例子中可知,这个最终概率是 20%)。

你也许会猜到,为了能让光子的表现符合经典概率论,在实验中你必须要让光子留下所走路径的永久性痕迹。只有这样,光子到底走了哪条路径这个问题才是有意义的。根据量子弹珠机器这个例子,我们需要把图 4.3 中的每一面镜子都安装在一个弹簧上。这些镜子和弹簧的质量必须非常小,这样单个光子才能影响它们。如果光子在某一面镜子上反射,它的弹簧就会振动,抵消振动的摩擦发热使镜子的温度稍稍上升,从而留下了镜子被通过的光子所扰动了的信息。我们可以说,我们已经决定或者测量了光子通过的一条路径,对于这个测量来说它具有一个真实的结果。这和沙子或者弹珠实验类似,它们的表现符合经典概率论的原因是它们的运动具有一个确定的路径,即使我们并不需要知道这条路径的具体细节。

在这种情况下,我们将会观察到被探测器 A 探测到的光子概率是 10%+10%,也就是 20%。在实验中,你可以重复测量很多遍来获得光子到达探测器 A 的数量比例。就算每次测量时你根本不去观测哪一个弹簧被稍稍加热了,光子到达探测器 A 的概率依然是 20%。

在这种情形下,光子从制备到被探测之间的运动不是一个幺正过程。它的运动可以被细分为两个过程:从离开原子到抵达其中一面镜子,在这期间发生了一次中间测量(无论其结果能否被观测到),然后光子离开镜子抵达探测器。对于这样的例子,经典概率论是适用的。

我们如何把上述的讨论总结为一个物理学原理?

根据上面所有的实验结果,我们可以推断出下面的量子物理学原则:

指导性原则 5:当一个过程可以被分为一系列的单独步骤,且每个步骤都有一个明确的结果时,我们可以用经典概率论来计算出最终概率(也就是说,如果两个路径都指向了同样的最终结果,那么就把这两个路径的概率相加)。但是,当一个过程无法被分为一系列的中间步骤时,它必须被认为是一个“幺正过程”,并且我们不能用经典概率论的概念来计算出最终概率。

也就是说,如果在给定的物理情景下,我们很难(甚至从原则上也无法)确认步骤式的一系列中间结果,那么经典概率论就不成立,从而我们需要一个新的统计学理论来计算物理量。量子理论就是这个新理论。

在量子物理学中，什么是一次测量？

在本章和前面的章节中，我谈论到了很多关于测量的概念，即使量子物理学家说“进行了一次测量”，他们的意思或许也不够清晰明了。运用我们现有的理论，我们可以更加清晰地说明“测量”这个概念。

指导性原则6：一次测量泛指任何一个物理过程，其中一种或者多种可能的结果被从已经发生的结果中排除。理想状态下，测量可以排除其他所有结果，而只留下一种可能性。

我们已经看到，在小镜子后面装上弹簧可以让一个光子从镜子上反射时留下一个永久性痕迹。这个痕迹永久地排除了光子从另外一个镜子反射回来的可能性。你不会观察到一个光子在两个镜子上都留有永久性痕迹。另外一个例子是光子的偏振：让光子通过一个方解石晶体不是一次量子测量，但如果这个光子被一个探测器探测到，那么这个方解石晶体就和探测器一起完成了一次测量，而这个测量的结果及其概率可以用量子理论预测。

一个量子物体可以同时出现在两个地点吗？

不行。就算中间测量不存在，我们也不能认为光子通过了任何路径，同样也不能认为单个光子同时走了两条路径。如果你进行一次测量，你将发现只能在某一个地方探测到光子。我们只能说，光子从一个地方出发，然后终结于某个地方。更准确的说法是，光子不存在于任何一个特定的地方，而不是说它在两个地方同时存在。

量子理论探讨的不是关于光子或者电子的轨迹，这样说会暗示它们从起点到终点的过程是沿着某个特定的轨迹或者路径运动的。因此，我们说量子理论探讨的是关于在某个被选地点上测量结果出现的概率。

量子密钥分发是如何利用幺正过程这个概念的？

在第3章中我们看到，量子密钥分发可以创造出卓越的秘密通信环境，因为伊夫测量光子的行为会通过量子方式从根本上干扰这个光子，从而使得爱丽丝和鲍勃可以发现窃听者的存在。现在我们可以进一步说明我们指的“通过量子方式从根本上干扰某个东西”是什么意思。它指的是，伊夫的测量行为创造了一种情况，其中关于光子经过伊夫的测量设备的永久信息在实验设置中被记录下来，同时伊夫的实验设置使得她能获得关于爱丽丝所发送光子的偏振态信息。

这里的要点是，伊夫使用的任何获取光子信息的方式必须是进行某种形式的测量。从本章所举的例子中我们已经看到，测量把光子的传输从量子幺正过程变成一个步骤化的过程，即：一系列不遵循量子概率论而遵循经典概率论的中间结果。这势必会改变各种最终结果的概率，从而使得爱丽丝和鲍勃意识到伊夫人为制造了这样的干扰。

量子理论如何描述具有两种可能性的态?

我们已经看到,当一个物体经过了一次幺正过程时,有两种或两种以上的可能性。我们已经举了两个这样的例子:①一个具有 D-偏振的光子,同时拥有 H 或者 V 偏振的可能;②一个光子或者电子穿越一个有两条路径的区域。在这两个例子里,这些可能性都是互斥的,也就是说,如果你在这个幺正过程中进行了测量,你会发现只有一种可能性出现,不可能两种可能性同时出现。

在第 2 章中,我们已经看到如何用一条线段代表光子的偏振态,它是一个直角三角形的长边,如图 2.6 所示。这条线段所指的方向是这个光子的偏振态。用本章中使用的术语来说,三角形的长边代表了这个光子的量子态,而两条短边代表了量子概率。玻恩定理告诉我们,代表一种量子可能性的直角边,它的长度的平方就是我们对光子进行测量时,观察到的和这个量子可能性对应的偏振态的概率。

事实上,上述把线段指向一个量子可能性的方向的分析方法可以应用到所有的量子系统里,并且包括了各种不同类型的量子可能性——偏振、路径、位置、能量等。

量子理论是如何描述一个拥有两条可通过路径的电子的?

光子是光的组成成分,没有质量。而电子和光子不同,电子是物质的组成成分,它具有质量。物理学家们一开始把电子看成很小的粒子，同时也默认了它会遵循经典物理学的运动规律——牛顿运动定律。让我们试图把刚才讨论的量子想法运用到前面所做的电子实验中，其中每一种可能性都对应了电子可通过的两条路径之一。

与其再次讨论假想的量子弹珠机器这个例子，不如让我们考虑如图 4.4 所示的实验设置，电子出发点在图的左侧，并有两条路径通往图的右侧。让我们把上路径标记为 A 路径，而下路径标记为 B 路径。在标记为(i)和(ii)的两幅图中，位于星号位置的是一个探测器，它被放置在上路径或者下路径中来探测通过的电子。如果一次测量结果出现在上路径，我们可以把电子的状态用一个指向“A”的纵向箭头(↑)表示，它的含义就是“电子在 A 路径中被探测到”。如果一次测量结果出现在 B 路径，就像在(ii)中所示，我们就把电子的状态用一个指向“B”的横向箭头(→)表示，意思是“电子在 B 路径中被探测到”。状态箭头 A 和 B 被画成是互相垂直的，代表了它们对应的是“互不相容的结果”。也就是说，如果一种结果产生了，那么另外一种结果就肯定不会产生。

我把这些箭头称作状态箭头，它们代表了量子态，通常被标记为希腊字母 Ψ，或者“psi”[①]。箭头的箭尖正好落在一个半径为 1 的圆周上，代表了这个箭头所对应的结果的概率是 1。

在标记为(iii)的图中，对于电子来说，两条路径都是可能的，因为图中没有探测器，所以这两条路径相互干涉，就如同本章开头时所讨论的情况。在这幅图中，我们用一个指向 A 和

① psi 其中的 ps 听上去和英文单词 psychology(“心理学”)中 ps 的一样。

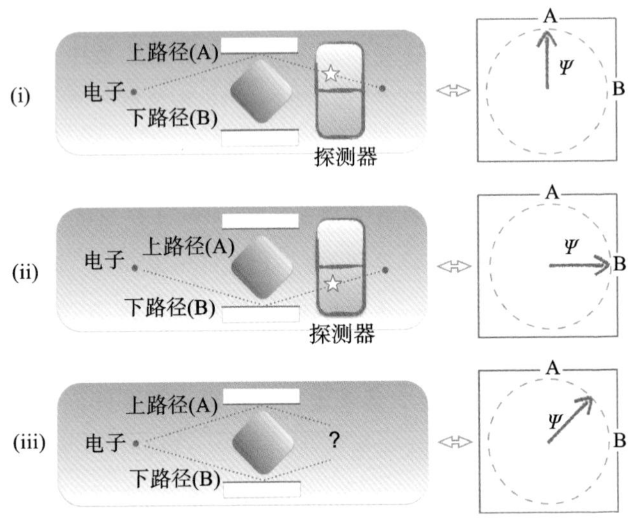

图 4.4　当一个电子从初始位置离开时，它有两条可能的路径：上路径(A)和下路径(B)。如图 4.4(i)和图 4.4(ii)所示，如果在一条路径上放置了一个探测器，那么，它能根据电子通过的路径来发出信号。右侧图中的箭头代表了电子的状态，而它的“指向”代表了测量可能获得的结果——A 路径或者 B 路径。图 4.4(iii)则显示了在没有探测器的情况下，上述两种可能性的叠加态。右侧图中圆圈的半径为 1，代表了概率等于 100%。

B 中间的箭头(↗)来表示这个量子态。我们知道如果我们介入而探测电子，我们会发现结果要么是 A 路径，要么是 B 路径。图中显示了每个结果实际出现的概率会是 50%。但是，只要电子的表现是一个幺正过程(没有留下痕迹)，我们就不可以认为电子通过了其中一条路径，也不能认为电子同时通过了两条路径。

图 4.4(iii)中所示的情形值得拥有它自己的特殊名字：物理学家们把它叫作“量子叠加态”。它的含义是 A 可能性和 B 可能性以量子方式互相叠加在一起。在经典物理学中并没有

相应的这种“态”类型。

状态箭头可以用来代表宏观物体的“态”吗?

一般是不可以的。然而,思考一下在什么条件下这种情况有可能出现,这对我们理解量子物理学中的量子态是有帮助的。比如,图 4.5 所示的状态箭头代表了一个硬币可能所属的“态”:正面还是反面。你当然可以用图 4.5(i)或者图 4.5(ii)中的图标来代表一个硬币的状态,但是你肯定不能用图 4.5(iii)中的图标来代表任何硬币的状态,因为一个像硬币那么“大而复杂”的系统不能被认为处于一个量子叠加态。对于这样的系统,没有可用的幺正过程。

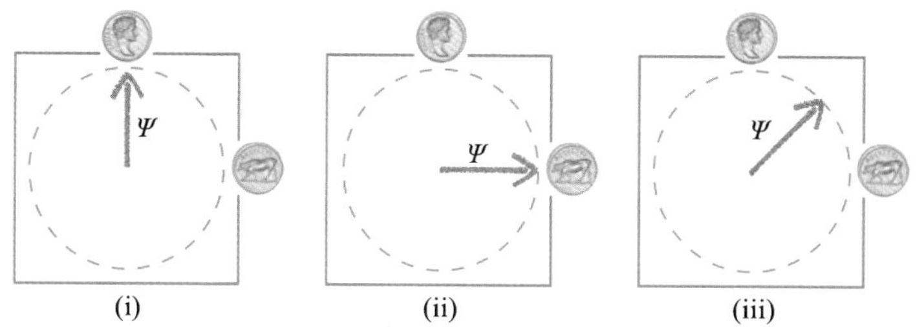

图 4.5　用状态箭头来代表硬币的正面或者反面这两种互不相容的态,以及由两者叠加而成的一个假想态(在现实中不可能发生)。

结果的概率和量子可能性是如何联系在一起的?

在量子概率论中,我们把量子可能性组合在一起,而不是把结果的概率相加。举个例子,在图 4.5(iii)中所示的箭头,可以由图 4.5(i)和图 4.5(ii)中的箭头相加得到。对于“箭头相加”,我的意思是,首先画一个箭头,接着画第二个箭头,它的尾部在第一个箭头的箭尖;然后画一个新箭头把两者连接起来。

图 4.6 演示了“可能性箭头”相加的情形。在这个图里,A 和 B 分别代表了任意两个互不相容的测量结果。在图中的 4.6(i)中,状态箭头是由相同可能性的 A 和 B 组成的,暗示了如果进行单独测量,A 或者 B 被观测到的概率是相等的。在图 4.6(ii)中,一个不同的状态箭头由可能性较大的 A 箭头和可能性较小的 B 箭头组成,它意味着如果进行单独测量,观察到 A 结果的概率比较大。在第 2 章中我们讨论了直角三角形的勾股定理,我们看到了如何利用玻恩定理来计算结果的概率:箭头的长度为 1,可能性箭头的长度分别是 a 和 b,获得结果 A 的概率为 a^2,获得结果 B 的概率为 b^2。勾股定理保证了这两个概率加起来等于 1。

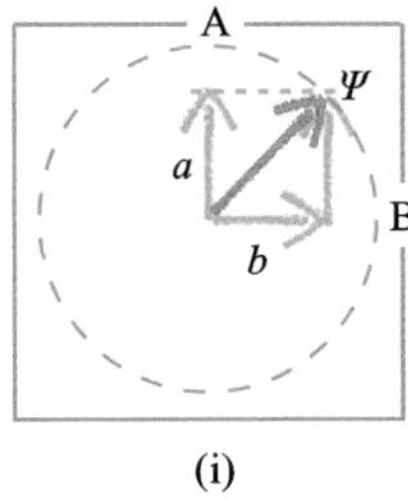

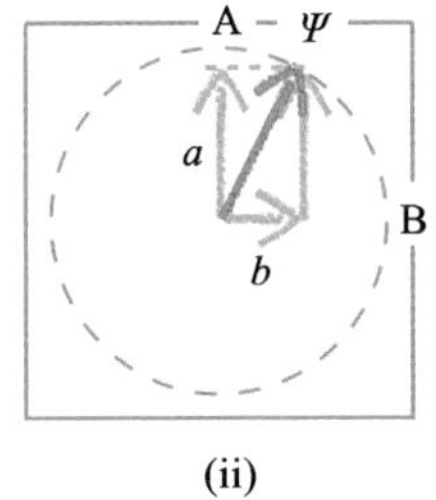

图 4.6 由状态箭头代表的叠加态,它指向了处于结果 A 或者 B 之间的某个方向。“可能性箭头”的长度 a 和 b 决定了每个结果出现的概率。

一个电子是如何被“分离”进入两条路径的?

高速运动中的电子可以穿过薄薄的物质。如果这个物质是一个晶体,组成它的所有原子按照一定的周期性空间图案排列，那么一个电子就有一定的概率，要么直直地穿过这个晶体，要么被折射向某个固定的角度。这个角度是由晶体（比如硅）的内部结构所决定的。所以，如图 4.7 所示，电子从晶体中穿过时有两种可能的路径。

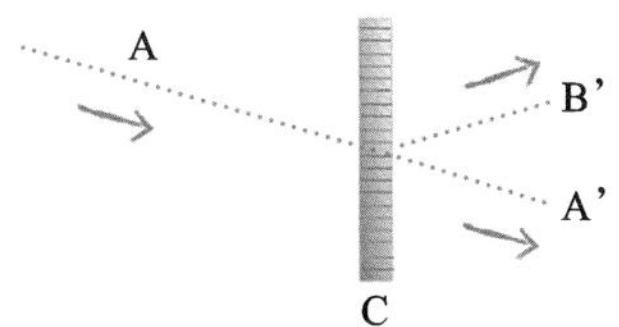

图 4.7　当一个电子靠近晶体 C 时，它直接通过还是被晶体折射是一个量子随机过程。在图中，晶体 C 的内部原子结构由一系列的横线所表示。

当路径干涉出现时，如何使用状态箭头来计算概率？

考虑如图 4.8 所示的实验，其中一个电子离开起始位置，通过了具有两条路径可能性的区域。然后，这两条路径交汇于一个晶体上，电子可能直直地穿过这个晶体，也可能被折射。另外，一个电子路径探测器有可能会被放置在晶体之前。

当一个在路径 A 的电子通过晶体被发现时，在 A'路径或者 B'路径中它有相同的概率被发现，如图 4.8(i)所示。也就是说，每个结果的概率都是 50%。通过重复实验很多次，我们可以肯定这个概率是正确的。为了表示上述情形，我们在图 4.8 的最右侧画了状态箭头 A，它指向 A'方向和 B'方向的中间。

图 4.8(ii)显示了与上面类似的情况，只不过电子在到达晶体前被发现通过了路径 B。在这种情况下，状态箭头 B 的指

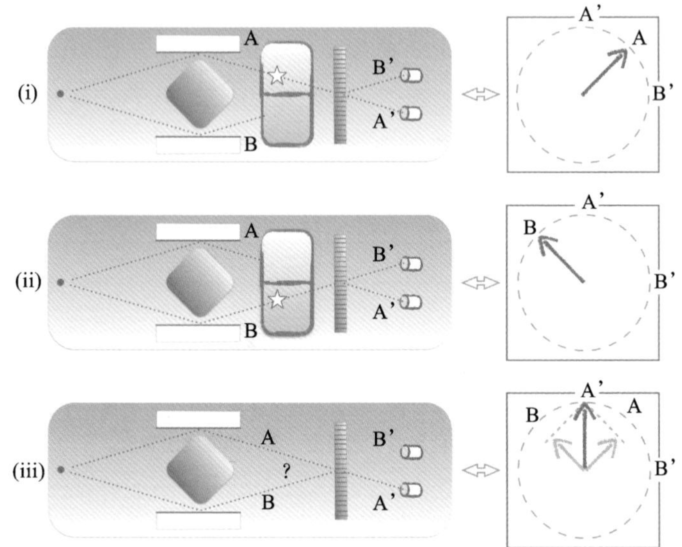

图 4.8　电子通过两条可能的路径到达晶体上的某一点。当电子从晶体出射时，它在路径 A' 或者路径 B' 上被探测到的概率和量子干涉有关，如图 4.8(iii)所示。

向就是反对角线方向，它也对应了电子被探测到在 A'路径或者 B'路径各有 50%的概率。(请注意，状态箭头 A 和状态箭头 B 必须互相垂直，因为它们代表的是两个互不相容的结果。)[①]

在图 4.8(iii)里，没有使用电子路径探测器，所以两条路径对于电子来说都是可能的。而 A 和 B 的可能性使得状态箭头指向了 A'方向，因此电子就会 100%地被位于 A'位置的探测器探测到。

---

① 因为图 4.8(i)和 4.8(ii)看上去很像，你也许会想，为什么 A 点是对角，B 点是反对角，而反过来却不可以。事实上，你是可以那样做的，也将得到同样的结论。这里的要点是，两个态都必须对应 A'方向和 B'方向各 50%的概率，并且它们分别为两个垂直的状态箭头所表示。

这个结果和本章开头的量子弹珠机器实验类似，在那个实验里电子总是落在山羊上，如图 4.1(D)所示。当时我评论说，电子落到山羊上的两条路径的概率都是 25%，你无法通过排列组合的方式得到观测到的结果——电子落到山羊上的概率为 100%。同时我也说过，我们需要建立新的数学规则来描述这样的结果。在这里我们就恰恰做到了这一点！当我们把可能性箭头进行组合或者相加，而不是像经典物理学理论里把概率直接相加时，我们找到了一种可行的方法来描述符合量子物体规律的概率论。

如果我们更改其中一条路径，会发生什么？

你是否还记得，在我们讨论量子弹珠机器实验的时候，我说过把一个支撑板稍微移动一点点的距离就有可能使结果从山羊变成汽车。在图 4.8(iii)所示的实验里，与之相对应的就是移动其中一个反射面从而使一条路径稍稍变长。假设我们移动了下方的反射面，只是非常小的一点点，也就是 B 路径稍微加长了一点，这么微小的变化产生的影响可以使状态箭头 B 的方向反转，指向如图 4.9 所示的－B(负 B)方向。当我们把可能性箭头相加时，得到的结果箭头指向了 B’方向，这意味着电子将 100%在 B’路径里被探测到。

上面的表现就是路径干涉的一个例子，而我们描述的一个实验设置被称为“电子干涉仪”。箭头相加这个简单的方法很好地表现了路径之间的干涉和它对概率产生的影响。

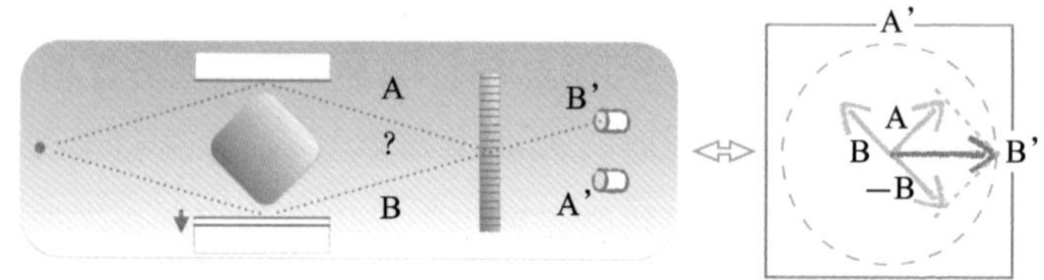

图 4.9 电子干涉仪示意图。通过移动反射面的位置，下路径稍稍变长了一点。于是当电子通过晶体时，它将在 B' 路径中被探测到。

我们怎样把上面的想法总结成一个指导性原则？

我们可以用更加精确的说法来重新表述指导性原则 4。这个原则首先出现在了本章的开头处。

指导性原则 4(精确版本):如果一个电子(或者任何其他量子个体)有两条独立路径(或者方式)来到达同一个最终态，那么可以通过将这些路径的可能性叠加在一起,也就是通过把代表每个结果的"可能性箭头"进行相加或者组合的方式,来获得状态箭头。这个状态箭头可以用来计算由你选择的、任意测量方案下的各种结果出现的概率。

如果我们进一步改变路径长度，结果会怎样呢？

举个例子,假如电子以每秒 100 米的速度(这个速度对于电子来说是很慢的)通过一个电子干涉仪,那么,要使结果从 A'方向变为 B'方向,在实验中我们发现,所需的路径长度变为 3 微米。比较起来,一根头发丝的直径大约是 100 微米。3 微米是非常小的距离,这意味着我们的实验对于任何一个反射面上不受控制的微小移动都是非常敏感的。这也说明了为什么进行这个实验是非常困难的,同时也在某种程度上解释了为什么量子干涉效应直到20世纪上半叶才被发现。

令人惊奇的是,如果我们把下路径长度再加长3微米,那么电子的运动方向就会从B'方向变回A'方向！如果再把下路径长度加长3微米,结果又变为B'方向。实验结果随下路径长度的变化呈周期性的变化,如图4.10所示。在这里,6微米就是来回变化一次的长度。我们把这个长度称为"完整周期长度"。这样的效果不仅出现在电子的运动里,还出现在光子的运动里。虽然细节有点区别,但我们不必太在意。

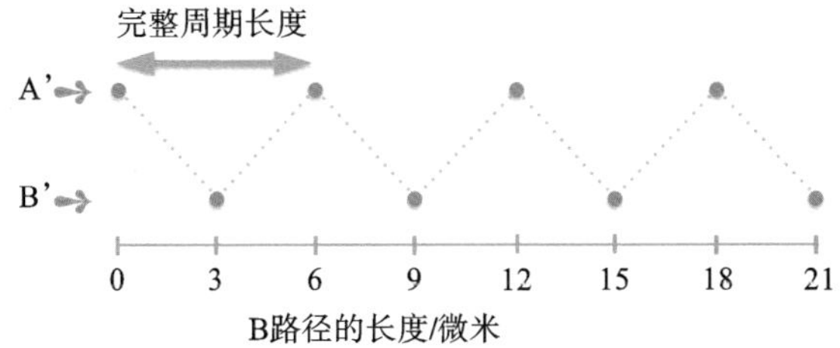

图4.10 在电子干涉仪中,B路径的长度每增加3微米,电子在A'路径或B'路径中被探测到的结果就发生一次周期性的变化。

图4.10中所画的图形有点像一把尺子——一个有着等间距刻度线的工具,我们通常用来测量长度。你可以想象一下,电子自带一把"量子尺",它可以用来测量某一路径的长度变化。图4.11显示了每条路径里的量子尺。每把量子尺的主刻度的间距是一个完整周期长度,而次刻度在主刻度的正中间。每把量子尺测量的是一条路径相对于左侧起始位置的长度,虽然在图4.11中我们只画出了每把量子尺的一部分。

在每一种情况下需要注意的重要特征是,当两把量子尺相

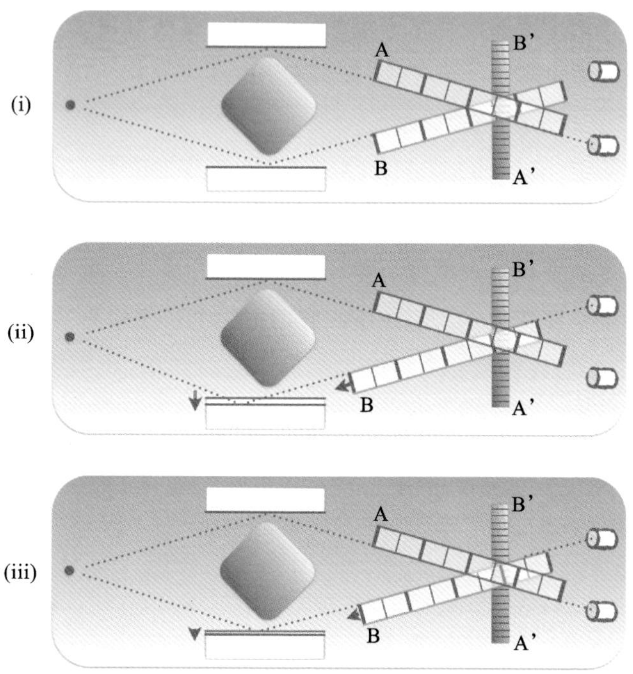

图 4.11 使用“量子尺”来描绘路径干涉。

交于晶体上的某一点时，它们的刻度如何对应。首先来看一下图 4.11(i)，在晶体上，这两把尺子的刻度线是对应的(主刻度对主刻度，次刻度对次刻度)。电子会在 A'路径中探测到。在图 4.11(ii)中，下方的路径稍稍变长了一点，从而导致在 B 路径的量子尺向后(图示箭头方向)移动了半个完整周期的长度(在我们的例子中是 3 微米)，所以现在这把尺子相对于 A 尺“落后”了半个完整周期长度。也就是说它们的主刻度和次刻度“重合”。于是电子会在 B'路径中探测到。如果我们进一步增加 B 路径的长度，那么探测的结果会在 A'路径和 B'路径中交替出现，就如图4.10所示。

如果我们逐渐改变 B 路径的长度,而不是像前面的例子中使用跳跃式的变化,那么会发生什么变化呢?我们观察到,对于某些路径长度,电子被探测到的结果不具备确定性。每个结果只能被说成可能性更大或者可能性更小。举个例子,如果 B 路径的长度增加了 1.5 微米,或者是完整周期长度的 1/4,如图4.11(iii)所示,电子出现在 A'路径的可能性是 50%,而出现在 B'路径的可能性也是 50%。

图 4.12 显示了电子出现在 A'路径(随 B 路径长度的变化)中的概率(简称 A'概率)呈现出一条光滑的变化曲线。电子出现在 B'路径中的概率(简称 B'概率)也是类似的曲线,只是相对往右移动了一些,也就是说当 A'概率是 1 时,B'概率是 0。只要 B 路径的长度变化是某个确定的值,这两个概率相加必然等于 1,这个条件必须满足。

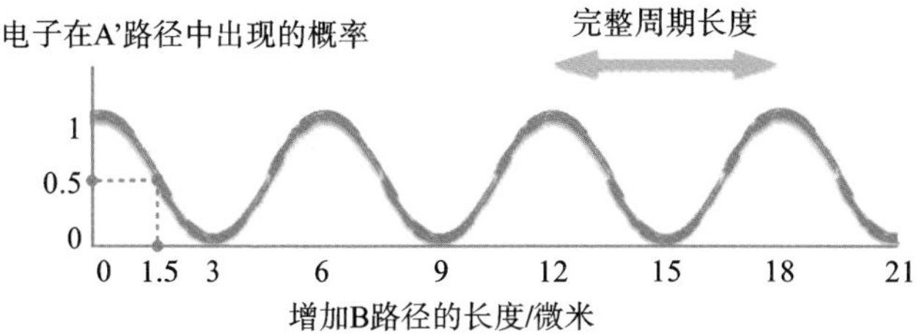

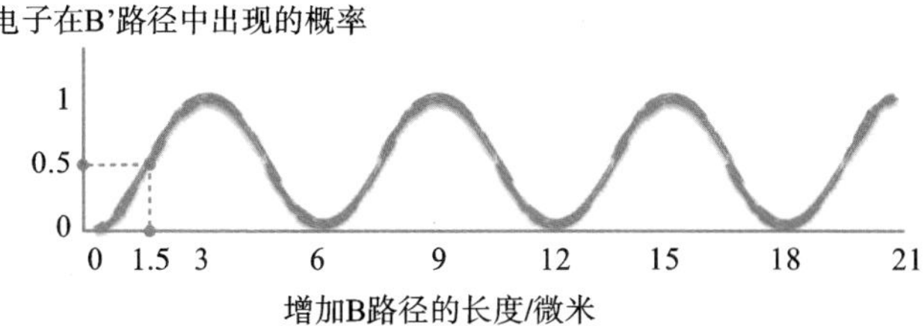

图 4.12 在电子干涉仪中,慢慢增加 B 路径的长度,会导致电子在 A'路径和 B'路径中出现的概率在 1 和 0 之间缓慢变化。

两把量子尺的刻度在晶体上的吻合度(主刻度对主刻度,次刻度对次刻度)越高,电子在 A'路径中被探测到的概率就越高。相反,两把量子尺的刻度反吻度(主刻度对次刻度)越高,电子在 A'路径中被探测到的概率就越低。

从上面的实验中我们能否推导出一个普适性原则?

虽然用比较量子尺刻度的方式来理解量子干涉看上去是一个憨头憨脑的做法,但它却确切地对应了在量子理论中用来计算和描述大量实验的数学方法。为了解释这个概念,我给出这样的说法:每一个基本粒子都表现得好像它带了一把量子尺似的。

这把想象的或者说虚构的量子尺的自然本质,依赖于之前没有提到的、叫作普朗克常数的自然界基本常数的存在。普朗克常数由字母 h 代表,在 1900 年被马克斯·普朗克发现。在使用时间单位为秒和能量单位为焦耳①的单位制里,普朗克常数的值通常是极其微小的:$h=6.6\times10^{-34}$ J·s,这个数值甚至小于把 1 除以 10 亿到万亿后的结果。为什么会如此之小?因为它只有在单电子或者单光子的大小范围内才有意义,而单电子或单光子所具有的能量都非常小。

当电子干涉实验使用速度不同的电子时,人们发现,为了使干涉结果从 A'变成 B',B 路径需要增加的长度是普朗克常

① 1 焦耳等于 1 瓦的灯泡在 1 秒钟内放射出的能量。

数除以电子速度和质量的乘积的一半[①]。

图 4.13 显示了电子在两种不同速度下的量子尺的例子。完整周期长度被标记出刻度，两种量子尺之间的距离等于普朗克常数除以电子速度和质量的乘积。图中右侧电子的速度比左侧电子的大 50%，所以，在经过相同的距离时，慢电子量子尺的完整周期长度循环的次数就比快电子的多出了 50%（6 对 4）。

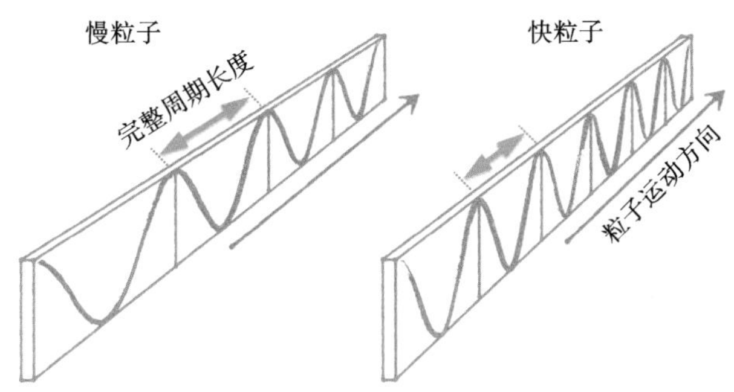

图 4.13 和粒子运动速度相关的量子尺。

物理学家们使用“动量”这个词来指代速度和质量的乘积。所以我们可以说，量子尺上的主刻度间距是普朗克常数 h 除以粒子的动量：

量子尺上的主刻度间距（完整周期长度）$=h/$动量

上述表达式被称作德布罗意长度-动量关系式，是由法国

---

① 为了把它写成公式，把电子的质量用 M（大概是 10^{-30} 千克）表示，它的速度用 S 表示，那么所需的路径长度变化是 $(1/2)h/(M\cdot S)$。

博士研究生普兰斯・路易斯・德布罗意在1924年首先提出的[①]。这个想法是很令人意外的，它也有空想的性质，因为当德布罗意提出这个假设时，还没有任何一个电子干涉实验获得成功。在那5年以后，在其他物理学家观察到了电子干涉现象从而在实验上确认了关系式以后，德布罗意获得了诺贝尔物理学奖。

本章的结束语是什么？

在本章中，我们讨论了基于量子理论起源的一些基本实验事实和想法。量子物理学给我们展现的物理世界观和从日常经验中得到的截然不同。后者被牛顿经典物理学概念牢牢抓住，它使用到了很多关于粒子、轨迹及经典概率论里的常识性想法。量子物理学介绍了一个从根本上不同的方式，以此来描述自然界里最基本的层面。量子理论的原则性新概念就是量子态。实验结果证明这种量子物理学描述是必需的。

经典物理学描述和量子物理学描述最主要的区别在于：在经典物理学描述里，"态"和一系列的测量结果是等同的，因为"态"被默认为指定测量结果具有100%的确定性。相反，在量子物理学描述中，"态"的概念等同于所有可预见的测量结果的概率的集合，而测量结果本身是随机的，或者是概率性的。

一个量子态可以被一个箭头所代表，它"指向"了测量结果

① 德布罗意通过这个关系式来阐明波动现象，但我在本书的第6章之前将避免介绍这个概念，因此，在这里的上下文中，读者不会觉得波就像一个经典物理学上的水波那样具有"物理意义"。

的各种可能性。通过实验，我们发现，对于量子个体来说，如果有两种方式获得相同的结果，概率并不是简单相加。当一个系统有两种可能的方式来产生相同的结果，与可能性对应的两个状态箭头可以组合或者相加，获得的新状态箭头将通过玻恩定理告诉我们任何结果的概率。上述现象被称作干涉。

理解量子表现的要点是利用幺正过程这个概念——这个过程不能被分解成一系列具有可测结果的步骤。也就是说，在这个过程里，量子物体没有留下可追溯的永久性标记或痕迹。在另一方面，如果物体留有永久性痕迹，那么我们就认为一次测量发生了。在这种情况下，经典物理学理论的概率论就可以被使用，同时概率也是相加得来的。

我们还发现，在电子干涉实验里，延长电子通过的两条路径之一会影响代表两种结果的可能性箭头之间的干涉。决定实验结果概率的完整周期长度取决于普朗克常数 h，在物理世界中普朗克常数 h 的地位不亚于光的传播速度以及牛顿的引力常量。

到目前为止，你可能会提出一个疑问：当一条路径被延长时，到底是什么导致了实验结果从 A'路径变成 B'路径这个有趣的现象？是的，你应该问这个问题！在经典物理学的粒子中肯定没有相应的这类结果，所以它进一步肯定了电子不能被认为是一个常规粒子。事实上，实验观察到的、具有在两个值之间周期变化的结果，成了理解原子结构的一把“金钥匙”。原子中的电子被限制在原子核周围的一个狭小区域内。我们将在第 6 章和第 13 章探讨这个话题。

5　应用方面——用量子干涉感应重力

什么是感应技术?

人体至少有五种知觉:触觉、味觉、嗅觉、视觉,以及听觉。人类的"知觉"就是指任一生物过程产生了一个引人注意的信号,使人得知身体某个部位受到了物理刺激或者处于什么状况。每种知觉都涉及很多物理以及(或者)化学反应。举个例子,当你接触一个热或者冷的物体时,你皮肤里的神经元可以感觉到这个物体是热或冷。你拥有的一种更加微妙的知觉,是有能力感觉到加速度,例如当你乘坐的电梯突然开始向上运动的时候。这是因为你身上的肌肉组织能够感觉到额外的压迫感或者张力,然后神经元把信息传递到你的大脑从而使你感觉到加速度。用同样的方式也可以感受到地球引力的强度,比如,月球引力就比地球引力弱很多。

人类已经开发出比人类知觉更好的感应技术。"感应器"就是指在任何物理或者化学过程中,它产生了一个可测的信号来获知某个物理刺激或者状况。望远镜可以比眼睛"看到"更远的地方。应变规可以探测到细微的移动,小到1英寸①的百万分之一。工厂里的机器人使用很多感应技术来"看见"和"感觉"到它们正在操作的物体。在核废弃场里的流动车辆装有辐射遥感器。火星漫游机器人装有复杂的感应系统来探测各种化合物,包括水、矿石,以及暗示着存有生命的有机化学物质。

---

① 1英寸≈2.54厘米。——译者注

所有的科学实验都依赖于某种形式的感应器。在物理学中，实验结果都是以数量表示的，也就是从数字的角度来讲：有多远？有多快？有多重？有多烫？事实上，物理学的历史和人造仪器的进步紧密联系在一起，因为人造仪器（比如天文望远镜、显微镜）允许科学家们更加精确地测量各种物理现象，以及研发出测量距离、时间、质量、温度、电量、磁场强度等的更好的方法。上述很多物理量的测量精度在现今都可以做到十亿分之一，甚至更精确。

感应引力强度有什么用途？

一个能够感应引力强度的仪器，可以用来绘制一个地区的引力强度变化图。举个例子，假设一个区域地下有一处金矿，而它周围的区域是普通的土壤。由于黄金的密度很大，在金矿上方区域的引力强度会稍高于周围其他区域的引力强度。我

望远镜

想你可以很容易看到在这个例子里测量引力的有用之处。

一个更加有实际意义的应用是探测地下石油储量,或者绘制地下的考古构造图——而不需要挖掘!一个特别有趣的应用是绘制出一个繁华城市的废旧下水道或者地铁隧道的网络图。在这样一个城市里,你应该真的不想为了这样的探索工程而挖掘出一个个大洞。

怎样利用量子物理学来感应引力?

在量子力学设置下,第一个用来探测引力影响的实验使用了中子。回顾一下,中子是在原子核中存在的不带电粒子。当一个核反应从原子核中释放出中子时,这些中子将在一个实验装置中组成“一束”并朝着同一个方向移动。

图 5.1 展示了中子干涉仪。它由罗伯托·科莱拉(Roberto Colella)、阿尔·奥佛豪斯(Al Overhauser),以及萨姆·维尔纳(Sam Werner)在 1975 年设计建造而成。左侧的图来自他们发表的研究文献,而右侧是仪器的侧视图。这个中子干涉仪被刻在一个 3 英寸长的单晶硅上,其中有 3 个平行的硅板,中子可以穿过这些硅板。因为中子们不受制于电磁力,所以它们可以很轻易地穿过物体。每个中子有一定的概率,要么穿过一条直直的路径,要么被折射到一个固定的方向,这由硅的晶体结构决定。中子在每个硅板平面上标记为 A、B、C 和 D 处是直行还是折射,是一个量子随机过程,所以,中子到达探测器 C_2 的路径有两条,而到达探测器 C_3 的路径也是两条。这个干涉仪的工作原理和在第 4 章描述的电子干涉仪相同。

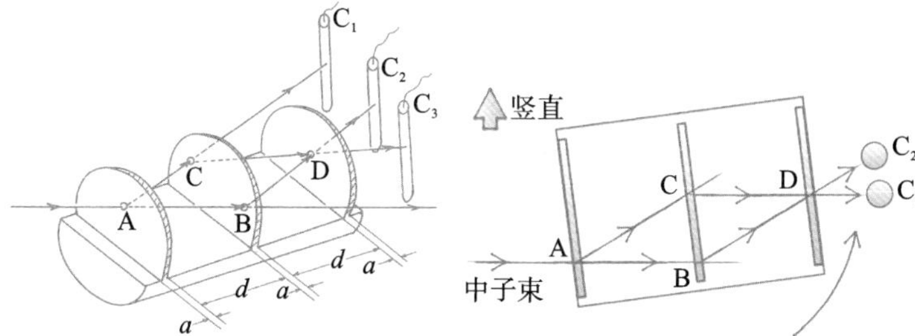

图 5.1 中子干涉仪的透视及侧视图。一个中子从图中左侧进入，并有一定的概率到达中子探测器 C_2 或者 C_3。量子干涉决定了这些概率(图片来自 1975 年科莱拉等人的文献，已获得了作者和出版商的许可)。

一个中子从 A 处移动到探测器的过程是幺正过程，它无法被划分为几个独立步骤。所以，我们可以预计量子干涉将影响中子被某个探测器探测到的概率。

为了了解引力是如何影响量子干涉的，我们先回顾一下，在上一章中提到的德布罗意长度—动量关系揭示了粒子的动量(也就是速度乘以质量)和它的"量子尺"主刻度间距的关系。它的数学表达式是：

$$量子尺上的主刻度间距 = h / 动量$$

其中 h 是前面提到的普朗克常数。

现在我们可以指出引力是如何影响量子干涉的：当中子以某个速度进入干涉仪，也就是说它具有某个动量时，这个动量决定了和它相关的量子尺的完整周期长度(主刻度间距)。如图 5.1 所示，如果这个中子被折射，然后沿着 A 到 C 的路径爬升，由于引力是逆向的，这个中子的速度就会减慢(就像一个沿着半管的一侧往上滑的滑雪者)。于是当中子在沿着 C 到 D

的路径运动时，它的速度就会比在下路径 A 到 B 中的运动速度慢。这就意味着，量子尺的完整周期长度在上路径里要比在下路径里的更长一点。

所以，当两条路径相交在 D 点时，量子干涉的可能性就会和中子在两条路径中的速度差有关。这个速度差也和 A 到 C 路径的垂直落差有关。

研究人员发现，如果他们慢慢地把中子干涉仪朝逆时针方向倾斜，也就是慢慢地增加 C 到 D 路径的落差，或者说中子需要爬升的距离更远，他们观察到中子束来回交替地被 C_2 和 C_3 探测器探测到。

图 5.2 展示了上述解释的细节。图中显示了干涉仪在不同倾角时所对应的中子量子尺。最主要的区别是(图中不容易看出来)，量子尺的标线刻度对于两条路径来说是不一样的。因为中子在 C 到 D 路径运动速度慢，所以中子的量子尺在 C 到 D 路径的主刻度间距比 A 到 B 路径的更长。在左图中显示的两条路径干涉，它们的量子尺主刻度是对应的，于是中子被 C_3 探测器探测到的概率最高。在右图中，一把量子尺的主刻度和另一把量子尺的副刻度对应，于是中子被 C_2 探测器探测到的概率最高。如果干涉仪的倾角进一步增大，C_3 探测器探测到中子的概率又会变得更高，如此循环往复。

随着干涉仪倾角发生变化，探测结果在 C_2 和 C_3 探测器之间的更替速度由干涉仪附近的引力强度决定。所以，当把干涉仪放在不同地点并重复上述干涉实验后，它就可以探测出不同地点之间的引力强度差。

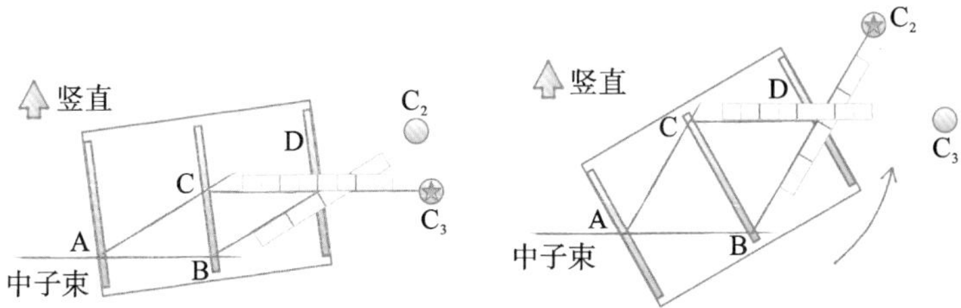

图 5.2 当中子干涉仪向上倾斜时，中子的上路径被拉大，地球引力就影响了路径干涉，导致探测到中子的位置从 C_3 探测器变成了 C_2 探测器。

本章的引力干涉仪和前一章的电子干涉仪有什么不同?

前一章讨论的电子干涉仪是不受引力影响的,因为干涉仪的两条路径都是在同一个水平面上,也就是说,相对引力而言,它们在同一高度。前一章中关于电子干涉仪的图例其实显示的是俯视图,而本章中的引力干涉仪的图例显示的是侧视图。

中子干涉仪是一个有实际意义的引力感应器吗?

不,它不是。中子干涉仪的一个主要缺点是它很难被做成便携式的。中子干涉仪的中子来源是一个放在核反应堆里的具有放射性的铀 235(U-235)燃料棒。运送这个燃料棒,最起码可以说是很不容易或者不安全的。要想使干涉仪如同引力感应器一样有用,那它必须是可移动的,这样它才能够为某个区域绘制出引力强度分布图。

如今的量子引力感应器,或者叫作引力仪,使用的是原子,而不是中子。原子具有复杂的内部结构，电子被紧紧地限制在原子核周围的空间里。我将在第 13 章中详细解释，原子的量子表现是如何被运用到令人惊叹的精密原子钟和引力仪技术之中的。

6　量子概率和波动性

波这个概念是如何被引入量子理论的?

在量子理论里,决定量子概率的方法是考虑某个量子过程中所涉及的所有量子可能性。如果这个过程中有一些中间可能性,量子理论告诉我们如何把它们组合起来从而得到总可能性。某个测量结果的概率就由这些总可能性所决定。对于类似电子的物体,它们的量子概率在某些方面表现得和波相似。

但是,一个电子是单个粒子,那么在上述说法中,什么是波动性?通常我们把波想象成在一些在延展性物质媒介里传播的扰动,比如在空气中传播的声波,或者在湖面上传播的水波。但是同样的概念不能应用到一个单电子上,因为当一个单电子被测量时它总是被发现在某一个点上,而不是散布在整个区域里。然而,波动性这个概念却可以应用到单电子上,因为它正确地描述了与各种测量结果所对应的量子概率在时间和空间中的变化规律。本章将探索波动性在量子物理学中的应用。

什么是波?

波是在空间中移动的、有协调性的纹路。如果一块石头被扔进了池塘,水面上就会产生水波,从石头落下的地方开始向外传播。波纹似的图案穿过了整个池塘,而水分子却只是在它们固定的位置上振动。水分子位置的升高和降低,将造成它周围的水分子也升高和降低,但是在时间上有一点延迟。水分子这样协调性的运动使得能量和动量在池塘表面上传递。一只浮在水面的鸭子,就算它离波源(就是石头落入水的地点)有一定距离,也会受到这个能量和动量的影响。我们看到鸭子会随水波上下浮动。需要注意的是,这里的能量和动量传递并不是因为水在波源和受影响所在地(鸭子)之间有真正的流动。

图 6.1 中的移动纹路显示了这样的一个波。波的最高点被称作波峰,波的最低点被称作波谷。在两个相邻的波峰(或者波谷)之间的纹路被称作一个"完整周期"。相邻的波峰之间的距离被称作"完整周期长度"(也称为"波长")。这个纹路或者波看上去是向前移动的,不过并没有物体随着波传播的方向移动。

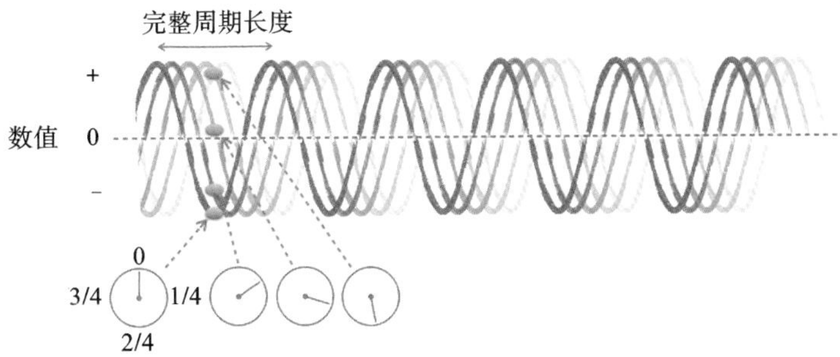

图 6.1 传播中的波纹被画成具有某种"数值"的线条(对于水波来说,就是它的高度),在正负之间有规律地来回变化。波峰之间的距离就是完整周期长度。而完成一个来回变化所需要的时间就是完整周期时间。

在波面上的一个点(比如一只鸭子所在的位置)在一段时间内从上到下振动一次的特征性时间被称为一个"完整周期时间"(也称为"振动周期")。图 6.1 中显示了一个时钟,它的指针方向的移动和波的上下振动保持一致的节奏。我把它叫作"内部时钟"。时钟指针沿着表面转动的快慢由波的介质——比如说水或者空气,以及它的密度——所决定。当波的内部时钟显示为 0 时,图中深色曲线显示了波纹的位置。当时钟的指针开始转动，波纹就很平稳地向右方移动，由图中一系列浅色的曲线所表示。时钟指针每转一圈，波传播的距离就等于一个完整周期长度。

波移动的速度（简称为波速）等于完整周期长度除以完整周期时间。波速的数学表达式：

波速＝完整周期长度/完整周期时间

波的完整周期长度、完整周期时间，以及波速之间的关系可以用图6.2形象地展示出来。图中梯间距代表了一个波的完整周期长度。梯子被平放在一个机械装置上，它利用手摇曲柄来移动梯子。和曲柄相连的滑轮利用摩擦力抓住梯子底部的边缘部位。所以当曲柄转动时，梯子就会朝着图中箭头所指的方向移动。滑轮的周长被设计成满足以下条件：如果曲柄转动了整整一周，梯子移动的距离正好等于梯间距。所以，当曲柄以匀速转动时，梯子也会以匀速向前运动。举个例子，如果你以每秒转一次的速度转动曲柄，而梯间距是1英尺，那么梯子的移动速度就是1英尺/秒。

什么是波干涉？

如果两块石头同时被丢入池塘，每一块石头落入水面的地点都会出现向外扩散的水波。假设有一只鸭子漂浮在不远处的水面上，它将感受到来自两个水波的影响。在湖面上的某些地方，两个水波的作用相互加强，导致水面出现更大幅度的上下振荡（鸭子也跟着剧烈漂荡）。这种强化效应被称作相长干

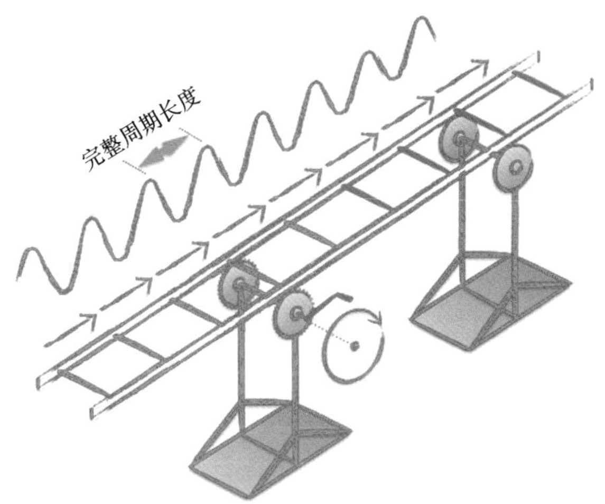

图 6.2　代表了完整周期长度、完整周期时间，以及波速之间联系的机械示意图。

涉。但是，在湖面的另外一些地方，两个水波的作用是互相抵消的，导致水面没有上下振荡（鸭子将保持不动）。这种抵消效应作用被称作相消干涉。

什么是量子概率波？

在前几章讨论中，我们看到，每个基本粒子都拥有一个标志性的长度——量子完整周期长度，而量子尺就是这个长度的形象化表示。回顾一下，德布罗意提出假设，这个标志性长度等于普朗克常数除以粒子的动量。在一个双路径实验里，量子尺决定了量子可能性的干涉作用如何影响各种实验结果出现的概率。

在德布罗意提出的假设里，电子量子尺上主刻度的移动方向和电子的实际运动方向相同。电子运动得越快，量子尺主刻度移动得也越快。不过，奇怪的是，主刻度的移动速度并不是电子运动速度本身[①]。当电子被看作粒子时，量子尺的移动并不直接代表电子的运动，它跟踪量子可能性之间如何进行干扰。

图 6.2 可以用来对德布罗意的假设再一次进行图解说明。其中，梯子代表了一个粒子的量子尺，梯间距则代表了这把尺子的主刻度。和量子尺相关的光滑振动曲线也被勾画在图中，它的周期长度等于梯间距。想象一下，量子尺和梯子一起移动。移动的振动曲线就是一个量子波，它可以用来计算出在不同的位置上探测到电子的概率。

看上去一个移动的波是和电子有关的，但什么是“波动性”？“量子可能性”就是波动性。一个“量子概率波”[②]并不涉及物理介质。在这里，我们高度抽象化地提出了自然界的一个重要特征：量子可能性在时空中的振动实际上就和波类似。引导物理学家们发展出这个抽象化概念的，就是那些无法用经典物理学理论解释的实验现象。在第 4 章中，我们曾使用过的例子可以加以佐证：当一个粒子朝着探测器移动时，如果有两条可行的路径，那么量子干涉就出现了。量子可能性组合和干涉的方式，暗示了它和波的干涉之间具有相似性。

薛定谔用希腊字母 ψ，或者“psi”来表示具有波动性的

① 量子尺主刻度的移动速度是电子移动速度的一半。

② 出于简洁性的考虑，我们把量子可能性波动称为量子概率波，但在“可能性”和“概率”有不同含义时，我们会在上下文中加以区分。——译者注

量——也就是“量子可能性”。这个字母是希腊字母 Ψ(在第 4 章中我也用它来标记状态箭头)的小写。下面我们可以总结一下到目前为止所涉及的理论:psi-波函数代表了与量子物体(比如电子等)相关的量子可能性在时空中的变化。

psi-波函数并不直接代表电子,它仅仅是用量子可能性的形式代表信息,可以用来预测我们对电子进行量子测量的结果。

psi-波函数是如何掌控其内部时序的?

在图 6.2 中的模型里,虚构的曲柄在一个完整周期时间内恰好转动了一周,于是电子看上去也由某种“内部结构”来掌控其内部时序。为了能在我们的脑海中形成这样一个鲜明的图案,我们把电子的时序行为称为它的“内部时钟”。当然,在电子内部肯定不会有一个真正的时钟。电子的内部时钟仅仅给我们提供了一种方法,以思考电子的 psi-波函数是如何随时间变化的。

为了使我们的比喻有用,让我们假设,电子的内部时钟也有周期性的嘀嗒声,并且每个完整周期时间内嘀嗒一次。换句话说,完整周期时间就是内部时钟的“指针”在其表面走完一整圈所需要的时间。在一个普通的挂钟里,秒针走完一圈需要一分钟,所以一分钟就是秒针的完整周期时间。

因此,除了每个基本粒子的行为像是带了一把量子尺之外,它似乎还带了一个内部量子时钟!我们可以说:

每个基本粒子都具有内部时序，也就是说，它的行为像是携带了一个内部时钟。

基本粒子依靠自己来追踪时间和空间，这是它的自然本性。把它的量子时钟和量子尺这两个概念合在一起，就描述了“量子概率波”。

是什么决定了粒子内部时钟的循环时间或者频率?

为了回答这个问题，德布罗意从普朗克和爱因斯坦的早期思想中受到了启发。根据普朗克和爱因斯坦的想法，和一个基本粒子相关的量子概率波的完整周期时间是由这个粒子的能量所决定的。它的计算方式是用普朗克常数(用 h 表示)除以粒子的能量。我们可以把这个关系式总结为：

内部时钟的完整周期时间 $= h$ / 能量

挂钟

这个关系式被称为普朗克时间-能量关系式。这个关系式让人联想到在第 4 章中讨论的、决定完整周期长度的德布罗意长度-动量关系式。

我们知道，一个时钟的嘀嗒频率是它的完整周期时间的倒数。利用这个关系，时间-能量关系式可以用另外的方式表达出来。比如，如果一个完整周期时间是 1/10 秒，那么频率就是 1 秒 10 个周期。所以普朗克关系式用频率表达时就是：

$$内部时钟的频率=能量/h$$

上述关系式意味着，一个基本粒子的能量越高，它的内部时钟嘀嗒得越快。普朗克常数是两者（注：能量和频率）之间的比例系数，正因如此，它是自然界的基本常数之一。

在第 4 章中，我们提到，如果时间的单位是秒，能量的单位是焦耳，那么普朗克常数 $h=6.6\times10^{-34}$ 焦耳·秒。这意味着，如果一个粒子具有的能量等于 6.6×10^{-34} 焦耳（一个超小的数值），它的内部时钟将每秒嘀嗒一次。这个频率对于粒子内部时钟来说是非常低的。举个例子，一个蓝色光子的能量大概是 5×10^{-19} 焦耳。根据普朗克关系式，这个光子内部时钟嘀嗒的频率约为每秒 10^{15} 次。这个频率非常高。正是依靠了这个内部时钟的高频率，现代原子钟可以达到超高精度，从而被认为是无与伦比的。我在以后的章节中会详细描述原子钟。

一个电子的能量由它移动的速度所决定。所以，对于不同速度的电子，它们具有不同的内部时钟频率。一个光子的能量和它的颜色有关。所以，不同颜色的光子，在本质上具有不同的内部时钟频率。

我们如何把提出的指导性原则结合成一个有条理的量子理论？

到目前为止，我们在定义物质（电子、中子、质子等）和光（光子）的量子表现时讨论了许多有用的工具。它们是测量、概率、量子可能性、幺正过程、互不相容结果、量子态、量子叠加、路径干涉，德布罗意长度-动量关系式，以及普朗克时间-能量关系式等。现在是时候来把这些概念放在一起，从而形成一个脉络清晰的画面，来展现量子效应在时空中变化的方式。

设想一下，如果你是一位 20 世纪 20 年代的科学家，面临着一个艰巨的挑战：合理地解释所有的物理现象和概念。那你会怎样去“解决”量子物理中的谜题呢？在 1924 年，德布罗意解决了其中一部分谜题，因为他意识到，德布罗意长度-动量关系式以及普朗克时间-能量关系式都强烈地暗示着，量子世界里存在着某种未知的“量子波”，它与每一个电子联系在一起。在之前的理论物理学中，波这个概念只和光、收音机信号或大量振动粒子有关。德布罗意把电子和波联系起来，从而预测了电子将发生量子干涉效应。他的预测在后来得到了实验的证实。

在 1925 年，薛定谔试图利用德布罗意和普朗克的动量和能量关系，以及长度和时间的关系来理解原子的内部工作方式。当他这样做的时候，他发现了量子物理学中最重要的理论公式：薛定谔方程。为了表达敬意，我把它写在了第 1 章中的脚注里。根据这个方程所计算得到的理论预测，都获得了实验的高精度证实,因此它毫无疑问地包含了描述所有原子现象所需的、正确的物理学。令人惊叹的是,如此强有力的理论体系,居然只占用了脚注里的几行。如果说科学的美就是简单加上强有力,那么薛定谔方程可能是所有物理学方程中最漂亮的那个。

我们已经讨论了推导薛定谔方程所需的必不可少的内容。也就是说,根据量子物理学,能量是和时间有关系的物理量,以及动量是和长度有关系的物理量。我们需要充实这些内容,并把它们结合在一起。在具体讨论薛定谔方程之前,让我们进一步理解一下动量和能量的含义。

什么是动量,以及什么可以改变动量?

动量,或者说"惯性",它是指物体倾向于抵制其运动中速度和方向的变化。也就是说,惯性是物体的一种倾向性:当它不动时,它保持静止,而当它运动时,它保持匀速直线运动。物理学家们使用动量这个名词来表示一个粒子的速度乘以它的质量。你可以认为,动量是使物体在没有外力的作用下保持匀速直线运动的惯性。

当两个物体碰撞时(比如,在冰面上碰撞的两个冰球),一部分动量将从一个物体转化到另一个物体上,但是两个物体的动量之和却不改变,它是一个常数。事实上,两个相互作用的物体之间共有的动量总数值保持不变。物理学家们称之为动量守恒,意思就是"总动量不变"。

在某种意义上，动量是无形的，它是一个抽象概念。我们无法触摸或者抓住它。除了使用数学表达式和谈及动量的效果之外，物理学家们其实无法告诉你什么是动量。

为了改变某个物体的速度和方向，我们需要对它使用“力”。力也是一个抽象的概念，它可以指物体之间的作用，也可以指场和物体之间的作用。在没有力的作用下，物体的动量不变。

在不同情况下，物体动量变化的快慢程度是由牛顿公式决定的。也就是说，一个物体的动量可以增加或者减少得很快，也可以很慢，这取决于作用在物体上力的大小。对一个具有质量的物体（足球、电子等），计算动量变化的数学公式可以用文字写为“单个物体的牛顿公式”①：

物体动量变化率＝施加的力

对于一个有质量的物体，比如一个棒球，动量就是它的速度乘以质量。因此，牛顿公式也意味着速度变化率等于施加的力除以物体的质量。也就是说，如果施加相同的力，那么对于一个质量更大（更重）的物体来说，它会承受更小的速度变化率。

通过牛顿公式，物理学家们可以预测出一个物体的运动轨迹。这个轨迹就是物体的经典态，我们可以用它来完美预测实验结果，比如说物体的位置或动量。但是，回忆一下，在量子物

---

① 有物理基础的读者，会发现这个公式是牛顿第二定律：“$F=ma$”，即“力等于质量乘以加速度”。

理学中,“轨迹”失去了它原有的意义:如果一个物体通过幺正过程“移动”,那么我们将无法确定它的位置或者动量。

光具有动量,虽然它不具有质量。为了理解这一点,我们设想一下,如果光打到物体上,它可以“踢动”物体使其进入一个新的运动状态。比如,如果光从一面镜子上反射,那么它将“踢动”这面镜子,从而使镜子发生了微小的“后退”,或者是移动。这就像是一枚打在金属块上的子弹,它的弹射力可以使金属块后退一样。也就是说,光把自己的一部分动量转移到了物体上,而光自身的动量将减少。但是由于光没有质量,因此牛顿公式不适用于光。在经典物理学中,对光的描述是通过麦克斯韦方程组来实现的。

什么是能量?

“能量”是一个无形的概念,它通常意指“造成运动的能力”。你可以把能量想象成“在没有任何显著力量使时钟减速的情况下,保持它持续运转的东西”。

能量和动量是有区别的。我们来看下面的例子:一个摆钟的摆锤在每次摇摆的过程中,它的动量会发生变化,因为每一次它沿着曲线运动时,地球引力施加了一个垂直向下的力,从而使得摆锤在最高点时暂时静止。另一方面,当摆锤在最高点时,它先前具有和运动或者动量有关的能量被储存起来用到下一次摇摆中。所以,当“储存的能量”(即势能)开始被转化为“运动的能量”(即动能)时,摆锤受重力作用而沿着曲线路径运动。这种连续的在势能和动能之间的交换,导致总能量保持恒定，从而摆锤可以不停地摆动，摆钟可以不停地走动。

一个物体的总能量，或者诸如钟表那样复杂系统的总能量，等于动能和势能的总和[①]。这个想法可以用下面的方程（能量方程）表示：

总能量＝动能＋势能

像动量一样，能量也是“守恒”的，也就是说，“总量不变”。能量无法被创造，也无法被消灭，但是它可以在不同的物体和不同的形式间转换。为了理解能量可以有不同的形式，我们来举一个例子：当你吃完一块巧克力后，就去踢了一场足球，那么，在巧克力中储存的一些化学能量，通过你的肌肉转化为腿部的运动能量。这样的例子举不胜举，科学家们由此发现能量是一个普适量。

通过对能量和动量更深的理解，我们现在可以回到量子psi-波函数的问题上。

薛定谔方程是怎样描述量子物体在时空中的运动过程的？

和类似足球的经典物理学意义上的物体不同，电子并不具有确定的运动轨迹，它的“运动”是一个幺正过程。也就是说，只要电子没有被探测到或者没有留下永久的痕迹，从理论上来说，它的运动就不能被分成一系列具体的、独立的步骤。所以，

① 物理学家们把“储存的能量”称为势能，把“运动的能量”称为动能。

我们不能使用牛顿方程中“轨迹”这个术语来描述电子的“运动”[1]。于是，薛定谔详尽地论述了为什么电子的“量子态”随时间的变化方式必须被描述成一个幺正过程。为此，他推导出了一个方程，并且利用“德布罗意波”这个概念来代表电子的量子态。也就是说，这个波代表了我们在测量电子位置时有可能得到的结果。

薛定谔方程是一个数学表达式，它具体描述了当电子在所有可能的位置上“运动”时，它的量子概率波波形是如何随时间变化的。薛定谔利用了普朗克的内部量子时钟、德布罗意的量子尺，以及量子概率波这些概念，同时结合了动能和势能之间的转换，推导出了那个著名的 psi-波函数方程式。下面我用文字来给出薛定谔方程：

psi-波函数的时间变化率× 普朗克常数
=psi-波函数的曲率+psi-波函数的势能

就算不使用高深的数学知识，我们也能理解薛定谔方程每一部分的含义：第一部分，也就是等式的左边，其实就是普朗克时间-能量关系式。你回想一下，普朗克关系式给出了粒子内部时钟的频率（也就是随时间的变化率）和它的能量之间的关系。等式右边的第一部分中的“曲率”，我们可以从德布罗意关系式看出来，它其实代表了一个粒子的动能。粒子的动量越大，动能也越大，于是对应的完整周期长度也越短，这就造成了波函数具有更高的曲率，如图 6.3 所示。薛定谔方程最右边的

---

① 我把运动这个词加上引号，是为了帮助读者区分它在量子理论里和经典物理学理论里的差别。在量子理论里，“运动”指的是概率波函数随时间的变化。在经典物理学理论里，“运动”特指的是位置随时间的变化。——译者注

部分是粒子在虚拟位置的势能，就像是摆钟的摆锤一样。所以，薛定谔方程就是用量子语言重新书写了能量公式，说明了一个粒子的总能量等于它的“动能”和“势能”之和。

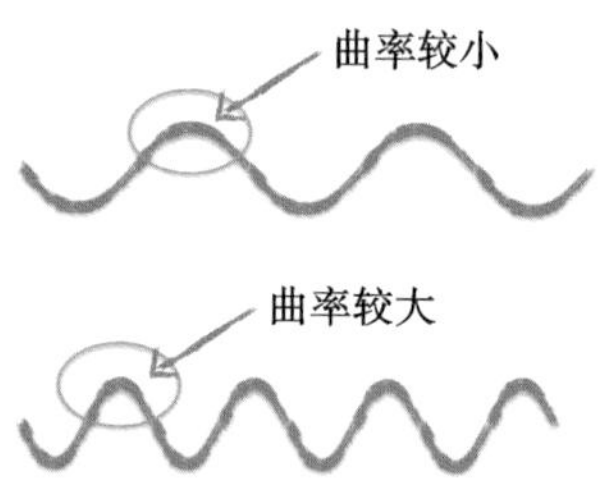

图 6.3 关于“曲率”的展示。下图中的波在波峰和波谷处比上图中的要更加弯曲。因此，下图中的波具有更大的曲率，或者说弯曲得更厉害。

量子概率波是怎样和概率联系在一起的？

在 1926 年，马克斯·玻恩首先提出，量子概率波和在某个地点探测到电子的概率有着紧密的联系。玻恩定理告诉我们，这个概率等于量子概率波在这个地点的数值的“平方”，也就是 $|\psi|^2$。换句话说，电子在其量子概率波数值远大于 0 的区域有更大的概率被探测到。对于一个量子概率波数值为零的地点，探测到电子的概率也为 0。请注意，我没有说：“电子‘在’某个地点的概率是……”因为这样说会让人误以为，电子在被探测前已经在空间中具有确定的位置。在前面的讨论中我们知道，这种想法是错误的思考方式，它会导致错误的计算结果。

psi-波函数和第 4 章介绍的状态箭头有什么关系呢？在第 4 章的例子里，我们考虑的情况是量子测量只有两种结果。这样我们可以很清楚地画出状态箭头，让它指向一个或者另一个结果，或者指向两者中间某个夹角的方向，也就是我们所说的“量子叠加态”。我们可以利用玻恩定理，首先测量出状态箭头在某个观测结果方向上的长度，而探测到这个结果的概率就是该长度的平方值。

在这一节里，我们必须考虑量子测量有无穷多种结果，因为电子可以在空间里而任何位置被探测到。但是，我们不可能在一幅图画里画出一个指向任意多结果的箭头！在这里，psi-波函数包含了无穷多种量子可能性，也就是说空间中的每一点都有一个概率。psi-波函数同时也代表了电子在“运动”时，不同路径的可能性之间会发生干涉，从而改变测量结果的概率。

能否举一个薛定谔方程在应用中的实例？

假设一个经典物理学描述下的粒子，比如弹珠，它处于运动状态，然后从一个山谷的右边向上滑，如图 6.4 所示。让我们只考虑没有摩擦力的情况。当粒子在右边向上滑时，它会慢慢减速，然后到达一个暂时的静止点，也就是它所有的动能都转化为势能的点。当这个粒子转身开始向下滑时，它重新获得了动能，然后以最快的速度通过了山谷的最低点，然后在山谷的左边再次重复上述运动。

如果没有摩擦力，这个运动状态将无限地持续下去。假如你闭上眼睛，过了一会你又睁开眼睛，那么粒子处在某个位置的概率是多少？概率最大的位置应该是粒子在那里待了最长的时间——也就是粒子转身的位置，因为在那里，它的速度暂时达到了 0。在图 6.4 的左下方显示了用经典物理学计算出

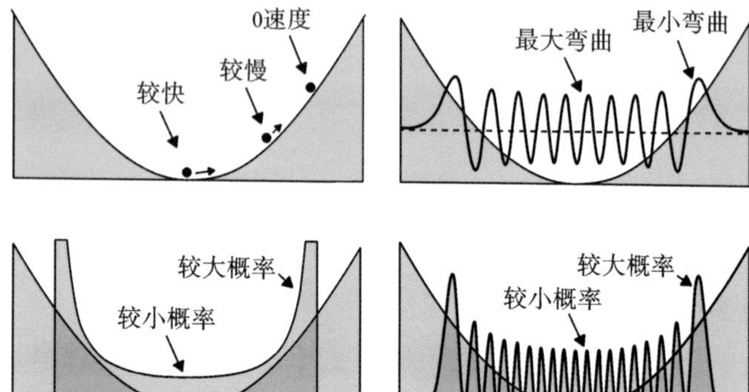

图 6.4　在"能量谷"中运动的某个物体的经典态（左）和量子态（右）示意图。右上：代表单电子的静态概率波，它的零点由虚线表示。右下：波函数在每一点所具有的值的平方，代表了在这一点发现电子的概率。

的概率图。中间位置的概率应该是最小的——因为粒子在那里的速度最快，它待在那里的时间最短。在运动路径外的概率应该是0——因为粒子没有足够的能量到达那些位置。

现在我们考虑一个电子在类似的"山谷"里"运动"。在这里，所谓的山谷是由两面带有负电荷的平面墙壁组成，它在电子运动区域的两侧。当电子靠近任何一面墙壁时，电子将感受到排斥力，从而被推向中央位置。这样就造成了电子的位置会发生振动型变化。

当电子从左到右振动时，它的总能量是守恒的。所以，如果在某个位置，电子的动能为0，那么它的势能就最大。这个位置出现在经典物理学理论预测的转身点。所以，薛定谔方程预测在转身点附近，也就是根据经典物理学理论，电子具有最低速度时，psi-波函数将具有最小的曲率。在图6.4右上方里，我把这个区域标记为“最小弯曲”。psi-波函数的曲率在中间位置将是最大，因为在经典物理学理论里，电子在这个位置以最高的速度“运动”。

图 6.4 中所示的 psi-波函数的波峰和波谷随时间并不移动。这一点和以前所举的德布罗意波的例子并不相同。这是因为，当电子左右振动时，它有两个德布罗意波：一个向右移，而另一个向左移。这两个波在某些位置相长干涉，而在另外一些位置相消干涉。它们创造了一个如图 6.4 所示的、静止不动的波形。

在图 6.4 的右下方显示了在某个地点发现电子的概率。它是根据玻恩定理，把 psi-波函数的数值进行平方以后获得的。最大概率出现在电子的转身点，也就是它“运动”的两个极端处。这个结果和图左下方的经典物理学理论预测的结果一致。两者之间主要的区别就是，在量子领域里，电子的“运动”具有干涉效应。但是，这样的干涉效应仅仅出现在它的“运动”过程是一个幺正过程的情况下，也就是说，电子没有被探测到，也没有在它的行踪上留下永久的痕迹。如果它留下了某个痕迹，比如在它的身上照了一束强光，那么干涉效应就会消失，而量子理论预测的概率图就会和经典物理学理论预测的一模一样。

一个量子粒子是如何穿过 0 概率区域的？

当一个量子粒子处于由两面墙组成的“山谷”中间时，它的量子表现中最值得注意的一个特征是，在这个低谷里的某些位置，探测到该粒子的概率居然是 0。图 6.4 右下图中，概率曲线和图中底线相交的点显示了这些位置。这意味着，该粒子将有机会出现在两个不同的位置，哪怕真相是它永远也不会出现在这两个位置中间的某些地方。对此我们无法给出一个直观的解释。这个事实同时也进一步强化了我们的观点：一个量子物体的“位置”并不是这个物体的属性，因为在没有被测量的情况下，“位置”这个概念没有任何物理意义。

什么是海森堡不确定性原理?

很多有一点量子物理学基础的人都听说过海森堡不确定性原理。这个不确定性原理的一个常见说法是：“你无法同时精确测量一个粒子的位置和动量。”虽然这个说法是正确的，但是我们需要牢记一点：量子粒子在被测量之前是不具有“位置”或者动量（也就是速度）的。所以，“测量”其中任意一个物理量，并不是为了揭示一个已经存在的数值，而是为了引导出一个在测量过程中才被“决定”的特定结果。所以，我们需要对海森堡不确定性原理提出一个更加详细、准确的说法。

薛定谔方程为我们提供了所需的启示。让我们考虑一个自由“移动”的电子，它没有受到任何力的作用。于是势能这一项在薛定谔方程里就没有了，换句话说，这个电子的所有能量都是动能。薛定谔方程简化为，psi-波函数在每个点的变化率和它的曲率成正比，而曲率指的是 psi-波函数被弯曲的程度。

考虑如图 6.5 所示的电子在某一时间点的 psi-波函数,它被限制在了一个很小的区域,用虚线表示。这个 psi-波函数在受限区域的边缘以及外围必须等于 0。图中的左上方和右上方显示了 psi-波函数从最初受限的狭小区域内开始演化的过程。为了使初始 psi-波函数能嵌入这个狭小区域并且在区域边缘及以外都是 0,它必须被弯曲得很厉害;也就是说,它的曲率是一个很大的值。根据薛定谔方程,这意味着电子具有高能量的可能性很大,也就是说它可能具有很大的动量。所以,我们在等待了一小段时间后测量电子的位置,如果我们发现电子远离初始位置,那么这样的结果并不会令我们感到惊讶。

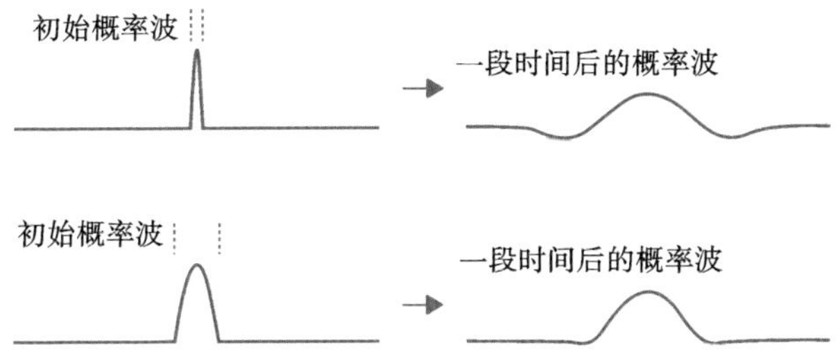

图 6.5　概率波被限制的区域越小,那么它展开的速度就越快。

相反地,如果 psi-波函数开始被限制在一个很宽的区域,就如图 6.5 的下方所示,薛定谔方程预测这个概率波将会在空间中展开得很慢,因为它具有较低的曲率,从而电子具有大动量的可能性就很低。薛定谔方程给出了关于上述事实的一个精确说法:

psi-波函数最初的受限区域越小,它就会展开得越快,从而电子在远离初始位置的地方被测量到的概率就越大。

必须注意的一点是，在任何一种情况下，电子还是有可能会在靠近初始位置的地方被测量到的。也就是说，它有可能“具有”大动量。因此，电子可能具有的动量值存在一个动态分布，而 psi-波函数的最初形状暗示了这个分布。也就是说，动量值的初始分布和电子在开始时“位置”受限的程度有关。把上述论点放在一起，我们可以重新给出正在苦苦寻求的关于海森堡不确定性原理的新说法：如果你能标明粒子位置的精度越高，那么你能标明它的动量的精度就越低；反之亦然。

在这里，“标明”的意思是，“指定某个物理量可能值的范围”。在英文中，可能值的范围经常被称为“不确定性”。但是，这个词却暗示了，对于某种事实，你可能掌握了，也可能没掌握——也就是说，你对一个事实或者结果有多大的把握。它在暗示，从原则上来说，你可以知道的比现在更多，之所以受到限制，仅仅是由你的无知或者缺少信息所造成的。这样的说法并不正确。在这个不确定性原理中包含的局限性是关于量子粒子的基本物理属性，不是单纯地反映一个测量者的精确测量能力。事实上，海森堡最初使用了一个德语单词 ungenauigkeit（意思是不准确性或者模糊性，而不是“不确定性”）来描述他的原理。这个单词比“不确定性”更加接近海森堡的原意。

上述讨论显示了，不确定性原理并不是一个被毫无头绪地添加到量子理论里的要点或者假设。如果我们认同德布罗意的想法：每一个粒子都有一个相关的量子概率波函数，那么海森堡不确定性原理就是波动性本身的一个直接后果。

电子既是粒子又是波的说法正确吗?

不正确。电子既是粒子又是波的说法是不对的。甚至说电子有的时候表现得像粒子,有的时候表现得像波也是不正确的。最佳的说法是,和电子"运动"相关的、被薛定谔称为 psi 的物理量是一个波函数。它决定了在某个地点发现电子以某个速度移动的概率。

如果 psi 被分析成一个波函数,那么在什么情况下电子会表现出类似粒子的自然属性?只有当你试图测量电子的位置或者速度时,这个属性才会展现出来。举个例子,如果你把某样东西,比如说一张摄影胶片,放在电子附近;如果一个电子打到了这张胶片的表面,由于它具有能量,那么它就会在胶片上留下一个永久的小点。它也只会留下一个小点,因为这里只有一个电子。

所以,尽管我们有时用"粒子"这个词来指代电子,但是,我们真正的意思是"量子粒子"。它的定义和经典物理学中"粒子"这个概念完全不同。

7　里程碑和三岔路口

当你来到三岔路口时，你应该做什么？

我们发现，在理解量子物理学的道路上，我们来到了一个三岔路口。根据量子物理学史发展进程，在下面，我们应该讨论薛定谔方程是如何描述原子的性质和表现的，因为这是薛定谔研究量子理论的初衷。这门研究叫作"量子力学"。它具有很重要的实际意义，因为现代技术中的很大一部分，比如材料科学技术，就是通过量子力学来理解电子的结合方式，从而创造出新型的材料。这些材料具有很多特殊性质，比如说电导率、有益的化学性质或者是极其有用的力学性质。

在另一方面，量子物理学的一些最新以及最引人入胜的成果是一个被称作"量子信息学"的新领域。我们已经在第3章中讲到了其中的一个例子——量子密钥分发。量子信息学里的另外一个重大应用是量子计算，它是一门制造新型计算机的学问。这种新型计算机利用和开发了量子态的叠加效应来高效地完成复杂计算，而其他计算方式都无法与之匹敌。量子信息学同时也为其他广泛的基础研究做出了贡献，比如黑洞物理学和热力学。

棒球运动员约吉·贝拉(Yogi Berra)曾经说过，"当你来到一个三岔路口时，走你自己想走的路。"在这里，我将先走上量子信息学这条路，把对量子力学的进一步讨论留到后面的章节。在本书的最后，两者会汇合。在深入了解量子信息学之前，我们有必要回顾一下到目前为止所讨论的内容。

迄今为止，我们有哪些重要的里程碑？

到目前为止，我们在量子物理学发展史上达到的里程碑，主要可以分为两个方面：它们包括了一些准则，告诉我们如何计算测量结果的概率；它们还包含了我们被迫做出的、在观念上的思维变化，以重新审视物理世界的表现和如何正确地描述它。

里程碑 1——与生俱来的随机性

第一个里程碑是在实验中观测到的：经典物理学所依赖的假设之一，也就是从根本上来说，实验结果可以被无限重复的这一点，并不适用于量子物理学。因为就算一个实验步骤被完整地复制，在量子世界里，它还是会给出两个不同的结果。这意味着自然界并不具有确定性，而是具有与生俱来的随机性。这种随机性不会因为我们掌握了更多的信息而被我们完全消灭。出于这个原因，概率就成了描述自然界本质的一个概念。

里程碑 2——测量

第二个里程碑是量子物理学中测量这个概念与经典物理学中对应的含义有所不同。在经典物理学中，测量是揭示已有属性的数值，而量子测量却是“创造”或者“引出”一个结果，这在很大程度上取决于使用的测量方案。某些测量是“互补”的，因为进行一个测量就排除了进行另一个测量的可能性。

里程碑 3——量子态

第三个里程碑是意识到有必要改变经典物理学中描述一个物体的状况或者状态的方式。在经典物理学中，态是对一个物体属性的直接描述，比如说位置、速度、能量或者一束光波的偏振。在经典物理学中，状态和测量结果是一一对应的。然而，一个量子态和实验结果没有一一对应关系。量子态是指那些用来预测任何可测结果概率的信息。除了量子态以外，没有其他更加具体或者精确的定义来描述一个量子物体。

量子态描述单个量子物体的方式是不公开的：你无法复制单个量子物体的量子态——一个被称作“不可克隆定理”的量子物理学原理——而不破坏原来的量子物体。同时你也不能通过实验来确定单个量子物体的量子态。

里程碑 4——玻恩定理

玻恩定理告诉我们如何通过一个已知的量子态来计算测量结果的概率。如果对一个量子物体进行的任何测量都只有两种可能的结果，那么图 7.1 总结了使用玻恩定理时用到的几何学以及量子物理学术语。量子态 Ψ 与两个可能得到的测量结果 A 和 B，各由一个长度为 1 的箭头所表示。状态箭头在 A 和 B 上的分量被称为“可能性箭头”，分别被标记为 aA 和 bB。这两个可能性箭头的长度分别是 a 和 b，被称为“可能性”。它们的平方分别给出了测量结果为 A 或者 B 的概率。

当一个量子态被发现“处于”两个可能得到的测量结果之间时，我们说它是一个“叠加态”。在自然界的经典物理学表述里，并没有与之相应的态。

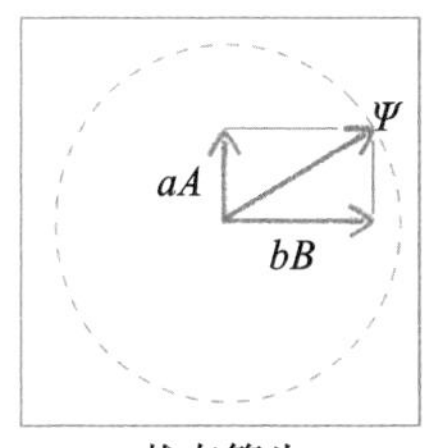

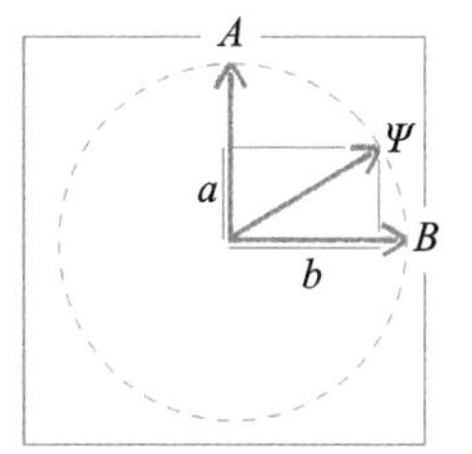

Ψ= 状态箭头　　A, B =测量可能得到的结果

aA, bB = 可能性箭头　　a, b =可能性

a^2, b^2=概率

图 7.1　量子理论的基础：状态箭头、可能性箭头、测量可能得到的结果、可能性以及概率。

里程碑 5——量子测量和量子态的统一性

里程碑 5 把里程碑 2 到里程碑 4 统一起来，因为它确认了在两个不同的测量方案之间具有深刻而微妙的联系，也就是由量子态的本质串联起来的联系。举个例子，考虑一下单光子的偏振态：状态箭头可以由两个代表测量方案中的水平(H)和竖直(V)方向的可能性箭头相加而成。知道了这个状态箭头，你就可以推断出在另一个测量方案中，比如说在对角线(D)和反对角线(A)方向上的可能性箭头。所以，量子态这个概念比简单列举在特定的测量方案下各种结果的概率要来得更加可靠。

通过对一定数量的不同实验方案多次重复测量，就可以确定量子态。因为量子态仅仅可以由一系列多样化的实验间接地推断出，所以，确定量子态的这种方法被称作“量子态层析”①。

① 在 1994 年，作者所在的俄勒冈大学的研究小组，第一次完整测量了光子的量子态，并且把“量子态层析”引入物理学的专有名词中。

里程碑 6——幺正过程

如果一个量子物体经过一个物理过程，在这个过程中，它没有被测量或者也没有留下关于其属性的永久性痕迹，那么这个过程就被称作“幺正”过程。在这样的过程里，仅仅发生了一件事，那就是代表量子态的状态箭头——相对于测量可能得到的结果箭头——被重新定向了。

单光子的偏振态就是一个例子。在普通的介质里，比如说空气、水或是玻璃，光子的偏振方向在光子传播时保持不变。但是，当在其他某些介质里传播时，比如说糖水，糖分子会和光子作用从而使得光子的偏振方向发生变化，也就是说，偏振方向被旋转了。这个过程可以被描述成：保持 H-偏振和 V-偏振对应的测量结果箭头不变，同时转动状态箭头到一个新的方向。状态箭头的方向变化会影响测量偏振时所获结果的概率。

另外一个幺正过程的例子是，当电子朝探测器“运动”时，它有两条路径可以到达探测器。“探测器探测到电子”被认为是一种测量可能得到的结果（注：另一种测量可能得到的结果就是“探测器没有探测到电子”）。而两条路径可以被两个可能性箭头所表示。如果两个可能性箭头以正确的方式合并，或者说“干涉”，它们将创造一个状态箭头指向“探测器探测到电子”这个结果；那么，在实验里，我们就会发现探测器必定会探测到电子。但是，如果这两条路径的路程被稍稍改变，那么同样的两个可能性箭头就有可能以相反的方式干涉，从而产生的结果就是探测器探测到电子的概率为 0。

里程碑 7——普朗克能量-时间关系式

普朗克能量-时间关系式说明了每个量子粒子都具有一个内在的、在时间上重复变化的时钟，我把它称作“内部量子时钟”。这个虚拟时钟的重复时间是“完整周期时间”，它由普朗克常数除以这个粒子的能量计算而得。

对于光子来说，普朗克能量-时间关系式说明了它的能量 E 和它的频率 f 是直接相关的。同时，光子的频率和这个光子的颜色有关。能量和频率之间的关系由数学表达式 $E=hf$ 来表达，其中 h 是普朗克常数。

里程碑 8——德布罗意动量-长度关系式

德布罗意关系式说明了每一个量子粒子都有一个内在的、在空间内重复变化的长度尺，我把它称作“量子尺”。这个虚拟尺的主刻度间距是“完整周期长度”，它由普朗克常数除以这个粒子的动量计算而得。

里程碑 9——量子概率波的薛定谔方程

通过把里程碑 7 和 8 里关于电子的特性结合起来，薛定谔推导出了一个方程，用来描述量子概率波的“运动”，并且指出它在空间中的移动以波动的形式存在。这个方程包含了电子的动能和势能，而它的数学方程可以用来表示各种电子和原子中的物理过程。用符号 ψ 表示的“psi-波函数”代表了无穷种量子可能性——每一种都对应了空间中的一点。玻恩定理告诉我们，电子在空间中某个位置出现的概率等于概率波在这一点上可能性的平方，也就是 $|\psi|^2$。

里程碑 10——海森堡不确定性原理

根据薛定谔方程，如果 psi-波函数在初始点的受限区域越小，那么它就会以越快的速度在空间中展开，从而使得电子可以在离初始点更远的地方被探测到。这就意味着，如果你标明粒子位置的精度越高，那么你能标明它的动量（也就是粒子的速度）的精度就越低；反之亦然。

8　定域实在论的终结和贝尔测试

物理实验可以探究“实在论”的本质吗?

2015 年是量子物理学研究进展特别迅速的一年。然而,对于经典物理学理论中的“实在论”,却不是一个好年头。什么东西可以被认为是“实在的”? 这个问题自 20 世纪 20 年代量子理论诞生以来就一直具有争议。虽然这个问题看上去属于哲学范畴,但是它也可以接受实验的检验。为了解决这个问题,在阿尔伯特·爱因斯坦和尼尔斯·玻尔以及其他物理学家之间曾经发生过非常著名的辩论,但下了大量功夫把它转移到实验测试范畴里讨论的功劳却应该归于约翰·贝尔。在 20 世纪 60 年代,约翰·贝尔所做的一类实验现在被称为“贝尔测试实验”,或者简称贝尔测试。

一种常见的世界观是定域实在论。在这里,“世界观”这个词指的是,在关于世界是什么以及它如何运作的回答中,一个首要的、支配性的概念或者假想。“定域实在论”是一种世界观,它持有的观点是,物体随身携带明确的性质或者“指令”,在物体被测量时,这些性质或“指令”会告诉物体如何回应,以及这些物理影响的传播速度不能超过光速。贝尔从理论上证明量子理论和定域实在论是矛盾的。贝尔同时也提出独创的实验方法来直接测试定域实在论世界观是否站得住脚。在此后的几十年间,从 1972 年约翰·克劳泽(John Clauser)的研究开始,科学家们完成了多次贝尔测试实验,实验结果都和量子理论的预测吻合。然而,在 2015 年以前,这些实验实施的过程总有这样或者那样的技术“瑕疵”,从一个哲学家的角度来说,他可以用这些瑕疵来辩称实验结果不具有决定性。在 2015 年,三个不同的实验室——两个在欧洲，一个在美国——独立地完成了“无瑕疵”的实验，从而毫无疑问地显示了定域实在论世界观是不正确的。

本章将解释定域实在论背后的假设，以及贝尔测试是如何证明它是错误的。由于定域实在论是根深蒂固的观点，因此证明它不正确是非常有趣、甚至让人震惊的过程。它给我们展示了量子物理学真正的、具有革命性意义的本质。定域实在论的颠覆，同时也为新的量子技术指明了方向，比如量子计算机技术。贝尔测试依赖于相关性测量，所以让我们首先探讨相关性这个概念。

什么是相关性？ 它告诉了我们什么？

相关性是指两种东西（性质、行为、事件，等等）互相之间的联系。举个例子，如果两个公司的股价变化，上涨和下跌的趋势一样，那么我们说它们是相关的。如果它们上涨和下跌的趋势相反，那么我们就说它们是负相关的。如果它们的变化趋势完全无关，那么我们就说它们是不相关的。

相关性之所以存在，可能有不同的原因。在股价这个例子里，两个公司有可能被相同的外部因素所影响，比如说原油价格（一个普遍原因）；或者因为一个公司的经营状况会直接影响到另一个公司的状况（因果关联）；或者观察到的相关性来自巧合，是完全偶然的（没有普遍原因或者因果关联）。

在科学里，人们通常是在对观察或实验所得的两组数据进行数学分析时，才注意到两个物理性质或表现之间存在相关性。然而，观察到相关性通常只是进一步研究的起点。如果一个普遍原因或者因果关联被发现，那么我们就从研究中学到了一些东西。但是，要记住一点，仅仅观察到相关性本身并不能告诉我们很多东西。我们需要更进一步去探寻原因——如果这些原因存在的话。如果观察到的相关性纯粹来自巧合，那么这些“具有欺骗性”的相关性，往往可以通过在精心控制的条件下收集大量数据来排除掉。

物理学家们已经发现，在量子物体之间观测到的相关性，和在任何经典物体之间观测到的相关性有着类别上的差异。对两个分开但却又相关的量子物体进行相关性测量，物理学家们就测量结果对实在论的自然本性提出了强烈的质疑。

能否举一个有关相关性属性的例子？

约翰·贝尔，量子相关性研究领域里最重要的开拓者之一，用他的教授同事举了一个很有趣的例子："贝特曼博士(Dr. Bertlmann)喜欢穿颜色不同的两只袜子。他在某一天某一只脚上穿什么颜色的袜子是完全无法预测的。但是当你看到一只袜子是粉红色的时候，你可以肯定另外一只袜子必定不是粉红色的(见图 8.1)。把看到的第一只袜子的信息和贝特曼博士的生活习惯结合起来，这就立刻告诉了我们关于第二只袜子的信息。这里不涉及生活品位的问题，但除此之外，没有其他秘密可言。"

在这个例子中，我们可以合理假定对于某个特别属性——贝特曼博士所穿袜子的颜色——相关性有一个普遍原因。这

图 8.1 贝特曼的袜子(约翰·贝尔画,已获授权转载)。

个原因可以是,举个例子,在博士把袜子送去清洗的洗衣房里也许只有一台洗衣机,而它的工作条件又很特别,那就是这台洗衣机里任何颜色的袜子不得超过一只。就像贝尔说的,在任何情况下,这个例子里并没有真正的神秘之处——仅仅是袜子属性之间的简单相关性,它很有可能拥有一个普遍原因。

能否举一个有关相关性表现的例子?

相关性的出现,可以是对属性来说,也可以是对表现来说。举一个例子,两名芭蕾舞演员被安排在同一天晚上 8 点,在两个不同的宴会厅里表演单人舞。她们在表演之前共同编排了一套复杂的舞蹈动作,并同意在各自的表演中使用这套舞蹈动作。因此,当她们各自表演时,都遵循同一个"舞蹈"或者是"编排指令",但是对于在不同场地的观众来说,她们的表演看上去却是随机的、临时创作的。假设有两名观众,一名叫爱丽丝、一名叫鲍勃，在不同的场地观看了这两名芭蕾舞演员的舞蹈表演。如果爱丽丝和鲍勃在散场以后讨论彼此看到的表演内容，他们可以得出结论，那就是这两场表演具有很强的相关性。他们也可以得出进一步结论，认为两名舞蹈演员很有可能在表演之前排练了相同的舞蹈动作。这是相关性具有普遍原因的一个例子，而这里的普遍原因是预先存在的。

或者爱丽丝和鲍勃会寻找其他解释。他们会怀疑，两名演员也许带了隐形耳机，从而可以在表演节目时进行交流。如果是这种情况，那么两名演员就不需要顺着编排好的舞蹈进行表演；她们可以实时而迅速地统一下一个舞蹈动作，并且都完成了这些动作。在这里，表演的舞蹈可以是完全随机的，但是两场表演之间还是具有强烈的相关性。这也是相关性具有普遍原因的另一个例子，但是这个普遍原因不是预先存在的，而是随机创造并且实时沟通的。

相关性是如何被计量的？

对相关性的严格分析是基于数字的。为了表示相关性实验中的结果，我们把特定的数字分配给特定的观察或者测量。假设爱丽丝和鲍勃每一秒都给“他们的”舞蹈演员拍一张照片。然后他们根据照片的顺序制成了一个列表，其中列出了每张照片上舞蹈演员的左手是向上（用+1 表示）还是向下（用−1 表示），以及她们的左腿是向上（用+1 表示）还是向下（用−1 表示）。在图 8.2 中，每一行记录了每名舞蹈演员在每张照片里的动作。爱丽丝观察到的舞蹈演员手臂和腿部的位置被记录在表中的第一和第二列（见图 8.2），以 AA 表示“爱丽丝看到的手臂位置”和 AL 表示“爱丽丝看到的腿部位置”。同样道理，鲍勃观察到的舞蹈演员手臂和腿部的位置被记录在表中的第三和第四列，以 BA 表示“鲍勃看到的手臂位置”和 BL 表示“鲍勃看到的腿部位置”。我将把 AA，AL，BA，BL 称作“结果”。(在这里，我们不考虑右手臂和右腿的移动方向。)

AA	*AL*	*BA*	*BL*	*AA*×*BA*	*AA*×*BL*	*AL*×*BA*	*AL*×*BL*
+1	−1	+1	−1	+1	−1	−1	+1
−1	−1	−1	−1	+1	+1	+1	+1
+1	+1	+1	+1	+1	+1	+1	+1
−1	−1	−1	−1	+1	+1	+1	+1
+1	−1	+1	−1	+1	−1	−1	+1
−1	+1	−1	+1	+1	−1	−1	+1
−1	−1	−1	−1	+1	+1	+1	+1
−1	−1	−1	−1	+1	+1	+1	+1
−1	−1	−1	−1	+1	+1	+1	+1
+1	+1	+1	+1	+1	+1	+1	+1
−1	−1	−1	−1	+1	+1	+1	+1
+1	+1	+1	+1	+1	+1	+1	+1
−1	+1	−1	+1	+1	−1	−1	+1
+1	−1	+1	−1	+1	−1	−1	+1
−1	+1	−1	+1	+1	−1	−1	+1
+1	+1	+1	+1	+1	+1	+1	+1
+1	+1	+1	+1	+1	+1	+1	+1
−1	+1	−1	+1	+1	−1	−1	+1
+1	−1	+1	−1	+1	−1	−1	+1
−1	−1	−1	−1	+1	+1	+1	+1
+1	−1	+1	−1	+1	−1	−1	+1
−1	+1	−1	+1	+1	−1	−1	+1
−1	+1	−1	+1	+1	−1	−1	+1
−1	+1	−1	+1	+1	−1	−1	+1
−1	−1	−1	−1	+1	+1	+1	+1
			相关性=	+1	0.04	0.04	+1

图 8.2　观察到两名舞蹈演员的手臂位置(*AA* 和 *BA*)或者脚部位置(*AL* 和 *BL*)的列表。图中的最下面，给出了两名演员的手部位置和脚部位置之间的相关性。

为了对两种观测类型的结果之间的相关性进行计量，我们还可以这样做：把爱丽丝列表里的数值乘以鲍勃列表里相应的数值。如果两个列表是完美相关的，也就是说完全相同，那么在每一个爱丽丝列表里是 $+1$ 的地方，鲍勃的也应该是 $+1$。

同样的道理也可以应用到两个列表里－1 的地方。所以，两者相乘将总是得到＋1，因为(＋1)×(＋1)＝＋1，以及(－1)×(－1)＝＋1。在表中被标为 $AA \times BA$ 的第五列显示了这些数值，也就是爱丽丝观察到的手臂位置和鲍勃观察到的手臂位置的乘积。在 $AA \times BA$ 这一列的最后一行是所有乘积的平均。我把手臂数据整理出来是为了显示 AA 和 BA 之间的正相关性；你可以看到，在这些列表中的数值都是相同的。这个相关性结果和两名演员跳了相同的舞蹈这一事实保持一致。

在另一方面，如果两个结果是完全不相关的，那么在爱丽丝列表里的每个＋1 项就有可能和鲍勃列表里的＋1 或者－1 相乘，所以乘积就可能是＋1 或者－1。对于不相关的结果，上述乘积出现＋1 或者－1 的结果具有相同的可能性；所以，把这些乘积的值进行平均以后的结果就趋于 0。在图 8.2 中，被标记为 $AA \times BL$ 的第六列就显示了这样的情况。它是爱丽丝观察到的手臂位置和鲍勃观察到的腿部位置的乘积。这一列的最后一行是这一列乘积的平均值，等于 0.04，非常接近零。我列出这些数据，就是为了展示“手臂”和“腿部”结果 AA 和 BL 之间的相关性接近零。这就意味着，演员跳的舞蹈，(左手)手臂的移动方向和(左腿)腿部的移动方向是不相关的。

图 8.2 中的第七列也显示了 AL 和 BA 是不相关的，而第八列显示 AL 和 BL 是完美相关的。这些都是我们可以预见到的，因为演员跳的是相同的舞蹈。

现在，为了继续我们的“故事”，假设一个月以后，爱丽丝和鲍勃再一次在两个不同的场所观看了两场舞蹈表演。舞蹈演员是新来的，所以爱丽丝和鲍勃并不知道她们要表演什么舞蹈。爱丽丝和鲍勃再一次分别记录了表演者的左手臂和左腿部的位置，并在表演之后把这些记录组成数据列表，如图 8.3 所示。他们看到，就像上次一样，手臂和腿部的位置是不相关的。但是他们也注意到了一个新的现象：这两名舞蹈演员的 AA 和 BA 的相关性的值是 -1；也就是说，这两名演员的手臂位置是完美负相关的：每一次一名演员的（左）手臂抬起，另一名演员的（左）手臂就放下。两名演员的腿部位置也有同样完美的负相关：当爱丽丝看到 $AL=1$ 时，鲍勃看到 $BL=-1$，反之亦然。

AA	AL	BA	BL	$AA\times BA$	$AA\times BL$	$AL\times BA$	$AL\times BL$
+1	−1	−1	−1	−1	−1	−1	−1
−1	−1	+1	+1	−1	−1	−1	−1
+1	+1	−1	+1	−1	+1	+1	−1
+1	−1	−1	+1	−1	+1	+1	−1
+1	+1	−1	−1	−1	−1	−1	−1
+1	+1	−1	−1	−1	−1	−1	−1
+1	−1	−1	+1	−1	+1	+1	−1
+1	−1	−1	+1	−1	+1	+1	−1
−1	−1	+1	+1	−1	−1	−1	−1
+1	+1	−1	−1	−1	−1	−1	−1
+1	−1	−1	−1	−1	−1	−1	−1
−1	+1	+1	−1	−1	+1	+1	−1
−1	−1	+1	+1	−1	−1	−1	−1
−1	−1	+1	−1	−1	+1	+1	−1
+1	−1	−1	+1	−1	+1	+1	−1
+1	+1	−1	−1	−1	−1	−1	−1
+1	−1	−1	+1	−1	+1	+1	−1
+1	−1	−1	+1	−1	+1	+1	−1
−1	−1	+1	+1	−1	−1	−1	−1
−1	−1	+1	+1	−1	−1	−1	−1
+1	−1	+1	+1	−1	+1	+1	−1
−1	−1	+1	+1	−1	−1	−1	−1
−1	+1	+1	−1	−1	+1	+1	−1
−1	−1	+1	+1	−1	−1	−1	−1
−1	−1	−1	−1	−1	+1	+1	−1
			相关性=	−1	−0.04	−0.04	−1

图 8.3 爱丽丝和鲍勃观察到的两名舞蹈演员的手臂（AA 和 BA）或者腿部（AL 或者 BL）位置以及之间的相关性。

小结一下本节的内容：我们定义两个列表的相关性是对应的每一项乘积的平均值。如果用这种办法计算出的结果是正的，那么我们就说两者是正相关的；如果计算结果是0，我们就说两者没有相关性，或者相关性等于0；如果计算结果是负的，那么我们就说两者是负相关的。这里很重要的一点是，只有在使用了大量的测试数据的情况下，计算得出的相关性才是可信的。

经典相关性和量子相关性的区别是什么？

在袜子那个例子中，我们谈论的是它们的经典属性，也就是它们的颜色，一个在被我们观测到之前已经存在的属性。在舞蹈演员这个例子中，我们谈论的是舞蹈编排或者一系列的舞蹈指令，它们要么是预先确定好的，要么是随机产生但快速沟通好的。我们也许并不确切地知道是什么原因（如果存在的话）导致了袜子的颜色或者舞蹈动作具有相关性，但是我们却毫无疑问地可以找出貌似合理的理由来解释我们观察到的相关性现象。

当我们处理像光子或者电子这样的量子物体时，相关性的解释就不是这么简单了。在一些已经完成的实验中，观测到的相关性现象不具备直观性、常识性的解释，也就是不能用预先确定或者根据指令编排等措辞来给出理由。

上述说法值得深究。在前面的章节中，我曾辩称，光子和电子的表现好像暗示了它们没有确定的、预先存在的性质，比如偏振或者位置。在那里我曾试图说服您，基于我当时给出的证据,这样的结论是无法避免的。但是科学家们(以及读者您)应该对一个和常识相反的极端想法保持怀疑态度。("什么叫作电子没有位置,直到我观测到它? 这简直太荒唐了!")您应该要求我证明我的观点。

在许多物理学家的眼中,下面我将描述的实验提供了强有力的证据,显示量子物体不能被认为是具有预先确定的性质或者指令表,至少在一些实验条件下是这样的。如果这个结论正确,那么它也意味着,从广义上来说,量子物体"没有"预先确定的性质或者指令表。一些科学家认为这是所有科学发现里意义最深远的一个。如果是真的,它当然也具有革命性!

我将会展示,上述说法的"证据"仅仅用到了实验证据,并辅之以简单的数据分析和常识性的逻辑推理。对这个"证据"来说,它根本用不到量子力学的思想和理论。但是,我将在上下文里非常小心地阐明什么是"预先确定的性质"和"指令表",以及"现实性"的确切含义。

什么是实在论,以及我们如何在实验里测试它?

"实在论"的想法是科学哲学里的一个重要概念。它可以用很多种不同的方法来定义。当我提到实在论时,我指的是一个特定的概念,它奠定了 20 世纪以前经典物理学理论的基础。它的定义是:实在论是一个想法或者世界观,它认为物质实体是存在的,并具有确定的性质和/或指令来引导它们的行为,这一点和它们是否被观测到无关,也和任何人的信仰或理论无关。

实在论这个词代表了一种信念，它认为物体“真的”具有具体的、预先存在的性质和/或指令，这一点对物体来说是固有的或者天生的。而指令可以是，举个例子，像牛顿第二定律这样的经典物理学定律。

当我们采用了实在论这个世界观时，我们会预见到，具有相关性的物体会表现出它们的相关性，因为它们具有预先存在的性质或者它们拥有相同的指令集。同时，我们也会默认，测量物体的行为，就算我们没有真正去做，也肯定会产生“某种”结果，而这个结果与我们是否对物体进行测量无关。这个观点和我们对普通事物的常识性理解是一致的，比如说袜子和舞蹈表演。但是，我们将会看到，实在论无法描述量子物体的表现。

我们如何用一个严格的测试来得知实在论是不是一个正确的概念呢？首先，我们注意到，如果实在论被认为是正确的，那么它必须一直都正确。也就是说，它必须为所有实验都提供一个正确的模型。约翰·贝尔在1964年所提出的想法是：让我们思考出一个和测量结果有关的数学关系式，如果实在论是正确的，那么这个关系式必须一直成立。这样的关系式被称作是“贝尔关系式”。贝尔的想法是，如果我们找到了这样的贝尔关系式，就算我们只在一个单一实验中发现实验结果不符合这个关系式，那么我们就已经表明了，实在论作为自然界的模型是可疑的。

如何为测试实在论做好准备？

在讲述利用光子做实在论实验之前，我应该指出那些在经典物理学场合下可能出现的相关性的重要特征，比如前面提到的舞蹈表演。有一点很清楚，那就是任何 AA，AL，BA 以及 BL 之间的相关性不能超过 $+1$，也不能小于 -1。这是因为，这四个结果本身的值不是 $+1$ 就是 -1，而相关性等于它们乘积的平均值，就如我们之前讨论的两个表格中显示的那样。在图 8.4 所示的表格中，我们使用了一个简单的办法来看刚才提到的关系。这个表格的前四列，列举了两名舞蹈演员的手臂位置（AA 和 BA）以及腿部位置（AL 和 BL）所有可能的组合[①]。对于每一种组合，乘积的值也都列在表格里，它们等于 $+1$ 或者 -1。

通过观察表格中列举的所有可能的组合，你还可以确认许多有趣的关系。比如说，考虑四个乘积的和，我把它标记为 S，表达式是 $S=AA\times BA+AA\times BL+AL\times BA+AL\times BL$。你可以从图中看出，这个和永远不会超过 4。我们可以把这个关系式写为 $S\leqslant 4$，也就是说，“S 小于等于 4”。这种关系式被称为不等式。

我们可以考虑的另一个量被我称作“好奇量”，标记为 Q。它的定义是 $Q=AA\times BA+AA\times BL+AL\times BA-AL\times BL$。也就是说，我们把前三个乘积相加然后减去第四个乘积来得到

① 每个手臂和腿部的可能位置是 2，也就是向上或者向下，所以一共有 $2\times2\times2\times2=16$ 种可能的组合，即这个表格一共有 16 行。——译者注

Q。举个例子，在表中的第一行，四个乘积项分别是 1，1，1，1。所以好奇量为 $1+1+1-1=2$。你可以查验一下，表格中每一行的好奇量要么是 $+2$，要么是 -2，所以它的平均值将小于或者等于 2。因此，我们可以确认不等式 $Q \leqslant 2$。

在这里，我不认为任何人都能轻易地看到，与 S 或者 Q 有关的不等式对测试实在论的实验有任何意义。这就是为什么我把 Q 称为好奇量。但是，以后我将告诉读者，就是不等式 $Q \leqslant 2$ 直接引出了一个贝尔关系式。然后，如果我们发现某个实验结果违背了贝尔关系式，就算只有一个这样的实验成功了，我们也就证明了实在论作为自然界的模型应当是令人怀疑的。

在推导出贝尔关系式时，研究者首先注意到在任何实验里，观测结果得到的组合只可能是图 8.4 中所示的 16 种；然后注意到，不管这 16 种组合中的哪一些被观测到了，如果在实验中所有的四个结果都被重复测量，然后取平均值，那么好奇量的平均值不会超过 $+2$。在图 8.4 中最右列的最后一行里我们能看到这一点。这个结论非常关键，所以我把它单独陈述为：如果所有四个结果（AA，BA，AL 和 BL）被重复测量很多次，那么，好奇量 Q 的平均值不会超过 2。也就是说，平均值$(Q) \leqslant 2$。

现在，根据平均算法原理，计算 Q 的平均值，可以首先分别找到它的四个乘积项的平均值，然后根据 Q 的原始定义对这些平均值进行相加或者相减。也就是说：

AA	AL	BA	BL	AA×BA	AA×BL	AL×BA	AL×BL	S	Q
+1	+1	+1	+1	+1	+1	+1	+1	4	2
+1	+1	+1	−1	+1	−1	+1	−1	0	2
+1	+1	−1	+1	−1	+1	−1	+1	0	−2
+1	+1	−1	−1	−1	−1	−1	−1	−4	−2
+1	−1	+1	+1	+1	+1	−1	−1	0	2
+1	−1	+1	−1	+1	−1	−1	+1	0	−2
+1	−1	−1	+1	−1	+1	+1	−1	0	2
+1	−1	−1	−1	−1	−1	+1	+1	0	−2
−1	+1	+1	+1	−1	−1	+1	+1	0	−2
−1	+1	+1	−1	−1	+1	+1	−1	0	2
−1	+1	−1	+1	+1	−1	−1	+1	0	−2
−1	+1	−1	−1	+1	+1	−1	−1	0	2
−1	−1	+1	+1	−1	−1	−1	−1	−4	−2
−1	−1	+1	−1	−1	+1	−1	+1	0	−2
−1	−1	−1	+1	+1	−1	+1	−1	0	2
−1	−1	−1	−1	+1	+1	+1	+1	4	2
							平均值	≤4	≤2

图 8.4　两名舞蹈演员手臂（*AA* 和 *BA*）以及腿部（*AL* 或者 *BL*）位置的所有 16 种可能的组合。表中还列出了对于每一种组合的两两乘积、所有乘积的和 *S*，以及好奇量 *Q* 的值。

$$\text{平均值}(Q)=\text{平均值}(AA\times BA)+\text{平均值}(AA\times BL)+\text{平均值}(AL\times BA)-\text{平均值}(AL\times BL)$$

在这里，平均值（）的意思是“在括号里所有数值的平均数”。

但是，我们注意到，在上述等式中的平均值，就是我们在图 8.2 和图 8.3 中展示的四个结果之间的相关性。所以，我们可以先计算出观测数据的四个相关性，然后再计算出平均值（Q）的值。这里的要点就是，平均值（Q）是一个特定的方式，用来表示四个结果之间相关的程度。

我们要指出的一个关键点是，平均值（Q）≤2 这个关系式，不仅仅适用于舞蹈表演，也适用于“任何”相关事件，只要它们的观测结果可以填满图 8.2 和图 8.3 中的表格。也就是说，如果我们把任何一套完整的测量结果用我们的+1 和−1 方案来代表(我们总是可以这样做的),那么平均值(*Q*)≤2 这个关系式就必定正确。这个说法并不依赖于一个人的世界观;它仅仅是一个数学结论。

如果我们只能进行部分测量，那会怎么样呢？

如果出于某种原因,爱丽丝和鲍勃没有办法完成所有的测试,因此他们无法把上述表格填满,在这种情况下,我们在上一节中关于相关性的逻辑推理,需要做出什么样的改变呢？也就是说,如果他们每个人只观测到了四个结果中的一个,会怎么样呢？

测量能力的局限性在测量量子物体时显得很重要,因为对于量子物体,你没有办法同时测量所有结果。在第 2 章中,我解释了尼尔斯・玻尔使用的术语“测量互补性”。例如,你设计了一个用方解石晶体测量光子偏振态的实验,方解石晶体的晶轴方向定义了一个特定的测量方案。观测到的 V-偏振或者 H-偏振结果就是和 D-偏振或者 A-偏振结果互补的。在你完成了第一次测量后,你不能后悔,并希望能重新进行一次不同的测量来获取不同的信息。这是因为,一次测量不仅仅告诉了你一些信息,它还可能已经改变了被测物体的量子态。所以,你现在做出的选择将会影响将来可以获取的信息。

在进一步描述量子测量之前,让我们先来考虑一个经典理论下进行部分测量的情形。我们还是假设有两名在不同剧场里表演的舞蹈演员,以及在不同剧场里的观众爱丽丝和鲍勃。

为了让表演更加引人入胜，舞蹈演员为表演加入了一个特殊的舞台效果：舞台上始终保持漆黑，观众看不见舞蹈演员；突然有一束闪光打在演员身上，从而观众可以看到演员在那一瞬间的动作。假设对于每一名演员，都有一个闪光灯可以照亮这个演员的手臂或者腿部的动作。让我们进一步假设，这些闪光灯分别被爱丽丝和鲍勃面前的两个按钮所控制：一个标有"手臂闪光灯"，另一个标有"腿部闪光灯"。爱丽丝和鲍勃同意在同一时刻摁下其中一个按钮。在这里，让我们假设他们每一秒按一次。他们选择按哪一个按钮完全是随机而独立的，不包含个人偏好。所以，大约有一半的时间他们按下了同样的按钮(也就是手臂-手臂或者是腿部-腿部)。

这意味着，在一个给定的时刻，对爱丽丝和鲍勃来说，每个人只能观察到手臂或者腿部的位置。因此，每一次闪光，他们就记录到了手臂向上(+1)，向下(−1)，或者腿部向上(+1)，向下(−1)。他们记录的数据有点像图 8.3 中的表格，只不过

芭蕾舞演员

每一行中只有一项来自爱丽丝，一项来自鲍勃，而不是之前那样各有两项。于是每一行也只有一个乘积项而不是四个。

在这里，尽管只有部分信息，爱丽丝和鲍勃还是可以计算出相关性，并在表格的最后一行中给出。举个例子，如果表格中有 400 行，那么大约其中的 100 行含有 $AA \times BA$ 的数值，所以这个乘积的平均值还是可以通过这 100 行数据获得。对于其他三个乘积项来说，也是一样。

如果把四个乘积项的平均值相加或相减，平均值(Q)的数值就可以被计算出来，即使爱丽丝和鲍勃在一个时间点只进行了部分测量。通过这种方式获得的平均值(Q)和进行全部测量时得到的数值应该是一样的。至少，上述说法对于类似舞蹈表演者的移动方向这样的经典观测来说是正确的，因为我们知道就算没有被观测，手臂或者脚部的移动并不会有其他非常规动作；也就是说，它要么是向上，要么是向下。就像约翰·贝尔说的："这里没有任何秘密可言"。

所以我们可以得出以下结论：如果实在论是一个正确的世界观（意思是，那些手臂以及腿部动作，无论被观测与否，表现没有区别），而且如果两名舞蹈演员以及灯光控制者或机制之间没有互通信息，并且爱丽丝和鲍勃没有被神秘的外界力量所控制，那么通过测量得到的好奇量 Q 的平均值不可能超过 2。也就是说，平均值(Q)$\leqslant$2。

这里的结论和前一节的区别是，在前一节里没有任何假设，只有数学证明，因为测量是完整的；而在这里得到的关于部分测量的结论需要额外的假设。我们将在下面详细讨论这一点。

怎样阻止实验双方之间互通信息?

在上面的讨论中,我暗示了两名舞蹈演员以及灯光控制者或机制之间没有互通信息是一个合理的假设。但是我们又如何保证真实情况的确如此呢?科学家们需要寻找那些有可能打破这个假设的物理机制,就算依赖于它的物理过程还不为人所知。(比如说,如果16世纪的一位科学家来到当今这个世界,他将非常惊讶地发现两个距离很远的人,假设距离是1000英里[①],几乎可以进行实时通信——只需拿出手机就行了。)这里有一个办法使我们可以在设置好贝尔测试实验的同时,也有合理的理由相信通信机制并不存在。这个办法依靠了在爱因斯坦相对论范畴下的因果关系——我们知道这个理论非常靠谱。

因果关系的基本观点其实很简单:某种物理影响会造成某种物理效应。举个例子,如果闪电划过,接着一般会有雷声。声音是空气压力的一种扰动,传播的速度约为每秒344米。所以,如果一个人站在距离闪电发生344米的地方,他将在闪电发生1秒后听到雷声。同样道理,一个站在距离闪电发生的地方688米的人,将在闪电发生2秒后听到雷声。你可以把雷声传播的过程想象成一个假想的、从闪电发生的地方向外以声速膨胀的"影响球"。在任何特定的时间,只有在影响球范围以内的人或物可以听到由闪电造成的雷声。像闪电这样的事件就

---

① 1英里≈1.61千米。——译者注

是一个因果关系中的“原因”，因为它在将来的某个时间点上会引发位于远处的其他事件（比如你的耳膜震动）。

爱因斯坦的远见卓识之处是，他指出了在自然界中，存在一个在两点之间传播速度最快的扰动，它就是光。光速约为每秒 3×10^8 米。就我们所知，这是宇宙中所有物质的绝对“限速”。比如说，闪电产生的光以光速朝你的眼睛移动，而其他扰动都不可能比光速更快。所以，在闪电发生和光到达你的眼睛之前的一瞬间，从你的角度来说，闪电似乎还没有发生。

当光从发生点向外传播时，一个“构成原因的影响球”在这一点以光速向外膨胀：在某个特定的时间点，只有在这个球的膨胀范围内的人才知道闪电发生了；在这个球的膨胀范围之外的人，还没有受到闪电的影响。也就是说，对于处于不断膨胀的影响球之外的事件，闪电不可能是它发生的原因。下面我们给出相对论的一般原理。

定域因果原则：一个发生在某个特定时间的事件或者起因，对目前位于以光速膨胀的“构成原因的影响球”之外的任何物体都不会产生物理效应。这个原理基于爱因斯坦的相对论理论，它已经被测试了无数次，而且还没有在任何实验中发现违背这个原则的现象。就算是引力，其传递速度也不能比光的速度还要快①。

通信的速度同样受到定域因果原则的限制。通信的完成

---

① 在 1916 年，爱因斯坦预测，涉及巨型物体之间的激烈扰动会以光速穿过整个宇宙的引力波，但不会比光速更快。在 2015 年，激光干涉引力波天文台第一次成功探测到这样的引力波。

也经历了从原因到结果的过程。也就是说，从 A 点到 B 点之间不会有信息被传递，除非在 A 点的某个物理原因产生了一个能在 B 点被感知的物理效应。从一个消息被送出到它被收到，中间总有一个时间差，它的最小值由光速决定。

上述事实为我们提供了一个可行的办法，以保证贝尔测试实验在实施的过程中，被测物体之间没有通信的可能，或者说决定测量方案的人或机制之间也没有通信的可能。我们需要把被测物体分开很远，同时让爱丽丝和鲍勃在测量时几乎同步，即便有时间差，也小于在他们之间传送和接收任何信息所需的最短时间。

什么是定域实在论？

如果要给上述世界观起个名字，我们可以很方便地把它叫作“定域实在论”。这个叫法就是把我们前面讨论的两个概念合并在一起：定域实在论就是一个把实在论和定域因果原则的原理结合起来的世界观。在这个世界观里，无论一个物体是否被观测，它都具有确定的、预先存在的性质或者针对其表现的指令，而且一个事件对目前位于以光速膨胀的、构成原因的影响球之外的事件都不会产生任何物理效应。

什么样的实验可以推翻定域实在论？

什么样的实验结果可能会说服爱因斯坦，让他放弃基于定域性和实在论的世界观？现在看来，有一个实验能做到这一点，那就是测量很多具有相关性的、由两个光子组成的光子对的偏振，因为物理学家们从这样的实验中得到的结果，几乎可以确定定域实在论这个概念是站不住脚的。下面我将会详细解释。

在1982年，通过效仿其他研究人员的早期实验，阿兰·阿斯帕克特(Alain Aspect)、琼·达利巴尔(Jean Dalibard)和热拉尔·罗歇(Gérard Roger)在巴黎做了一个被认为是测试贝尔关系式的里程碑式的实验。在他们的实验中，这几位科学家观测到，当一个处于激发态的钙原子中的电子因为失去能量而回到基态时，它会释放出一对光子。如果电子通过两个步骤回到基态，原子会朝不同的方向释放出两个光子，这样的过程通常被称为“量子跳跃”。

因为原子的能量和动量在释放光子之前和之后是守恒的，所以这两个光子具有相关的属性：如果一个光子被观测到处于某种旋转偏振态，那么另一个光子将被观测到具有另一种旋转偏振态。量子理论成功地预测了两个光子偏振态之间的相关性。

与其依赖量子理论来理解偏振态相关性，不如假设我们是20世纪以前的实验物理学家，还不知道量子理论。你是爱丽丝，而我是鲍勃。因为我们都很聪明，所以我们已经找到一种方法来实施如图8.5所示的实验。我们各有一个光探测器，但共用一个光源(我不会提到光子，因为我们假装还不知道量子物理学)。光源由包含在一个区域里的一群原子组成。当我们把光照射到这群原子上时，它们获得了能量。接着我们看到有红光从原子中射出，朝着我们的探测器方向传播。这些光探测器会记录下探测活动。我们注意到，虽然每个探测器发出的声音听上去是随机的，但是两个探测器总是同时发出声音。这样的观测结果，让我们得出结论，那就是从光源发出的光具有相关性。

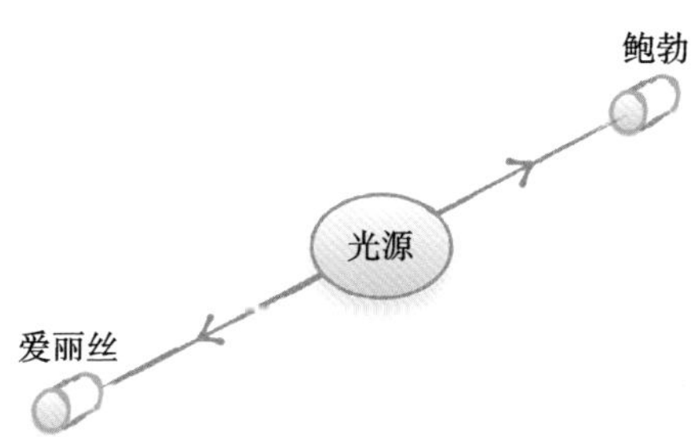

图 8.5　使用一个光源和两个探测器做实验。在实验中，爱丽丝和鲍勃观察到，两个探测器随机地，但又总是在同一时刻发出信号。

我们对于原子发出的光的偏振性很好奇，所以我们便在光的传播路径上放置一个方解石晶体来测量光的偏振。如第 2 章中描述的那样，一个方解石晶体会使一束光分成两束偏振光：一束的偏振方向和方解石晶轴方向平行，而另一束的和方解石晶轴方向垂直。图 8.6 显示了我们的实验设计图。每个方解石晶体上都有一个箭头标记来显示它的晶轴方向。在每个方解石晶体后面，放置了两个探测器。从方解石晶体每个偏振出口射出的光将到达其中一个探测器，从而产生声音。

我们把实验设计成类似前面章节中提到的，对两名舞蹈演员的表演动作进行相关性测试的实验。在那个实验中，两个特征（左手或者左脚）中的一个会被观察到。你，也就是爱丽丝，同意把你的方解石晶体晶轴调整到以下位置：要么是竖直的（也就是和竖直方向呈 0°角），要么是和竖直方向呈 45°夹角。在第一种情况下，你在竖直/水平（V/H）方案下测量偏振，而

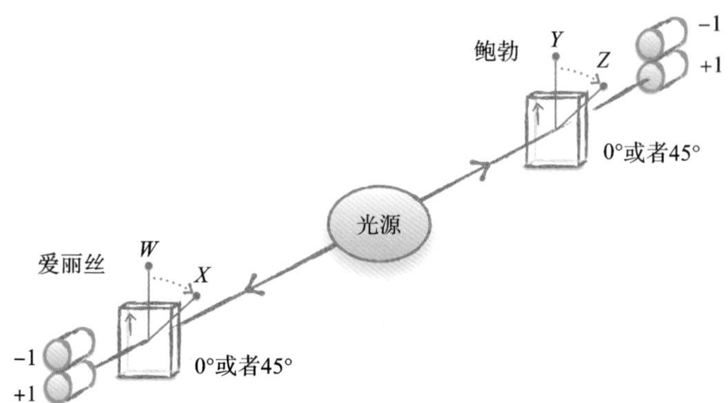

图 8.6 使用同一光源进行实验。其中，两个方解石晶体被用来测量来自同一光源的光束的偏振态。爱丽丝和鲍勃选择的测量方案，其方解石晶体晶轴要么是竖直方向，要么是和竖直方向呈 45° 夹角。

我们决定把测量结果用符号 W 表示。如果下方的探测器发出声音，那么你就把结果记为 $W=+1$。如果上方的探测器发出声音，那么你就把结果记为 $W=-1$。在第二种情况下，你在对角/反对角(D/A)方案下测量偏振，而我们决定把测量结果用 X 符号表示。如果下方的探测器发出声音，那么你就把结果记为 $X=+1$。如果上方的探测器发出声音，那么你就把结果记为 $X=-1$。这样的命名方式，和前面的 AA、AL 等相类似。

我，也就是鲍勃，将使用同样的实验设置，但会用符号 Y 和 Z 来表示在两种不同测量方案下获得的结果。当方解石晶体晶轴方向在 0°角，也就是测量使用了 H/V 方案时，如果下方的探测器发出声音，我将把结果记录为 $Y=+1$，而如果上方的探测器发出声音，我会把结果记录为 $Y=-1$。当方解石晶体晶轴与竖直方向呈 45°角，也就是测量使用了 D/A 方案时，如果下方的探测器发出声音,我将把结果记录为 $Z=+1$,而如果上方的探测器发出声音,我会把结果记录为 $Z=-1$。

和在观测手臂和腿部位置时相同,偏振态的测量结果有四种组合:W 和 Y,W 和 Z,X 和 Y,以及 X 和 Z。对于每一种组合,又各有四种不同的组合结果;比如说,对于 W 和 Y 来说,结果可以是 $(+1,+1)$,$(+1,-1)$,$(-1,+1)$,或者是 $(-1,-1)$。为了方便举例,我选择考虑光的一种特殊态,让我们把它叫作贝尔态,以约翰·贝尔命名。我将在下一章中更加详细地解释这个态,以及它是如何产生的;现在请接受这样的观念:从原子发出的光将可以产生这个态,就像前面描述的那样。

在这种情况下,什么样的相关性会被观测到呢?当我们用贝尔态的光做实验时,我们观察到,如果我们都选择测量H/V偏振,我们将总是获得相反的结果:如果你得到$+1$,那么我得到-1。也就是说,H/V 偏振测量结果是完美负相关的。如果我们都选择测量 D/A 偏振,我们也会得到完美负相关的结果。另一方面,如果我们选择测量不同的偏振(例如,你用 H/V,而我用 D/A),那么我们发现实验结果没有相关性。这样的结果和观察到的两名舞蹈演员的手臂(以及腿部)位置完全一样,都是负相关的,如图 8.3 所示。很显然,这里也"没有秘密可言"。

但是现在,我——鲍勃,选择改变我在测量偏振态时方解石晶体晶轴所处的两个角度。在下面一系列实验中,我会在22.5°和 67.5°之间随机选择,如图 8.7 所示。在晶轴位于22.5°时,如果下方的探测器发出声音,我将把结果记录为

$Y=+1$,而如果上方的探测器发出声音,我会把结果记录为 $Y=-1$。当晶轴位于 67.5°时,如果下方的探测器发出声音,我将把结果记录为 $Z=+1$,而如果上方的探测器发出声音,我会把结果记录为 $Z=-1$。

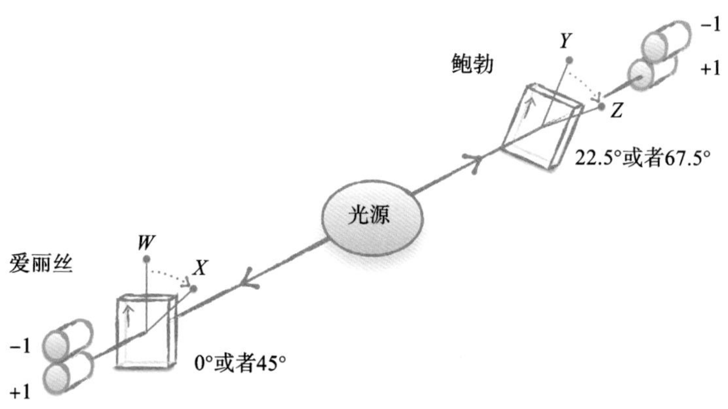

图 8.7 和前图 8.6 相似。但不同的是,在这个实验中,鲍勃将在晶轴方向 22.5° 和 67.5° 之间进行选择。

你也许会想,为什么我们会选择这两个特定的晶轴角度呢?在真实的实验中,我们也许会试着选择许多不同角度的组合,来获得一个更加完整的偏振态性质的全图。现在我只是把精力集中在这个特殊的组合,因为它会产生最有趣的结果。

我们,也就是爱丽丝和鲍勃,在我们各自的实验室里都进行了许多次观测。在这些观测中,我们在两种晶轴角度之间随机选择方向。我们之间没有联络,同时为了保证我们在不同地点使用的光束和探测器之间没有任何神秘的通信方式,我们把我们的实验室转移到了相距很远的地方,并且使我们的测量完成得非常快。根据我们对定域因果原则的理解,一个实验室中的任何东西在实验完成的时间内,都不可能影响另一个实验室中的任何东西。

在现阶段我们都只知道各自的结果。图 8.8 显示了一个长长的列表,它只是一个典型结果中的一部分。在我们比较结果以寻找相关性之前,我们各自的结果看上去是随机的。

W	X	Y	Z	$W\times Y$	$W\times Z$	$X\times Y$	$X\times Z$
−1		+1		−1			
−1			−1		+1		
	+1		−1				−1
	+1	+1				+1	
+1			+1		+1		
−1		−1		+1			
+1		+1		+1			
−1			−1		+1		
	+1		−1				−1
−1			−1		+1		
	−1	+1				−1	
+1		−1		−1			
+1		+1		+1			
+1			−1		−1		
	+1		−1				−1
	−1	+1				−1	
	−1		+1				−1
−1			−1		+1		
	−1	−1				+1	
	+1	+1				+1	
+1			−1		−1		
−1		+1		−1			
−1			−1		+1		
	+1		−1				−1
	−1	−1				+1	
			相关性=	0.7	0.7	0.7	−0.7

图 8.8 爱丽丝测量到的光子偏振态 W 或者 X,以及鲍勃测量到的 Y 或者 Z 的结果列表。每一列的最后一行给出了 4 种不同相关性的值。

为了让事情变得更有趣,在我们比较结果之前,我们决定来打个赌,猜一猜我们观测到的结果的相关性程度。也就是说,我们赌通过比较结果后,计算好奇量平均值(Q)时会获得的数值:

$$平均值(Q)=平均值(W\times Y)+平均值(W\times Z)+平均值(X\times Y)-平均值(X\times Z)$$

我赌平均值(Q)不会超过 2，因为在前面的讨论中我已经用数学方法证明了这一点。当时为了得到这个结论，我只用到了定域实在论这个非常合理的假设。

你赌的则和我相反，因为你认为我的逻辑中有一个漏洞。你提醒我，我默认了一次只测量一个结果(对你来说是 W 或者 X，而对我来说是 Y 或者 Z)不会对好奇量产生任何影响。也就是说，我假设了观测到 +1 还是 −1 的概率和我们测量一个还是两个结果无关，而我的这个假设不一定正确。我用舞蹈演员的实验来进行反驳，因为舞蹈演员的手臂或者腿部动作要么向上，要么向下，无论我们是否观测了这个动作。舞蹈演员这个实验证实了这一点，而在那个实验里平均值(Q)永远不会超过 2。你也同意对于舞蹈演员这个实验，我的论点是正确的，但是光也许就是有所不同。我继续反驳："不会。两者的差异不可能大到可以证明定域实在论是错误的。"

现在，我们揭晓各自的实验结果列表，并且一起计算出结果列表之间的相关性。我们得到了以下四个相关性的结果，也就是四种乘积的平均值，它们是：平均值($W\times Y$)=0.7，平均值($W\times Z$)=0.7，平均值($X\times Y$)=0.7，以及平均值($X\times Z$)=−0.7。我们注意到，平均值($X\times Z$)中的负号很特别。然后，我们把四个平均值结合起来，计算出平均值(Q)。我们得到：平均值(Q)=0.7+0.7+0.7−(−0.7)=2.8，这个值居然大于 2。我输了！我持有的定域实在论世界观已经过时了。

在实验上证实定域实在论失效,这就是本节的中心思想。

对于原子中释放的光子对,是不是任何量子态都能产生上述结果?

不是的。仅仅是某个特殊的量子态才可以,而这个态被称为“贝尔态”。正是出于这个原因,在20世纪之前,任何科学家都不太可能“偶然地”做了一个和我刚才描述的丝毫不差的实验。在前面一节中,我之所以采用讲故事的方式,其实就是要强调,如果科学家们非常幸运,那么他们是“有可能”在不知道量子物理学的情况下,偶然发现定域实在论会失效的。要知道,量子物理学直到20世纪初才被建立起来。

在当代,我们把光看作是由光子组成的。而我描述的实验用到了许多处于量子纠缠态下的光子对。阿兰·阿斯帕克特在1999年写道:“我们必须得出结论,一对纠缠的光子对是不可分割的物体,也就是说,不能把单独的本地性质分配给每个光子。在某种意义上,两个光子穿越了时空而保持联系。”

如果我们承认并相信爱因斯坦的定域因果原则原理,也就是排除了光子之间在实验中“进行交流”的可能性,那么阿斯帕克特的观点看上去是对物理的实在论概念进行了大幅度的重新解释。然而,就算两个远远分开的实验室之间没有交流,从光子的相关性实验中得出的平均值$(Q)=2.8$的确出现在了现实世界中。而且我们知道,任何假设了每个光子都具有预先确定的属性或者指令的物理模型,都不允许平均值(Q)大于2。

在上述讨论中，是否有任何漏洞或者瑕疵？

你也许会说："等一下！在我们鲁莽地抛弃定域实在论这个概念之前，至少应该仔细审视一下实验是怎么完成的。也许我们能从实验分析中涉及的假设里找出一个瑕疵，从而挽救定域实在论。"在上述实验里，的确存在两个潜在的瑕疵：一个是探测器的效率，另一个是设置实验方案的快速性。它们直到2015年标志性的实验里才被同时克服了。

探测器效率的问题在于，由光源处产生并送到每个测量地点的光子，并没有完全被探测器探测到。有一些光子丢失了，也就是"逃避"探测。据此，哲学家们可以辩称，在原则上，自然界实施了一个巨大阴谋，它秘密地只允许某些相关的光子对被探测到。它使测量得到的相关性有偏差，从而掩盖了真正的相关性的值。这个值只有在探测到所有光子的情况下才能获得。然而，开发新的技术，使实验物理学家们成功捕获和测量几乎所有的光子，这是一个非常艰巨的任务，它花费了实验物理学家们几十年的心血。

需要克服的第二个瑕疵是，实验物理学家们要有能力保证，在每个实验中使用的实验方案(对于爱丽丝来说是 W 或者 X，对于鲍勃来说是 Y 或者 Z)都是随机和独立选择的，并且它们在非常短的时间内就被设置好以确保满足定域因果原则。如果实验方案的选择不是独立的，并且是在光子离开光源很长时间之后进行的，那么我们就无法排除自然界有可能的串谋：光子提前"知道"使用的实验方案！如果真是这样，那么光子在原则上可以事先把指令“编入”自身从而使测量结果的相关性大于贝尔关系式所允许的范围。也就是说，自然界会“愚弄”我们，使我们相信定域实在论是不正确的，而事实上它却是正确的。

什么样的实验克服了潜在的瑕疵？

我在前面提到，在2015年，三个实验室独立地完成了没有上述瑕疵的实验。其中，位于美国科罗拉多州的美国国家标准与技术研究院(National Institute of Standards and Technology)的研究小组，以及位于维也纳大学的量子光学和量子信息研究所的研究小组，都测量了光子的偏振态，就和之前我描述的实验一样。第三个小组，位于荷兰的代尔夫特理工大学完成了一个比较不同的实验：他们制造和检测了两个处于纠缠态的电子，分别位于相距1.3千米的两个钻石晶体里。他们使用了新型高效的探测器，并且实验仪器被设计成可以高速地产生随机实验方案的仪器，从而排除了上述解释的漏洞。

在克服了实验中的瑕疵或者漏洞以后，物理学家们可以很肯定地说，定域实在论作为物理世界的一个世界观已经失效了。这三个实验的成功使得2015年成为量子相关性研究领域里具有划时代意义的一年。

约翰·贝尔对于这样的实验结果做出了什么评价？

阿尔伯特·爱因斯坦，作为量子理论的创立者之一，在贝尔测试实验完成前就去世了。在那些至死都相信定域实在论的科学家里，爱因斯坦应该是最伟大的思想家之一。我们知道，约翰·贝尔是思考这一问题的“领头羊”，他的贡献导致了定域实在论作为一个正确的世界观的终结。他活着的时候看到了阿斯帕克特的实验结果，也就是利用一个原子释放出具有相关性的光子对。用贝尔自己的话来说：“对于我来说，认为这些实验里的光子本身携带某些程序，它们被预先设置成互有关联，并告诉光子们如何表现，这是非常合理的。定域实在论是如此‘理性’，以至于让我觉得，爱因斯坦是一个非常理性的人，因为他看到了这一点而其他人拒绝看到。其他人，虽然历史刚刚证明了他们是正确的，但是他们都‘把头埋在了沙子里’。在这个例子中，我觉得爱因斯坦的智商是远超过玻尔的；就好像在一个清醒的现实者和蒙昧主义者之间具有的巨大鸿沟。所以对我来说，爱因斯坦的想法不成立是一件很遗憾的事。在这里，合理的想法就是不成立。”

或者，就像我说的那样，爱因斯坦错了，但是错在用了所有“正确”的理由。实在论的观点深深地烙在了人们的脑海里：这种观点符合常识，就像前面提到的袜子和舞蹈演员的例子一样。更进一步讲，在量子力学之前，没有任何一个理论有能力预测到，相关性会存在于没有预先存在的属性或者指令集的情况下。最后一点，如果经典物理学中关于属性和指令集的概念是错误的，那么我们很难想象出任何其他能够让人容易理解那些实验中观测到的相关性的直观式模型。

定域实在论这一观点的崩塌意味着我们必须放弃经典直觉和经典物理学吗？

不是的。我们知道，在严格意义下，经典物理学不是对自然最正确的描述。但是，在大部分日常生活中，它依旧是最好的，也是最有用的。经典领域里的概念失效的例子非常少，并不常见。

就像量子信息理论的先行者迈克尔·尼尔森(Michael Nielsen)所说，"对于大部分的日常用途，我们可以把一个硬币当作是'知道它正面朝上，还是反面朝上'，以及把一只猫当作是'知道它活着，还是死了'。虽然这些想法在一些基本层面上是不正确的，但是在大部分实际情况下它们却是成立的。只有在日常生活以外的、非常规情况下，这样的思考方式才会导致你迷失方向。"

至少，这是一种很好的安慰。

我们应该放弃定域因果原则或者实在论吗？或者两者都放弃？

在物理学家中，对于这个问题的答案还没有统一的观点。很多物理学家(包括我)的意见是，因为相对论是很成功的，同时它不允许任何影响力的传播速度快于光速，所以一个合理的物理理论需要尊重定域因果原则。量子理论本身不去预测违反定域因果原则的情形。这也就意味着，我们应该在我们的世界观里保留定域因果原则，同时也意味着我们必须放弃实在论。就像约翰·贝尔在上面指出的，他和爱因斯坦都对这样的做法很不认同。

在赞成放弃实在论的同时，我们注意到，量子理论并不依赖于未知物体在测量前具有确定的、与生俱来的属性，此外，这些属性和使用的测量方式无关。事实上，著名的科亨·施佩克尔定理（Kochen-Specker Theorem）的数学证明显示了，如果量子理论是真正符合自然界的理论，那么物理实体在测量前，不能有、也不具有确定而预先存在的性质。

所以说，定域因果原则得到保留而实在论被放弃是符合相关实验和量子理论的。然而，其他科学家也许会更愿意放弃定域因果原则，甚至很多科学家在这个问题上是"不可知论者"。

9　量子纠缠和隐形传态

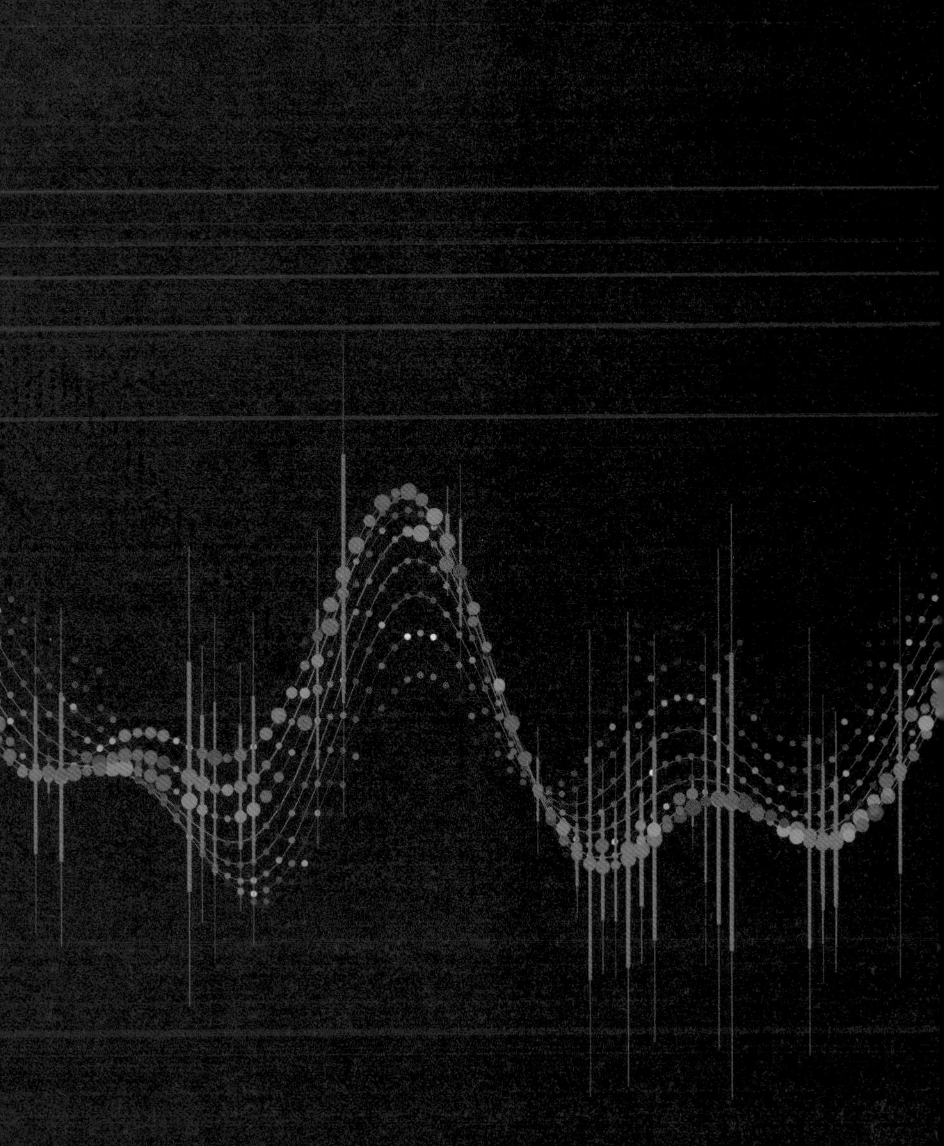

什么是量子纠缠?

量子纠缠是某种特殊量子态的特征,它被用来描述两个或多个量子实体,比如光子或者电子。量子纠缠代表了相关性测量的一种形式,它只出现在量子物理学中。我们回顾一下,在前一章中,贝尔关系式给出了所有经典物理学中有关相关性测量的特征极值。贝尔关系式可以被一些量子物体打破,但这些量子物体必须处于量子纠缠态。从这个意义上来说,纠缠指的就是相关性测量的一种,它的值超过了经典物理学给出的极值。在 20 世纪 70 年代末和 80 年代初我们利用光子对所做的实验,第一次揭示了实验结果可以违反贝尔关系式;同时通过这样的结果,第一次在分离的量子物体中探测到了量子纠缠态。在前面我们也提到,贝尔测试是在实验上对所谓的定域实在论世界观进行测试。所以,量子纠缠也和定域实在论的崩塌有关。

违背贝尔关系式的实验结果带来的主要信息是,单个量子物体不携带预先存在的性质或者预先确定的指令,这样预先存在的性质或指令可指导它在测量行为下的表现。上述说法是在对实验观察到的相关性测量结果进行分析后得到的合理结论,而分析的过程使用了一个有根据的假设:两个分离物体之间的交流不可能比光速快。但是,与此同时,对于爱丽丝和鲍勃选择的某些测量方案,完美相关性也能被观测到。对于贝尔纠缠态来说,如果双方都选择了水平/竖直的方案,那么他们将总是得到相反的结果:如果爱丽丝得到 H,那么鲍勃总是得到 V;反之亦然。也就是说,H/V 偏振态测量结果总是完美负相关的。事实上,只要爱丽丝和鲍勃选择相同的测量方案,他们就将观测到完美负相关的结果。

虽然单个量子物体不携带预先存在的性质或者预先确定的指令,并且量子物体之间没有交流,但是它们却在测量下显示出完美相关,这一点看上去似乎很奇怪——甚至令人震惊。但好消息是,量子理论可以完美地解释这样的结果。

量子纠缠的一个应用是量子隐形传态——一种可以把一个量子物体的量子态传输到另外一个位于远处的量子物体的技术。我将在本章末尾详细介绍量子隐形传态的工作原理。量子纠缠最重要的应用应该是量子计算,它的最终目的是创造出量子计算机——一种用量子方式处理基本信息的计算机,和使用经典方式的现代计算机不同。在随后的章节中我也将探讨这个应用。

我们如何表示一个复合体的量子态?

一个"复合体"指的是由两个或多个部分或个体组成的物理实体,即使这些部分或个体在空间中是完全分离的。一对光子就是很好的例子。在我们讨论纠缠态之前,让我们考虑一下如何表示一个复合体的量子态。

回顾一下,量子态是对一个量子物体尽可能完整的描述。如果我们完全了解了一个量子物体的量子态,那么关于这个量子物体,就没有其他需要知道的信息。就算我们完全地知晓了量子态,我们还是无法完美预测绝大多数测量的结果。在自然界最深的层次里,它具有随机性。

我们在第 4 章讨论了如何利用状态箭头来代表一个单一量子物体的量子态。对于一个光子来说，我们可以用一个竖直箭头来代表竖直偏振态，在这里我把它放在一个括号里(↑)来表示。同样道理，水平偏振态用(→)来表示。对角(D)和反对角(A)偏振态分别用(↗)和(↖)表示。

需要强调的一点是，在实验中制备的量子物体的量子态，可以是两个独立的量子态的叠加。比如说，对角偏振态就是竖直和水平偏振态的叠加，如图 9.1 所示。我也可以用符号来表示：(↗)=(↑)+(→)。在量子理论里，加号"+"指的是"叠加起来"(如果你想不起来箭头叠加的方式，可以回想一下东北方向是由等量的北方和东方两个分量组成的)。同样道理，反对角偏振是由两个类似的偏振态叠加而成，唯一的区别是它的水平分量被翻到了反方向，也就是说，(↖)=(↑)+(←)。在图 9.1(ii)中，"—H"就是被翻到了反方向的水平分量(←)。

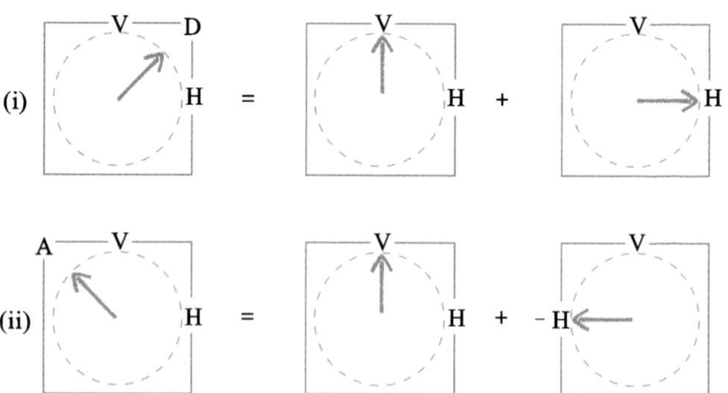

图 9.1 单光子偏振态的状态箭头叠加。第一行：对角偏振态(↗)=(↑)+(→)。第二行：反对角偏振态(↖)=(↑)+(←)。

我们如何表示光子对的量子纠缠态?

“量子纠缠态”是一个复合体的两个或者多个量子可能性的叠加。量子理论中出现这样的量子态,是因为量子叠加态的概念不仅仅适用于单个量子物体,它还适用于被当作整体的复合体。一个量子纠缠态被认为是代表了或者含有了“量子纠缠”。

让我们考虑一对光子。如果我想要详细描述爱丽丝的光子A和鲍勃的光了B的量子态,我需要写下每个光子的状态箭头。比如,如果光子A是竖直偏振,而光子B是水平偏振,那么我就可以用{(↑)和(→)}来表示这个复合体的量子态,或者使用更加简洁的符号(↑)&(→)。在这里,左边向上的箭头指的是光子A,而右边向右的箭头指的是光子B。这个量子态并不是一个纠缠态,因为它详细描述了每个光子所具有的一个特定的、已知的偏振态,而且两个光子之间的偏振态是相互独立的。

两个光子的量子纠缠态的一个例子是贝尔纠缠态。我们需要创造这个量子态来实现能够违背贝尔关系式的实验。图9.2显示了贝尔纠缠态,它可以用符号表示为:

(↑)&(→)+(←)&(↑)

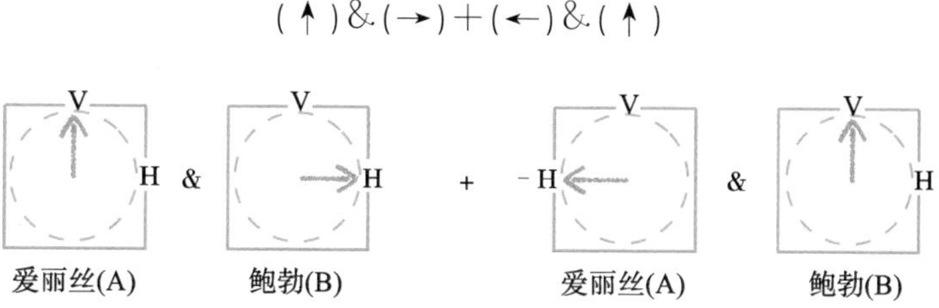

图9.2 由一对光子组成的量子复合体的贝尔纠缠态。

图 9.2 所示的量子态被认为是一个复合体的两个量子可能性的叠加态，而这个复合体由两个光子组成。这个量子态可以用以下语言来描述：{光子 A 是竖直偏振以及光子 B 是水平偏振}和{光子 A 是水平偏振以及光子 B 是竖直偏振}的叠加。这意味着，如果你用方解石晶体来测量这两个光子，分辨出它们处于水平偏振(H)还是竖直偏振(V)时，你可以得到的结果是 H&V 和 V&H 这两个可能性中的一个。也就是说，当测量这两个光子的偏振时，得到的结果将是完美负相关，如同在贝尔测试实验中观测到的那样。

如果光子 A 被送到爱丽丝的实验室，光子 B 被送到鲍勃的实验室，那么无论这两个实验室距离有多远，在实验测量后都将出现同样的相关性。你将无法预测哪一种结果可能会被观测到，但是在每一种可能性里，两个光子的测量结果之间具有确定的关系。

你也许会想："这有什么大不了的！我在下面的例子中也可以观测到类似的现象：如果我有两个球，一个是红色，另一个是蓝色，我把一个球交给爱丽丝，把另一个交给鲍勃。如果鲍勃看了一眼他的球并且看到是红色，那么他就自然而然地知道爱丽丝收到的是蓝球。这是很简单的道理。"不，贝尔纠缠态并不是这么简单。就如在前一章中所讨论的，贝尔关系式的实验结果显示，当测量处于贝尔纠缠态的光子对的偏振时，观测到的相关性不能简单地用经典物理学中那些彩色球之间的相关性来类比。具体地说，爱丽丝和鲍勃可以使用各种不同的互补测量方案来测量他们的光子：H/V 或者 D/A，等等。这样他们就能观测到违背贝尔关系式的相关性现象。这里存在着一些深奥而令人惊讶的道理，而量子纠缠态可以完整地描述它们。

我们如何制备处于贝尔纠缠态的光子对？

图 9.3 显示了一种制备贝尔纠缠态的方法。虽然和 20 世纪 70 年代首次实现违反贝尔关系式的实验里所使用的方法并不相同，但是它展现了量子纠缠的关键特点。

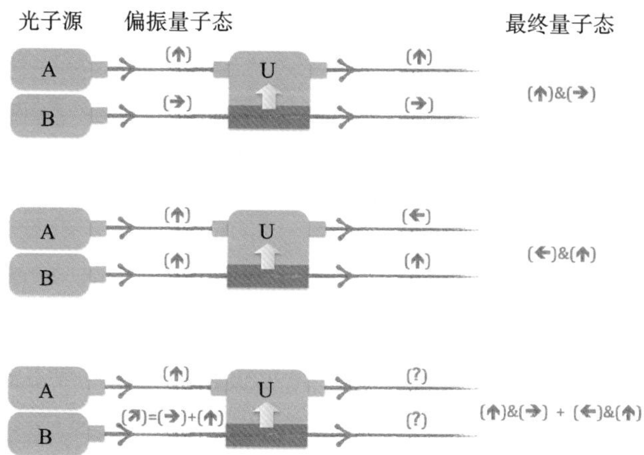

图 9.3 贝尔纠缠态制备器。其中，B 光子的量子态"控制"了 A 光子的最终量子态。这样的过程在图中由白箭头标记。

考虑两个标记为 A 和 B 的独立光源。每个光源可以发射出一个单光子。光子 A 总是 V-偏振，而光子 B 可以是 H-偏振，或者是 V-偏振，由你任意控制。当两个光子穿过一个被标记为 U 的光学器件时，它们的偏振态会发生如下变化：这个光学器件将让光子 B 毫无变化地通过，无论它是 H-偏振还是 V-偏振，但是它却会根据光子 B 的偏振态来改变光子 A 的偏振态。如图 9.3 最上方显示，如果光子 B 是 H-偏振，那么光子 A 会无变化地通过 U，所以在 U 的右边出现的光子对，将具有和左边入射时一样的偏振量子态，也就是(↑)&(→)。另一方面，如果光子 B 是 V-偏振，如图 9.3 中间所示，光子 A 的偏振态将变为—H-偏振，在 U 的右边出现的光子对将是(←)&(↑)。

如果 B 光子是对角偏振，也就是(↗)，那么经过光学器件 U，会产生什么样的偏振量子态呢？如图 9.3 最下方所示，进入 U 的光子 A 和光子 B 的合成态是(↑)&(↗)。我们知道，光子 B 的对角偏振态等于两个等量的量子可能性 H-偏振和 V-偏振的叠加，也就是(↗)=(↑)+(→)。而且，光学器件 U 的工作原理被设计为一个幺正过程(所以我们把它命名为 U)。也就是说，U 的内部不存在任何中间步骤来测量 A 或 B 光子，从而得知它们是 H-偏振还是 V-偏振。所以，对于 B 光子来说，它的 H-偏振和 V-偏振这两个量子可能性，会对 A 光子偏振态的变化产生等量的影响。最终从光学器件 U 射出的两个光子的合成态可以写成：

(↑)&(→)+(←)&(↑)

其中“+”号的意义还是“和……量子叠加在一起”。这就是我们想要得到的贝尔纠缠态。

贝尔纠缠态是如何违背定域实在论的？

假设有两个被制备在贝尔纠缠态的光子；然后，如果鲍勃和爱丽丝都选择使用 H/V 方案来测量这两个光子，也就是利用了在第 2 章中描述的由方解石晶体和探测器组成的实验装置;则他们将观测到相反的结果:如果鲍勃观测到 H-偏振,也就是对应了贝尔纠缠态中的(↑)&(→)部分,那么爱丽丝将观测到 V-偏振;如果鲍勃观测到 V-偏振,也就是对应了贝尔纠缠态中的(←)&(↑)部分,那么爱丽丝将观测到 H-偏振。

另一方面,如果鲍勃使用了 H/V 测量方案而爱丽丝使用了 D/A 测量方案,也就是说爱丽丝测量了对角和反对角偏振,那么在他们的测量结果中就不会有相关性:无论鲍勃是观测到了 H-偏振还是 V-偏振,爱丽丝都有 50% 的概率观测到 D-偏振或者 A-偏振。理解这一点很容易,我们可以再一次利用竖直偏振态等于等量的两个量子可能性 D-偏振和 A-偏振的叠加,也就是(↑)=(↗)+(↖)。

到目前为止我们谈及的相关性,都只使用了 H/V 或者 D/A测量方案,而得到的相关性也没有违背贝尔关系式。在这些例子中,相关性表现得和经典相关性类似。

然而,就像将在第 8 章中提到的那样,如果爱丽丝继续使用 H/V(或者 D/A)测量方案,而鲍勃使用 22.5°/67.5°这样的测量方案,那么测量得到的相关性将使好奇量 Q 的平均值达到 2.8。这个值超过了 2,所以违反了贝尔关系式。这个结果无法使用经典相关性结论来解释。

量子理论可以用来准确计算出 Q 的平均值为 2.8,完全符合实验结果。推理和计算的过程可以在相关文献中找到,在这里我不展开详细叙述。然而,任何基于定域实在论世界观的物理学理论都无法正确预测这个结果。很明显,量子理论包含的物理学原理完全不同于任何基于定域实在论的物理学原理。

关于一个量子组合体的组成部分，哪些是你可以知道的？

在 1935 年为量子理论引入纠缠态这个概念时，埃尔温·薛定谔说："如果两个分开的个体，每一个单独来讲都是完全已知的，它们一起进入了一个场景，在里面两者互相影响，然后把它们再次分开，于是就出现了……我们对这两个个体所知的'纠缠'。"

在量子物理学中"态"的实质意义：如果你知道一个量子组合体作为整体的量子态，也就是对这个量子物体的完整描述，那么你就知道了关于这个量子物体的一切。但是，关于这个量子物体的组成部分，我们又知道了什么呢？在这里，我们用物理学家伦纳德·萨斯坎德(Leonard Susskind)的话来解释：

> "关于一个量子组合体，就算你知道了所能知道的一切，可是你还是不知道组成它的所有个体成分的一切。"

这是一个非常有力度的说法。在经典物理学世界观里并没有相同的情况。当我们利用经典物理学的方法来思考时，我们自然而然地认为，为了要完全了解一个组合体，例如一对物体，我们需要知道关于这个组合体中每个成分的一切内容。对于量子组合体来说，却不是这样的，甚至从广义上来说，也做不到。在某种意义上来说，你无法完全知道量子物体的一切，这是因为你无法准确地预测所有测量结果。"不可能知道所有一切"这个原理也可以运用到量子组合体上——我们所能知道的一切都包含在量子态中，而量子态在上面的例子中也可以是纠缠态。

上述关于自然界的事实也许表达了纠缠态最深的含义。而且正是它使得上一节里提到的实验能够违反贝尔关系式。因此,我们总结如下:

一个组合体的纠缠态是一个量子态,它为整个组合体提供了一个完整的量子描述。但是,它却不能被分割成许多独立的量子态来作为这个组合体中每个组成部分的完整量子描述。

在实际情况中,知道了关于量子组合体所能知道的一切将意味着什么?

对于量子物体,我们无法确切地知道所有测量结果,比如偏振、位置、路径等。所以,在某种意义上,我们不可能知道关于量子物体的一切。但是,如果你知道了描述这个量子物体的量子态,那么,至少存在一个物理量,对于它的测量结果,你是可以100%预测成功的。

比如,假设一个光子处于水平(H)偏振态。如果你用一个方解石晶体来测量这个光子,而你选择的测量方案是"通过方解石晶体的光将分为水平偏振和竖直偏振两束光",那么你可以确切地预测这个光子将从H-偏振出光口出射并且被探测到。也就是说,你的预测将是100%成功的。

能够确切地预测某个特定实验的测量结果,就是我们所谓的"知道了所能知道的一切"的定义。我们的第一感觉是,事先知道单个问题的结果或答案并不能提供很多有用的信息。然而，仔细想想，事实却并不是这样。知道了这一点，对我们来说，就知道了这个量子物体所处的量子态。知道了量子态，那么如果我们测量许多制备在相同量子态的光子的任意偏振态，我们就能计算出测量结果的概率。比如，如果你知道一个光子的偏振量子态是 H-偏振（你刚刚在实验中验证了），你就可以预测在对角/反对角的实验方案下产生的两个可能的结果，D 或者 A，各有 50％的可能性。

对于一个量子组合体，比如一对光子，上述说法也成立：如果你知道了这个组合量子物体的量子态，那么你总是可以成功预测一个特定实验的测量结果。举个例子，假如你知道一对光子处于贝尔纠缠态，那么，你可以设计一个实验方案，并能准确地预测它的结果。图 9.4 显示了这样的实验方案。它利用了我们制备贝尔纠缠态的相反过程。把两个光子从反方向送入相同的光学器件，我们可以取消产生纠缠的过程，从而恢复两个光子的原始量子态（↑）&（↗）。然后我们就可以很简单地对单个光子进行测量，而测量结果是能被完美预测的：对于位于上方的光子，利用方解石晶体在 H/V 方案中测量它的偏振态，那么你会确切地知道测量结果将是 V-偏振。对于位于下方的光子，旋转方解石晶体，从而在 D/A 方案中测量它的偏振态，那么你会确切地知道测量结果将是 D-偏振。所以，在上述实验中你能确切地预测两个结果，基于这个事实，关于这个光子对组合体，你已经知道了所能知道的一切。

有一点我们需要强调：为了使上述实验成立，两个光子必须一起进入相同的光学器件，这也意味着它们必须在光学器件内部发生相互作用。这就导致了一个重要的认知点：举个例

图 9.4 贝尔纠缠态确认器：为了能完美地预测实验结果，你可以把光子对从右向左送入仪器来达到消除纠缠态的效果。然后你可以用方解石晶体来测量每个光子的偏振态。

子，如果鲍勃拥有其中一个光子，却拒绝把它和爱丽丝共享，那么爱丽丝就无法预测她的光子偏振态会得到什么样的结果。事实上，对于贝尔纠缠态来说，如果爱丽丝单独测量她的光子，那么观测到的结果可能是任何偏振方向，并且每个方向都具有相同的概率。也就是说，爱丽丝对于她所拥有的单光子所处的偏振态一无所知。如果鲍勃通过电话告诉爱丽丝："亲爱的，让我告诉你，这两个光子处于贝尔纠缠态，所以我们已经知道了所能知道的一切。"爱丽丝就会对鲍勃嗤之以鼻："你提供的信息对我来说一文不值。如果你继续藏着你的光子不放，那么我就无法对我的单光子偏振态做出一个可靠而完美的预测。"

什么是我们利用量子纠缠可以做到，而没有量子纠缠就做不到的?

量子纠缠除了可以让我们在实验中观测到违反贝尔关系式的、非常规的相关性以外，还使一些不直观的操作或者过程变为可能，其中的一些在通信和计算领域中具有应用价值。从这个意义来说，量子纠缠可以被认为是和能量一样有用的资源。

量子纠缠的一个潜在应用是增强计算机的计算能力，从而使其在合理的时间内解决某些计算难题。我们将在后面的章节中讨论量子计算机。

量子纠缠另外一个意想不到的用途是从一个地点隐性传送量子态到另一个地点。这并不意味着在不同地点之间隐形传送一个有形物体——就我们所知这是不可能的。而且，我们并不是在不同地点之间传送关于这个量子态的信息——这使用电话就可以做到。量子隐形传态的目标是把位于某地的量子物体的量子态转移或者传送到位于其他地点的另一个量子物体身上，而不用传送量子物体本身。

如果你确切地知道一个量子物体的量子态，你可以把这个信息通过电话或者电子邮件告诉远方的朋友，并在其中详细描述这个量子态就可以了。然后你的朋友，名字叫鲍勃，就可以制备一个处于这个量子态的新光子。这样做不需要用到量子隐形传态。但是更有趣的一个情形是，如果有一个人给了你一个量子物体，但不告诉你它所处的量子态，却要求你无论如何都要把它传送给鲍勃。这个要求看上去是不可能完成的，就像我在第 2 章中指出的，你无法复制一个量子态——在量子理论中被称作不可克隆定理——因为你不能通过测量来确定单个量子物体的量子态。我们在第 2 章中详细描述了这两个观点。所以，你无法通过在电话中详细描述量子态的办法，来指导鲍勃如何在他的实验室里重新制备或者模拟处于这个量子态的量子物体。

量子纠缠是怎样使量子态的隐形传送变为可能的？

量子纠缠为实现未知量子态的隐形传送提供了一个方法。

图 9.5 展示了一个这样的例子。假如,泽维尔教授(Professor Xavier)给爱丽丝发送了一个光子,他知道这个光子的偏振态,但是爱丽丝却毫不知情。我们把这个光子叫作 X 光子,并把它的偏振态记为(Ψ)。在图 9.5 中这个偏振态用一个状态箭头来表示。为了举例方便,我把这个箭头指向了某个角度。这个角度可以是 H/V 状态图中的任何角度,这只有泽维尔教授一个人知道。

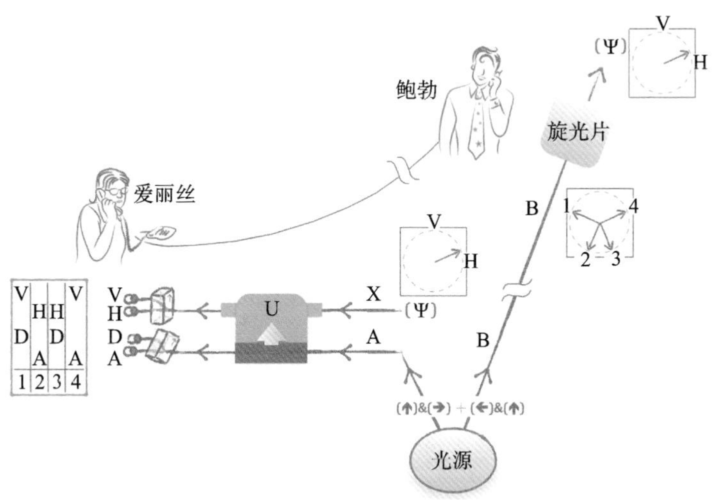

图 9.5 量子态的隐性传送示意图。X 光子的偏振态(Ψ)被爱丽丝传送至鲍勃,而 X 光子本身却没有被送给鲍勃。

在不知道这个光子的量子态的情况下,爱丽丝想要把它传送给鲍勃。在爱丽丝可以开始隐形传送之前,她和鲍勃需要各自拥有处于贝尔纠缠态的光子对中的一个光子,我把它们分别称为 A 和 B。这个纠缠光子对是在光源处制备的,其中一半传送给爱丽丝,另一半传送给鲍勃。(制备纠缠光子对的过程需要一定的时间,所以请提前预订!)当爱丽丝收到光子 A 且鲍勃收到光子 B 以后，他们就准备好隐形传送光子 X 的量子态了。

首先，爱丽丝把光子 A 和光子 X 一起送到图 9.4 所示的贝尔纠缠态确认器中。和以前一样，如果光子 A 是 V-偏振，这个设备将改变光子 X 的偏振态(H↔V)；如果光子 A 是 H-偏振，它将不会改变光子 X 的偏振态。因为光子 A 和光子 B 已经处于贝尔纠缠态，所以现在三个光子 A、B 和 X 都纠缠在一起。但是，到目前为止，除了知道光子 A 和 B 是纠缠的以外，鲍勃对整个系统一无所知。

其次，爱丽丝在 H/V 方案下测量光子 X，以及在 D/A 方案下测量光子 A。图 9.5 中的列表显示了爱丽丝测量结果的四种组合：VD，HA，HD，以及 VA。这些组合被分别标记为 1、2、3 和 4。量子理论显示，对于每一种组合，鲍勃所拥有的 B 光子将会被保留在一个特定的量子态中。如果泽维尔教授一直关注着这个过程，那么他将会完全知道这些量子态。在图中，和这四种组合相对应的状态箭头显示在鲍勃的身边，虽然他对此还是一无所知。爱丽丝通过测量结果知道了光子 B 的量子态是怎样和泽维尔教授传送给她的原始光子 X 联系起来的，不过她并不知道光子 B 真正的量子态。

再次，爱丽丝打电话给鲍勃，告诉他，在四种组合中她观察到了哪一个。现在，因为鲍勃了解隐形传送背后的原理，所以他知道他的光子 B 和爱丽丝从泽维尔教授那里获得的光子 X 之间的关系。如果爱丽丝告诉鲍勃结果是 4，那么鲍勃确信光子 B 可以用原始光子 X 的量子态来描述，虽然他并不知道这个量子态是什么。如果爱丽丝告诉鲍勃结果是 1，那么光子 B

的量子态和原始光子 X 的量子态并不相同。然而，鲍勃确信，只要把光子 B 的偏振箭头在竖直方向做镜像翻转，得到的光子 B 就可以用原始光子 X 的量子态来描述。对于另外两种情况，2 和 3，同样可以通过简单地改变光子 B 的偏振态从而使它的量子态和原始光子 X 的量子态相同。鲍勃使用一个被称为旋光片/波晶片的光学器件来实现上述操作。鲍勃必须根据电话中爱丽丝提供的信息来设置这个光学器件的功能。当这些操作都完成以后，量子理论保证原始 X 光子的偏振量子态可以完美地描述 B 光子。

在上述隐形传送完成后，X 光子已经无法被其原始量子态描述了。所以，这个量子态被"隐形地"从一个光子传送到了另外一个光子上。在爱丽丝或者鲍勃对这个量子态一无所知的情况下，他们实现了量子态的隐形传送。同时，他们也没有在爱丽丝的实验室里留下这个量子态的复制品。自从 20 世纪 90 年代以来，这种类型的实验已经被成功地操作了很多次。

在爱丽丝那里发生的事会影响鲍勃那边吗?

不会。无论爱丽丝做什么，她都不可能影响或者改变鲍勃那边的光子的量子态。在某种意义上来说，这种情形可以被想象成类似前面红球和蓝球的例子。如果爱丽丝和鲍勃各有一个球，但却不知道是哪一个球。然后爱丽丝确定了她的球的颜色或者状态，于是她也知道了鲍勃的球的颜色或者状态。在这里没有任何物理机制在起作用，只是某个信息为爱丽丝所知。

需要承认的是，量子物理学对隐形传态的解释更加微妙：

一个量子态并不和预先存在的性质——比如测量偏振的结果——一一对应。即便如此，在量子理论中，对于一个量子叠加态来说，其所包含的不同的可能性之间具有确定的关系。这些关系取代了我们在理解颜色小球这个例子时所使用的简单逻辑。比如，如果爱丽丝观测到的结果是3，那么她从量子理论中知道状态箭头3可以完美地描述鲍勃的光子。

需要注意的一点是，如果鲍勃在使用旋光片/波晶片之前，用一个H/V方解石晶体来测量他的光子，那么他将观测到相等数量的水平偏振和竖直偏振结果。从爱丽丝那里获得的信息根本无法改变鲍勃的观测。量子理论只是预测了鲍勃和爱丽丝的测量之间所存在的相关性。

在违反贝尔关系式的实验里，任何关于定域的或实在论的理论都错误地预计了观测到的相关性。这样的事实会让一些人认为，爱丽丝和鲍勃之间必定存在一种因果关系。这样的想法是错误的。量子理论——我们所知仅有的、正确地预测了贝尔相关性的物理理论——认为在两个相距遥远的事件之间并不包含这样的因果关系。当然对于这样的机制，我们也不需要用到量子理论。

量子态的隐形传送是瞬时的吗？

不是的，量子态的隐形传送不是瞬时的。实验需要用到的纠缠光子对A和B，可以在操作步骤开始前准备好。实验需要花多少时间来准备这个光子对在这里并没有关系，爱丽丝只要提前准备好它们就行。然后，爱丽丝完成量子态的隐形传送需要的最短时间包括她进行测量的时间,以及把结果告诉鲍勃的时间。她可以使用电话,或者用电报方式。虽然爱丽丝在完成她的实验时就立即知道了结果,也就是说她比鲍勃知道得更早,但是,对于鲍勃来说,在收到爱丽丝的信息之前,她的实验结果是没有用的。在这个实验中,信息的传递速度不会超过光速。

人类可以被隐形传送吗?

尽管大多数物理学家相信,所有的物体都遵从量子物理学定律,并在原则上是可以被隐形传送的,但是想要把一个人的量子态从一个地方隐形传送到另一个地方,几乎是不可能的。假设爱丽丝和鲍勃想要隐形传送一个名叫苏鲁(Sulu)的人。让我们想象一下,为了要做到这一点,哪些是必须的呢?前面提到,在量子态的隐形传送中,事物没有被传送,仅仅是量子态被传送了。所以,在目的地,鲍勃需要提供一堆原材料,比如碳原子、氧原子、氮原子等,并且按照接收量子态的顺序安排好它们。爱丽丝和鲍勃大概需要用到 10^{26} 个纠缠原子对作为必需的材料,因为苏鲁的身体里的每个原子都需要一对。每个纠缠原子对将和从苏鲁身上剔除的一个原子一起送入贝尔纠缠态确认器,然后爱丽丝将通过电话告诉鲍勃 10^{26} 个测量结果。鲍勃收到这些信息后,使用一个量子态旋光片对原材料堆里的每个原子进行处理,同时还必须完成一个无法想象的工作:用正确的顺序装配苏鲁的所有新原子。

如果爱丽丝传送给鲍勃的信息,使用了每秒万亿字节的传输速度,即使这个速度已经远远超过了现代技术所能达到的极限，但把所有测量结果都传递给鲍勃还是需要花费上百万年的时间。除了需要等待如此长时间之外，处理和控制如此庞大数量的原子，就算只是在原则上能做到，也已经完全超出了我们的想象。

量子态的隐形传送有什么用？

如果在某种情况下需要快速地（尽管不是瞬时地）把一个量子态从一个地方转移到另一个地方，量子态的隐形传送就很有用。目前它只在很少的场合下有实际的用途。在未来十年左右的时间里，量子技术将突飞猛进，这样的需求也会越来越多。一个未来可行的用途是在量子计算机之间传递量子信息或者数据。科学家们正致力于建造这些量子计算机，用来处理所谓的量子信息。这个主题将在第 11 章中进一步展开讨论。

10　应用——量子计算

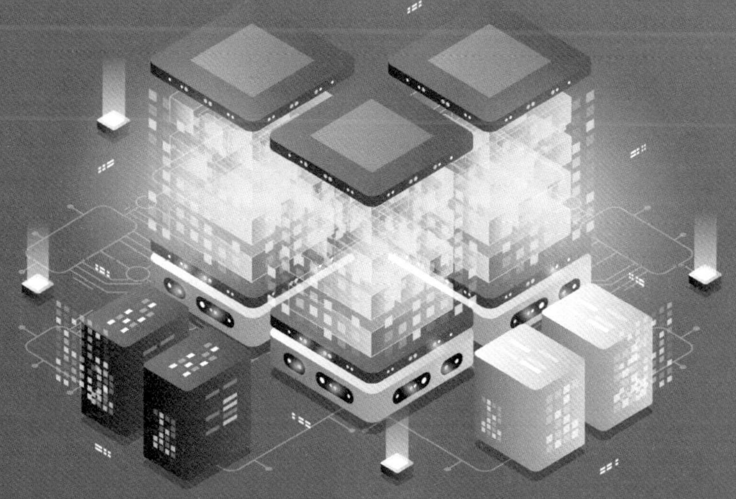

信息是有形的吗?

计算机科学家、物理学家罗尔夫·兰德尔(Rolf Landauer)认为,信息是物质世界的一个方面。他详细地阐述了他的主张:“信息不是一个不具形体的、抽象的实体;它总是和一个物理表现联系在一起。在石碑上刻字,一个(磁)自旋,一个电荷,一张穿孔卡片,一个纸上的标记,等等,都是信息的表示。通过这样的方式,处理信息的过程就和我们的真实物理世界及其物理定律可用的自然物质宝库里所有的可能性和局限性联系在一起。”

如果信息真的像兰德尔所说是“有形的”,那么看上去我们有必要用量子力学来处理它。也就是说,在讨论存储、处理和计算信息的物理方式时,我们应该考虑使用量子理论。

什么是计算机?

计算机是一台机器,它接收和存储输入的信息,然后根据一个可编程的步骤来顺序地处理这些信息,最后给出一个结果性的信息作为输出。“computer”这个词,在 17 世纪第一次出现时,指的是专门进行计数或者计算的人;而现在它指的是一台可以进行计算的机器。这样的机器大致被分为四类:

(1)经典机械式计算机。这种机器的工作原理是使用一些移动的部件来进行计算,包括杠杆和齿轮。通常情况下,它不是可编程的,只能执行相同的任务,比如数字的加法。1905 年出现的巴勒斯计算机就是一个例子。

(2)经典机电式、完全可编程计算机。这种机器使用了大量的、受电子元件控制的可移动部件——机电开关。这些开关所处的位置代表了数字位码。计算机的主要作用就是处理存储在这些数字位码中的各种信息。康拉德·楚泽(Konrad Zuse)在1941年制造出了第一台这样的机器。原则上,这种计算机的可编程性保证了它可以解决任何在代数范畴里有解的问题。从这个意义上来说,这是第一代"通用"计算机。

(3)全电路、量子-经典混合态计算机。在这种完全可编程的通用计算机里没有任何可移动的机械部件,它的操作是通过电路完成的。1946年,来自宾夕法尼亚大学的约翰·莫克利(John Mauchly)和J.普雷斯普·埃克特(J. Presper Eckert)设计并制造了第一台这样的计算机。在这种机器里,描述电子在电路中"运动"的物理原理源自量子物理学。但是,由于在不同的电路元件(电容器、三极管等)里,电子之间不存在叠加态或者纠缠态,因此,使用经典物理学就足以描述代表信息的电子态。所以,我们把这些机器叫作"经典混合态计算机"——它几乎包括了所有当今常见的计算机。

(4)量子计算机。如果这种机器成功问世,那么它的工作方式将在本质上使用量子物理学的原理。单电子或者其他基本量子物体的量子态将被用来代表信息,同时,在不同元件里所涉及的量子物体可以处于纠缠态。人们预计,利用这样的计算机来解决某类问题,其速度将远远超过当代经典计算机的极限。

计算机是怎么工作的?

就像我们在第3章中提到的,计算机使用“二进制”语言来存储和处理信息。这个二进制语言仅仅包括了两个字符:0和1。它的值只有两种可能,因此每个1或者0的字符被称作二进制码,简称“位码”。一页文字,就像你现在正在阅读的,在计算机里用一长串数字来表示。每个字母都被一个字符串所代表,比如,字母A是01000001,字母B是01000010,等等。

在常见的计算机中,存储在小小的元件中的电子数量代表了每一个位码,这个元件被称为电容。你可以把电容想象成一个盒子,它可以容纳一定数量的电子,有点像超市里用来装大米的容器。每个电容被称为一个存储单元。比如,一个电容最多可以容纳1000个电子。如果这个电容所容纳的电子等于或者接近最大容量,我们就说它代表的位码值是1。如果这个电容不含电子或者只含少量电子,那么我们说它代表的位码值是0。电容处于半满状态是不被允许的,而电路的设计也保证了这种情况不会发生。当八个这样的电容(其中每一种电容要么是满负荷,要么是空的)聚集在一起时,它们就可以代表任何一个八位码数值,比如01110011。

在计算机里,电路的作用就是根据一套设定的规则来填满或清空这些电容。这样的规则被称为程序。最终,通过填满或清空这些电容的操作,计算机能够完成预定的操作,比如把两个八位码数字相加。在一台计算机里,上述操作由叫作“逻辑门”的微小计算电路完成。每个逻辑门由硅和其他元素组成,这些元素被排列成某种方式，根据逻辑门周围的电场来决定是否让电荷通过。逻辑门的输入是位码值，由满电荷的电容（1）或者空电容（0）所代表（“门”这个词就是指让东西进出的意思）。

当要制造一台通用计算机时，我们有很多种不同的方法来选择一套逻辑门。在这里，我将集中精力讨论一种特殊的设计，它使用了{异或，与}逻辑组合。在这个设计中，制造任何通用计算机都只需要用到两种门电路：与门和异或门。每一种门都有一套自身的“规则”，如图 10.1 所示。

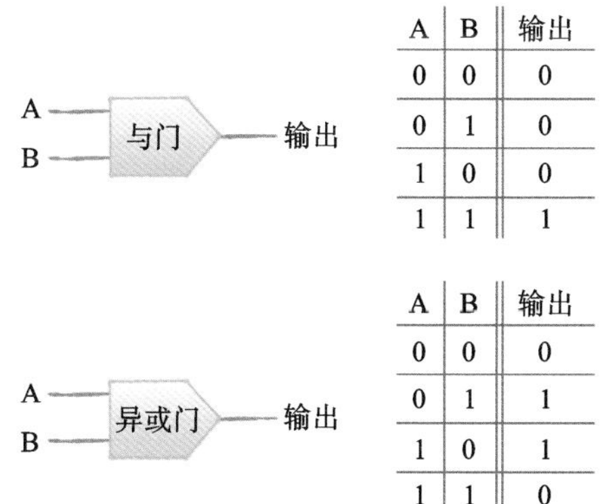

A	B	输出
0	0	0
0	1	0
1	0	0
1	1	1

A	B	输出
0	0	0
0	1	1
1	0	1
1	1	0

图 10.1　与门和异或门示意图。每一种门操作都有把两个输入变成一个输出的一套规则。

一个与门有两个输入端，分别叫作 A 和 B。只有在两个输入都等于 1 时，与门的输出才是 1。其他情况下，与门的输出都是 0。

一个异或门也有两个输入端。如果两个输入的值相同（00 或 11），那么异或门的输出是 0；如果两个输入的值不同（01 或

10)，那么异或门的输出是 1。

在这里，有一个重要的现象是，逻辑门的操作是不可逆的。也就是说，就算你知道输出，你还是无法推断出逻辑门的输入。

图 10.2 举了一个例子，显示了怎样把不同的逻辑门组合串联起来从而完成一个特定的操作。将一个与门和两个异或门通过特殊的方式组合起来，并将它们的输出结果显示在图表(真值表)中。如果任何一个输入或者两个输入都是 1，那么输出是 1。否则的话，输出就是 0。整个操作通常被称为一个“或”门，或者被称为“同或”门会更加确切。如果你想的话，可以顺着步骤，计算出与每种输入相对应的输出，来证明或门的操作。

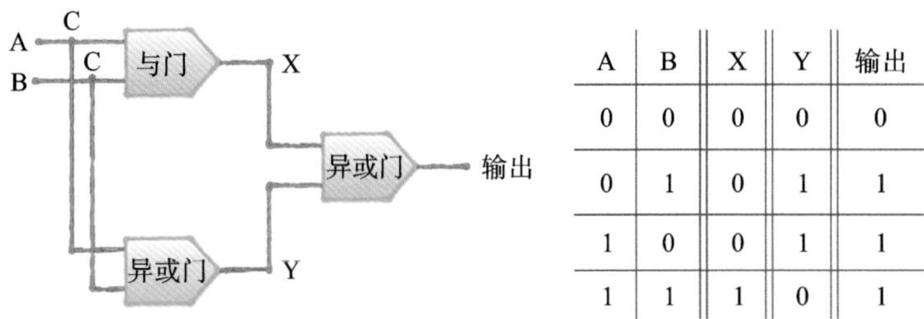

A	B	X	Y	输出
0	0	0	0	0
0	1	0	1	1
1	0	0	1	1
1	1	1	0	1

图 10.2　由一个与门和两个异或门构建而成的一个或门。

在上面的例子中，逻辑门电路有三个主要操作：首先，在标记为“C”点的地方对两个输入位码 A 和 B 进行复制。这些复制的位码被相应送到第一个和第二个逻辑门的输入端。在经典计算机的电路中，复制位码的操作很常见，只要获知电子数量，然后酌情添加或减少电子就能完成复制。其次，这两个逻辑门的输出端被送到第三个异或门的输入端。最后，这个异或门根据它的输入位码值给出输出。

我们注意到，或门的输出端的数量(1 个)少于其输入端的数量(2 个)。这意味着或门的操作也是不可逆的：即便知道了输出，你还是无法推断出两个输入端的位码值。

单个逻辑门可以有多小？

在早期的全电路计算机中，比如 20 世纪 40 年代制造的埃尼阿克(ENIAC，意思是“电子数字积分计算机”)，单个逻辑门由一个真空管做成，有点像现在还在使用的、有仿古风格的吉他放大器中的放大管。每个真空管至少有你的拇指那么大。到了 20 世纪 70 年代，集成电路的技术革命使每个逻辑门的大小缩小到大概 1 毫米的 1%。随着逻辑门的尺寸进一步变小，最佳的测量长度单位变为纳米，1 纳米等于 1 毫米的 0.0001%。在 20 世纪 70 年代，逻辑门大概是 10000 纳米。相比之下，一个作为计算机电路里最主要元素的单个硅原子大约只有 0.2 纳米。到了 2012 年，在一个普通计算机里，单个逻辑门的尺寸已经非常小，可以做到两个相邻逻辑门的间距不超过 22 纳米，换句话说，大约是 110 个原子的距离。而一个逻辑门的实际工作区域小于 2.2 纳米，或者 11 个原子的厚度。这使得在拇指大小的区域内可以有几十亿个存储单元和逻辑门。

想要把逻辑门的尺寸进一步缩小，这其中既有“诅咒”，又带有祝福。我们将会离开多原子物理领域，进入单原子物理领域。于是，在描述多原子的平均表现时使用的经典物理学原理，和处理单原子时需要用到的量子物理学原理，两者之间的差异会越来越明显。我们将进入一个具有随机现象的领域，这听上去并不让人乐观，因为你试图让一台井然有序的机器来完成你的各种数学指令。

事实上，来自澳大利亚新南威尔士大学量子计算和通信中心的科研小组，在中心主任米歇尔·西蒙斯（Michelle Simmons）的带领下，制造了史上最小的逻辑门。它是由嵌入硅晶体槽内的单磷原子组成。但是，这个逻辑门只有在超低温下才能正常工作：−273 ℃。如果这个材料不是那么冷，硅原子在晶格中的随机（热）运动将破坏其对电子 psi-波函数的限制，从而电子就可以从受限的硅晶体槽中逸出。可是，对于每天使用的计算机来说，所有的逻辑门需要在常温下操作。所以，上述单原子逻辑门因为电子的逃逸而无法成为常规技术的基础。然而，这样的实验也证明了，至少从原则上来说，我们可以在原子尺度上建造计算机，而在这样的尺度上，量子物理学恰恰处于技术前沿。

我们可以创造出使用内在量子表现的计算机吗？

鉴于物理学原理决定了信息的存储、转移，以及处理的终极状态和性能，我们自然而然地会问，量子物理学是怎样在信息技术领域里起作用的呢？因为电子计算机依靠电子的性质，而通信系统依赖光子的性质——两者都是基本粒子——我们不难发现信息技术的性能最终是由量子物理学决定的。但是，上述说法很微妙。就像我前面解释的一样，今天使用的计算机技术不涉及利用量子叠加态来表示信息。它们利用的是有形材料的经典态，也就是一组电子的状态。

在过去的40年里，人们提出了一个新的问题：如果信息技术利用的是量子态，也就是涉及量子叠加和纠缠，这种态有没有任何优势呢？在第3章中我们已经看到，在保密通信这个领域里，这个问题的答案是肯定的："有！"我们看到，利用单光子偏振态来代表位码，我们可以设计出一个系统，其中两个用户可以用绝对安全的方式得到加密信息所必需的密钥。

然而，更难的一个问题是，我们能不能创造出利用量子态的计算机，来提高我们解决实际问题的能力？如果这样的计算机被制造出来，它们不仅能解开某种常用的数据加密方式，而且所用的时间将远远小于现代计算机所能达到的极限。这样的计算机将为计算机和互联网的隐私和保密领域带来一场革命性的变化。试想一下，使用普通计算机解开一个密钥需要花上千年的时间，而使用量子计算机却只需要几分钟！

什么是量子比特？

比特①这个词既可以用来指信息内容里抽象化、无实体的数学概念，也可以指包含信息的物理实体。在经典物理学中，信息的一个"物理比特"很明显地携带一个"抽象比特"。也就是说，物理比特的态和抽象比特的值，0或者1，有着直接的一一对应关系。

我们还可以使用单个量子物体，比如电子或者光子，来代表比特。在这种情况下，一个基本量子物体被称为一个量子比

① 在经典物理学理论中，我们称之为位码。——译者注

特。它有两个可能的量子态，比如：光子的 H-偏振态和 V-偏振态，光子通过的上路经和下路径，等等。当这个量子物体被测量时，测量结果可以代表比特值 0 或者 1。但我们知道，对于一个光子，我们可以选择不同的测量方案，比如 H/V 或者 D/A。那么测量结果就可能是随机的，其产生的概率和选择的测量方案有关。在这种情况下，物理比特的态和抽象比特的值，0 或者 1，就没有直接的一一对应关系。

量子物理学原理暗示，经典位码和量子比特之间存在着巨大差异：经典位码可以被随意复制无数次，而不影响信息的保真性；量子比特的量子态可以被隐形传送，但它却不能被复制或者克隆，哪怕一次也不行。一个经典位码的值，0 或者 1，可以由一次测量所决定；而一个量子比特的量子态却不能通过任何系列的测量来决定。

哪个物理原理区分了经典计算机和量子计算机？

经典计算机和量子计算机使用的逻辑门之间有很大的差异。经典计算机逻辑门的操作是不可逆的：知道了逻辑门的输出，你还是不知道输入是什么。相反地，适用于量子比特的逻辑门的操作却必须是可逆的。也就是说，如果知道了量子逻辑门的输出，那么你肯定可以确定它的输入。这个要求必须得到满足，因为任何量子逻辑门操作必须是一个幺正过程。

我们在第 4 章中定义了什么是幺正过程。简单回顾一下，我们使用幺正这个词来指代那些物理过程或表现，它们不能被分割成一些单独的具有确定而可测的结果的步骤。我们举的主要例子是，从放射源射出的电子或光子可以通过两条不同的路径到达终点。我们当时强调，如果电子没有留下永远的痕迹来暗示它走的是哪条路径，那么，我们不能简单地认为，电子要么走了这一条路径，要么走了另一条路径，更不能说电子同时走了两条路径。电子从一个地方离开，然后到达另一个地方，整个过程必须要被考虑成一个无法分割的统一过程——也就是一个幺正过程。

量子计算机会使用哪些逻辑门？

从 20 世纪 90 年代初以来，科学家们致力于研究如何利用量子叠加态和纠缠态来建造量子计算机，并且研究它的最佳用途是什么，以及如何对这些研究结果进行理论化。这几个问题都不容易回答，并且到目前为止，也都没有被彻底解决。另一方面，科学研究已经取得了巨大的进步，足以让人相信，在不久的将来，也就是 10 到 20 年之间，量子计算机将有可能成为现实。

一台量子计算机把一些量子比特作为输入，然后根据程序员设计的程序来对这些量子比特进行一系列的逻辑门操作，然后把变更后的量子比特作为输出。为了保证上述过程是一个幺正过程，输出端的量子比特数目必须和输入端的量子比特数目相等。

一个设计者可以从多套不同的逻辑组合中选择一套来组建量子计算机，这个过程与组建经典计算机类似。在这里，我将集中精力讲解和经典计算机里用到的{异或，与}相类似的逻辑组合。也就是说,对于量子计算机,我们将采用所谓的{量子异或,量子旋转}组合。与它们对应的,被称为“量子异或”和“量子旋转”的两种量子逻辑门。通过使用它们,至少在原则上我们能造出一台通用量子计算机。那么,这两种量子逻辑门又能做什么呢?

首先,我们需要把一个量子比特中两种可能的量子态用 0 或者 1 表示。比如单光子的 H-偏振和 V-偏振量子态。另一个例子是单电子的位置,它被限定在两个可能的位置之一,上方或者下方。量子计算机的普通操作原理和选择哪个实体作为量子比特无关。

图 10.3 显示了量子异或门。其中的数值和图 10.1 中的一样。在这个量子异或门里,量子比特 B 穿过这个逻辑门,而不是像在经典情形里那样被丢弃掉。这就使得量子异或门是可逆的,也就是一个幺正过程。换句话说,它的输出和输入一一对应。

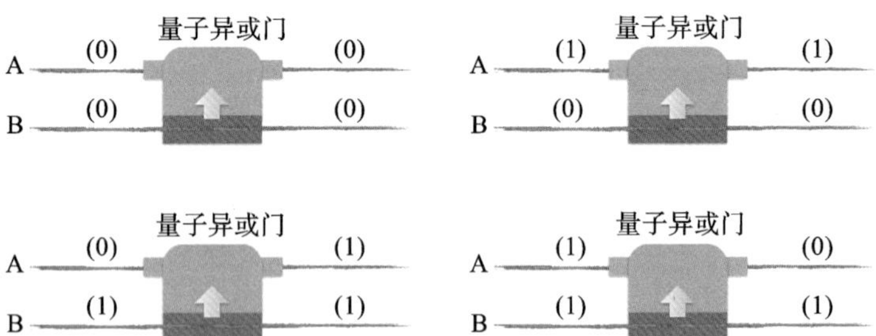

图 10.3 量子异或门的逻辑操作图。量子比特 B 控制这个异或门来改变量子比特 A 的量子态。

一个理解量子异或门的好办法,是认为量子比特 A 的输出被量子比特 B 控制，如图 10.3 中量子逻辑门里的箭头所示。如果量子比特 B 的量子态是(0)，那么量子比特 A 通过逻辑门时不会有任何改变。但是，如果量子比特 B 的量子态是(1)，那么量子比特 A 的量子态将从(0)变为(1)，或者从(1)变为(0)。

到目前为止，我还没有指出量子异或门和经典异或门之间的真正区别。现在，我就点出其中最重要的一点：如果作为"控制"的量子比特 B 所处的量子态是(0)和(1)的叠加态，那会怎么样呢？如图 10.4 所示的情形，在逻辑门的输入端，量子比特 B 的量子态是(0)+(1)，而量子比特 A 的量子态是(1)。量子比特 B 的两种可能性(0)和(1)都能影响量子比特 A。量子比特 B 中的(0)将使量子比特 A 不变，而(1)将使 A 的量子态从(1)变为(0)。所以，量子异或门的输出将是(1)&(0)+(0)&(1)。这是两个量子比特的纠缠态。也就是说，这个纠缠态是{量子比特 A 处于量子态(1)而量子比特 B 处于量子态(0)}和{量子比特 A 处于量子态(0)而量子比特 B 处于量子态(1)}叠加在一起的量子态。

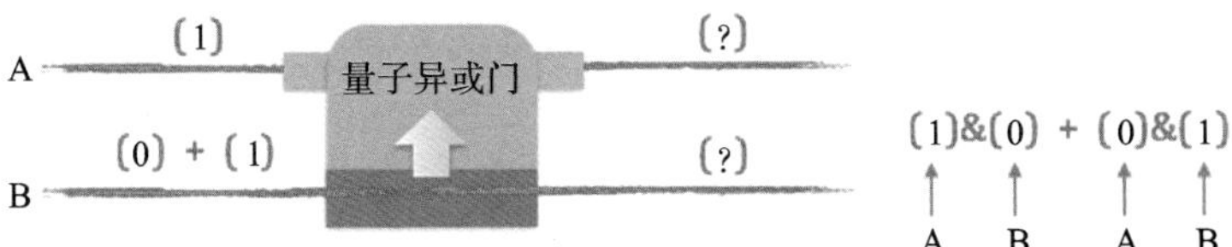

图 10.4 通过把量子叠加态输入到量子异或门的 B 端，从而在输出端获得量子纠缠态。

图 10.4 中的量子异或门输出的量子态是贝尔纠缠态的一种，我们在第 9 章中已经详细讨论过。事实上，量子异或门和

我在图 9.3 中展示的贝尔纠缠态制备器是相似的。为了能看到这一点，让我们选择特定的方式来代表量子态。假设我们的量子比特是光子，它的竖直偏振态(↑)代表它的量子态(1)，而它的水平偏振态(→)代表量子态(0)。于是，量子异或门输出的量子态是：

$$(\uparrow)\&(\rightarrow)+(\leftarrow)\&(\uparrow)$$

这也就是我们在第 9 章中讨论的贝尔纠缠态。

上面这个例子告诉了我们，量子计算使用的逻辑门和用来获得并确认贝尔纠缠态的光学器件之间具有紧密的联系。更进一步讲，在第 8 章中我们看到，贝尔纠缠态对于实验测试贝尔关系式是至关重要的，而观测到违反贝尔关系式则证实了定域实在论不是一个正确的世界观。正是这种宣告了定域实在论无效的量子相关性，才使得量子计算成为可能。

第二种所需的逻辑门是量子旋转门，或者简称量旋门，它的作用显示在图 10.5 中。这个逻辑门有一个输入和一个输出，它是可逆的，也是一个幺正过程。如果输入的量子态是(0)，那么它的输出则是(0)和(1)等量的叠加态，或者说状态箭头指向了对角方向。如果输入的量子态是(1)，那么输出态也是(0)和(1)等量的叠加态，但是状态箭头指向了反对角方向。两个状态箭头的分量值 a 和 b 的长度都约为 0.707(即 $\sqrt{1/2}$)。根据玻恩定理，这意味着如果测量这两个量子态，得到的(0)或者(1)的结果的概率都是 0.5，或者 50%。

这两个输出的量子叠加态和对角与反对角偏振量子态相

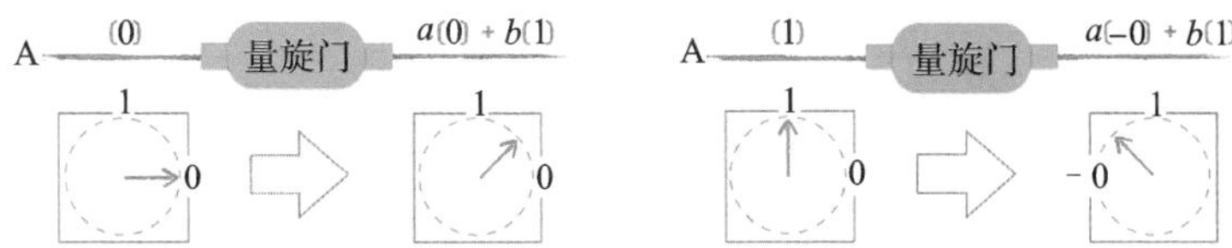

图 10.5 量子旋转门(量旋门)制造了一个由(0)和(1)量子比特所组成的量子叠加态。图中的箭头旋转示意图和偏振态示意图相似。

似。如果我们用光子的偏振态来代表量子比特,那么,只要使用一个特殊的光学晶体就能很轻松地实现量旋门的操作:这个晶体把输入量子态的偏振箭头沿着逆时针方向旋转45°。

从事量子计算的理论物理学家们已经证实,如果把量子异或门和量旋门有序地结合起来,使用量子比特就能实现任何类型的量子计算。

我们将如何操作量子计算机?

一台经典计算机的工作方式如下:首先以一组位码的形式指定输入数据,然后将这些位码送到中央处理器,中央处理器再使用与计算机程序对应的一系列逻辑门对这些位码进行操作;最后在输出端读出每个输出位码的值。图10.6展示了上述操作。输入数据被"加载"到内存中,然后这些数据被送入由很多逻辑门组成的处理器。图中的例子显示了一个加法回路,其中通过对输入位码进行多次逻辑操作,获得了一个输出,它被储存在指定的内存位置中,可以随时被读取。在这个例子中,数字5(在二进制中是0101)和数字2(在二进制中是0010)被送到处理器中,在输出端是二进制的0111,它和数字7相对应。这个加法回路实现了简单的算术:5+2=7。在我们的讨论中，具体的逻辑门配置并不重要，我们也不会去追究其中的细节。

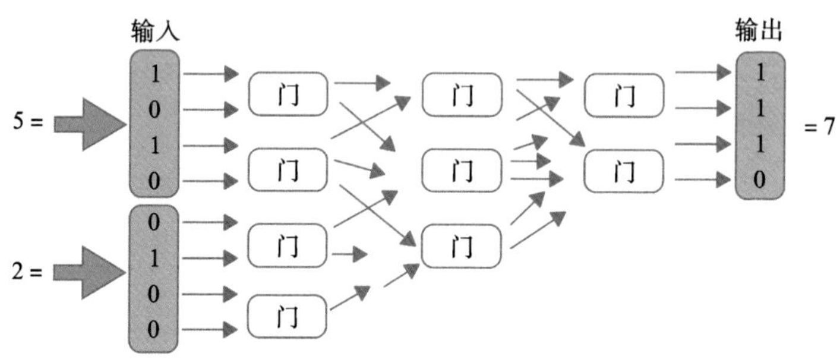

图 10.6 加法电路完成 5+2=7 的加法操作。

一台量子计算机则是利用了一组量子比特作为输入数据，每个量子比特的量子态是完全已知的。然后将这些量子比特送入一个量子处理器，量子处理器再使用与一个程序对应的一系列量子逻辑门对这些量子比特进行操作，之后输出端测量量子比特。

经典物理学和量子物理学情形的巨大差别在于，只有在量子情形下才有叠加和纠缠的状态。量子态在整个计算机回路中自始至终存在的必要条件是，所有的量子逻辑门的整体操作是一个幺正过程。然而，只有在回路内部无法得知任何量子比特值(0 或 1)的过程，才被认为是幺正的。在第 4 章中，我们讨论的例子是电子在具有两种可能路径情况下的"运动"过程。如果利用当时所使用的语言，我们可以说，量子比特在经过量子逻辑门时，不会被测量，也不会留下关于其比特值的永久性痕迹。我们提到过，量子可能性由叠加态代表，它们不和真正的比特值或者结果相对应，而是对应了在量子物理学之下有可能出现的结果。对于一个幺正过程来说,输出端的量子比特数目必须和输入端的量子比特数目相同,如图 10.7 所示。这同时也使得量子计算的过程是可逆的。

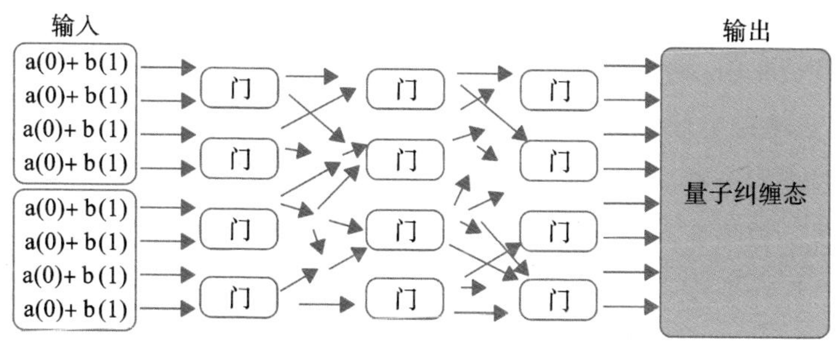

图 10.7 量子加法回路中,输入端的量子比特处于量子叠加态。

量子计算机的优点在于,它可以把叠加态作为输入。所以,与其在输入端只加载两个数字,比如 5 和 2,我们可以变得更加聪明一点:把 0(二进制 0000)到 15(二进制 1111)中间的所有数字同时加载到输入端。图 10.7 显示了如何实现这些操作:把每个输入的量子比特制备在量子态 a(0)+b(1),使分量 a 和 b 都约等于 0.707。根据我们在第 2 章中讨论的玻恩定理,这意味着如果我们进行一次测量,测量结果为(0)和(1)的概率都是 0.5。但是,我们在这里还不想进行测量;这样做会使这个过程不再是幺正的。我们必须等到量子比特从逻辑门回路中输出后再进行测量。这个逻辑门所输出的量子比特处于一个巨大的纠缠态中,其中的信息包含了所有 0 到 15 中任意两个数字的和。

但是,这里有一个难点:当你在输出端测量量子比特时,你将观测到随机数值,这一点和纠缠态中的玻恩定理一致。因此，你将没有办法得知，在量子计算中所有加法关系的和。进而，我们很容易看到，为了能妥善利用量子计算中出现的量子纠缠，我们需要找到更聪明的办法。

在试图解决这个问题的科学家中，最聪明的是彼得·肖尔(Peter Shor)。在1994年，他提出了一种方法来为量子计算机(虽然只是假想性的、虚构的一台机器)设计一个程序，用它可以进行一种非常重要的计算，也就是对大数字进行质因数分解。我将在下一节中讨论这个话题。

为什么质因数分解很难?

快，哪两个数字相乘得到15? 如果你想到了答案，那么你就解决了叫作质因数分解的一类问题。快，哪两个数字相乘得到35? 这两个例子很容易，不是吗?

我们知道，质数是指在大于1的自然数中，除了1和它本身以外不再有其他因数的自然数。快，哪3个质数相乘会得到105? 你也许需要一些时间才能计算出最终答案[①]。下面让我们一起来讨论一个真正难的问题：哪些质数相乘会得到435326987788326224726361413473201911779074265430773? 我的笔记本电脑上有一个找质因数的程序。它在不到1秒的时间内找到了这个51位数字的质因数，给出的答案是：

$$4788445733 \times 548746972649 \times 87994023186917 \times 1882763238063157$$

① 答案是3×5×7。

我使用笔记本电脑里的程序，对上千个不同长度的数字进行了质因数分解。我发现，平均而言，解决一个 N 位数字的质因数分解所需的时间大约等于 $2^{N/3}$ 乘以 1 毫秒（即 0.001 秒）。举个例子，一个 12 位的数字平均需要 2^4 即 16 毫秒的时间，这根本不算长。但是，问题难在这里：求解一个数字的质因数所需的时间和这个数字的长度的序列呈指数增长。也就是说，数字的长度每增加 3 位，解决质因数所需的时间就增加一倍。具体的序列是：1,2,4,8,16,32,64,128,256,512,…

这个指数级增长的序列，不禁让我想起了古印度的一个寓言故事：有一天国王和一个智者下棋，国王说，如果智者赢了，他可以要求任何赏赐。这个智者说，他只要一些米：在棋盘上的第一格放一粒米，第二格放两粒米，然后，后一格的数量总是前一格的两倍。国王说："没问题！"但是当他意识到米粒数以指数增长，第 64 格的米粒数目将达到一个天文数字——2^{64} 约等于18000000000000000000粒米，也就是大约 2100 亿吨米时，

国王和智者

这个国王目瞪口呆。

对于一个 60 位的数字，指数量 $2^{N/3}$，等于 2^{20}，也就是差不多 100 万。把这个数字乘以 1 秒的 1/1000，那么求解一个 60 位数的质因子大概需要 1000 秒的时间。这还不是很糟糕，因为计算机可以用飞快的速度执行每个计算步骤。然而，指数级的增长总会让任何计算机都有不够用的时候。使用我笔记本电脑里的程序，求解一个 171 位数的质因子将平均需要 10^{14} 秒。这个时间等于宇宙的年龄！下面就是 171 位数的一个例子，而我的笔记本电脑将不太可能发现它的质因数：

2011941382682806849295925941302824168624073409763-2982855970484357884323935164259166946211341313731 5493-9568862705934031711565340294430046090568901832899727-28571927830356180

这并不是说，任何计算机程序都无法在合理的时间内解开这个数字的质因数。事实上，在 2009 年，通过花费两年的时间在 200 台超级计算机上运行一个最优化程序，一个由计算机科学家们组成的团队成功解开了一个 232 位数的质因数。他们使用的计算机程序非常智能化，它有效地减缓了分解质因数所需时间随数字长度增加的速度。然而，时间的增长还是接近指数级，因此这个速度总会超过人类或者计算机的能力。使用迄今为止最有效的方法，求解一个 500 位数的质因数仍将需要接近宇宙年龄的时间。

有趣的是，我可以通过把两个 250 位质数相乘的方法得到一个 500 位的数字。只要我对创造这个数字的方法保密，那么在这个世界上就没有任何一台超级计算机可以发现我所使用的是哪两个质数。

分解质因数很难,事实上它呈现出指数级难度,根本原因在于,搜索质因数需要在一组指数大小的可能性范围内进行。搜索过程需要把原数字和每一个比它小的质数(作为一个可能的质因数)进行相除。如果相除得到整数,那么除数还要被验证是不是质数,而过程又是把除数和每一个比它小的质数(作为一个可能的质因数)进行相除。大部分测试都是死胡同,所以搜索必须反复回到起点,然后又会走进更多的死胡同。这种搜索方式可以比作一只正在寻找食物的昆虫,而食物却在一棵拥有大量树枝的大树的顶端末梢上。当这只昆虫每一次探索了一个错误的树枝,它就需要从树枝上爬回来,并开始搜索另一个树枝。

探讨这样的情况不仅仅是出于好奇。在一个方向上很容易做到,而在反方向上却是很难解开的数学难题,这就是现代加密法的基础。每一次你在一个加密网站上输入信息购买东西时,你的计算机和网站的终端计算机约定生成这样一个很难解决的问题。任何一个黑客想要通过逆向程序来截获你的信息,即便不是不可能,至少也会面临着极大的挑战。世界各国的国家安全部门对理解这种数学加密法的不足之处都充满了兴趣,同时也对解密之法充满了兴趣。

量子计算机如何解决质因数问题?

如果量子计算机被成功制造出来,它将比任何普通电子计算机更快、更高效地解决某些计算难题。彼得·肖尔在1994年证明,根据量子理论的预测,量子计算机可以在一段合理的时间内找到一个500位数的质因数,所需的时间短到让世界上所有的国家安全主管部门都想拥有一台这样的计算机。

虽然寻找质因数这个问题只是量子计算机的一个特殊应用,但它却是用来理解量子物理学如何加快计算速度的一个好例子。尽管量子求解质因数的方法很复杂,我们无法在这里详细解释,但是它的基本原理却不难理解:首先,把一个数字,假设有500位,改为二进制,然后把它加载到输入端,如图10.7所示。一个500位的数字在二进制中大概是1600位,因此输入端是一个含有1600个1和0的序列。对于量子计算机来说,这些0和1由量子比特的量子态所代表——每一位是一个量子比特。假设有1600个光子——每一个都有特定的偏振态,H-偏振或者V-偏振——代表了那个你想要分解出质因数的数字。这些光子通过量子处理器,执行彼得·肖尔设计的叫作"肖尔算法"的特殊程序。那么,在这个量子计算器的输出端,当你测量每一个光子的偏振态时,结果要么是0,要么是1。

根据肖尔算法,你将能利用测量到的数值来组建出一组数字,它们可能会是求解质因数的候选列表。正如我们所知,肖尔算法无法保证这组数字是质因数的根本原因就是,对于量子物体的测量结果,我们只能预测概率,不能准确预测结果。所以,量子计算机也不能直接解决"逆向"质因数这个难题。

但是,肖尔通过把质因数问题从"逆向"改为"正向",使求解这个问题变得容易很多:通过把原数字除以这个候选数字,看看能不能整除,量子计算机吐出候选质因数列表以后,它可以很容易、很快速地检查出每个候选数字是不是一个真正的质因数。如果所有的候选数字被发现都是质因数，那么我们会很高兴，因为我们已经解决了一个如果使用经典计算机将花费整个宇宙年龄时间的难题。如果我们发现这些候选数字不是质因数，那么我们就再重复上述步骤，直到我们成功找到所有的质因数。

肖尔证明，量子计算机在查找 N 位数的质因数时所需尝试的平均次数，随 N 增长的速度比指数增长慢得多[①]。

如果我们再次使用昆虫爬树找食物的例子来给大数字找质因数打比方，那么，肖尔算法将允许昆虫有效地一次性搜索整棵大树的树枝，而不是一根树枝接着另一根树枝这样进行搜索。

量子计算机还能解决计算机科学中的其他难题吗？

求解大数字的质因数是一个很有趣的、可以用量子计算机快速算出的难题，但是在现实中，它对于普通人甚至普通科学家来说并没有多大吸引力。那么，还有量子计算机能解决的、更加有用的难题吗？

利用量子计算机搜索一个数据库将是非常有用的应用。每一次当你在互联网上搜索一些有用的信息时，提供该服务的某互联网巨头公司，会在它所拥有的超大型计算机中执行一个超大规模的计算机算法，其操作对象是一个超大型的数据库。

① 当位数 N 翻倍时，量子计算所需的时间仅增加 3 倍。

对于互联网公司来说，快速、高效地搜索数据意味着巨大的财富回报。可是，这个问题却变得一年比一年困难，因为在世界范围内，计算机存储的信息量呈现出持续、爆炸性的增长。

量子计算机的作用就从这里切入：在一个以指数级增长、形似一棵大树、接近无穷多种可能性的空间里搜索，是量子计算机的长处。计算机科学家洛夫·格罗弗(Lov Grover)发明了一种量子算法，可以加速数据库的搜索，不过其加速效果没有像肖尔算法求解质因数那么显著。

但是，这里还有一个“坏消息”：据我们现在所知，对于大部分数学家和计算机科学家所感兴趣的难题，量子计算机的求解速度并不比经典计算机的速度更快。计算机理论科学家斯科特·阿伦森(Scott Aaronson)认为，这是因为大部分数学难题和量子理论中的数学体系并不直接对应。量子计算机无法有效解决的难题，包括下棋、安排航班和自动证明数学定理等。准确的说法是，并不是每一个难题的求解时间都和输入数据的长短呈指数级增长的函数关系，从而有必要利用量子计算机来高效地求解。求解质因数是个例外，因为求解用到的数学方法对应了量子理论中的一个类似问题；同时，借助“正向”方法来确认计算机随机给出的候选数字是否为真正的质因数是很容易实现的。

就像阿伦森所说的：“诚然，已知的局限性并不能完全排除发掘出能解决所有难题的快速量子算法的可能性……同时，我们也知道，并不能对量子计算机抱有幻想。”

虽然量子计算机并不能如有魔法般地解决所有计算机科

学和数学难题，但它们在基础物理学和化学研究领域里能发挥近乎神奇的作用。在下一节中，我将探讨量子计算机在这些领域中的巨大潜力。

量子计算机可以解决哪些物理和化学难题？

量子计算的历史并不源于计算机科学，而是开始于物理学。在 1981 年，最具有创造力的理论物理学家之一理查德·费曼（Richard Feynman）指出，我们无法利用普通计算机来有效地求解量子理论的基本方程式——在第 6 章中已经提到的——薛定谔方程。薛定谔方程在量子理论中所扮演的角色就像牛顿运动定律在经典物理学中的角色一样。但是，区别在于，牛顿运动定律通过明确及可完美预测的方式来描述物体的表现，而薛定谔方程则描述了量子态是如何随时间变化的。再强调一次，量子态和测量结果并不一一对应，它只代表了测量结果出现的概率。

普通计算机无法有效地求解薛定谔方程这个事实是科学进步的一大障碍：虽然我们相信已经找到了自然界中最基本的方程，但是，我们需要求解这个方程来正确预测测量结果出现的概率——当涉及多个量子物体时，薛定谔方程的复杂度之高，让我们无法获得解析。正因如此，我们不能充分地利用薛定谔方程来推动科学理论、工程和医药研究的进步。我们无法根据量子理论设计出更好的药物，因为利用薛定谔方程求解大量分子是一项不可能完成的任务。当然，科学家们有很多方法来获得薛定谔方程的近似解，虽然这很有帮助，但我们还是缺乏精确解，而它有可能会为我们带来意外之喜。

费曼推想，这种被他称为“量子计算机”的新型计算机也许可以有效地求解薛定谔方程。自从费曼指出这一点以后，科学家们做了大量的工作来试图制造出这样的计算机，我在之前已经提到过了。这样的计算机本身根据量子理论进行操作，而不像普通计算机那样采用经典物理学方法。和计算机科学以及数学中所面对的难题不同，涉及薛定谔方程的难题可以很方便地转换为利用量子计算机执行的算法。这是因为薛定谔方程是量子理论的基本方程！

举个例子（在第 11 章中我将详细解释），薛定谔方程允许我们计算原子中电子的量子态，以及其对应的能量和 psi-波函数的形状。在生命科学中至关重要的 DNA（脱氧核糖核酸）分子，由原子以特定的方式组成，而这种方式决定了它们的结构以及允许扮演的重要角色，比如对一个人的基因进行编码和传递。因为 DNA 分子中含有很多量子粒子——电子、质子和中子，所以如果我们使用经典计算机的话，将不可能求得薛定谔方程的精确解，从而我们也无法完全理解和正确预测 DNA 的结构和功能。

为了能看清经典计算机无法求解薛定谔方程背后的原因，让我们来举一个简单的例子。假设一个分子含有 500 个电子，这个数量和 DNA 中含有的原子数目比起来是很小的。为了能在计算机里表示 500 个电子的量子态，和这 500 个电子相关的、所有的纠缠态都必须存储到计算机的内存中。在这里，每个量子态代表了和一种测量结果组合（简称结果组合）相对应的量子可能性，也就是说，如果所有的电子都被测量，那么这个测量结果组合就有可能被观测到。

为了使问题简单化，让我们假设每个电子只可能处在两个量子态中的一个，被标记为0或者1，也就是说，电子可以被想象成一个量子比特。假如有2个电子，那么有4种可能的组合：00，01，10，11。如果有3个电子，那么有8种可能的组合：000，001，010，011，100，101，110，111。对于500个电子，需要考虑的组合一共有2^{500}，或者说大约有10^{150}种可能。这个数量比宇宙里所有的基本粒子的总和还要多！每个可能的组合需要在计算机内存中用一个位码来代表，但是要在任何计算机的内存中容下比整个宇宙内粒子数量还要多的位码数量是绝无可能的。一个折中的办法是把所有的组合分成很多组，然后分开处理每个组，使它们独立移进和移出计算机的内存。但是这样做所需的时间将很有可能比宇宙的年龄还要长。

这个例子显示了费曼的初衷：当量子难题的"大小"变大时，求解它的经典计算机所需的"尺寸"增加得极快，实际上这个增加速度接近指数级。为了克服这个困难，就像量子理论学家史蒂文·弗拉米亚(Steven Flammia)所说的："我们可以利用量子来对抗量子！"我们应该使用一个量子物体的集合，把它设计成一个特殊的计算机，来模仿或"模拟"我们感兴趣的量子系统。比如，使用含有500个精确控制的量子比特和足够多的逻辑门所组成的量子计算机，执行某个量子算法，来模拟在一个特定分子中的500个电子的表现。

再举个例子，假设一个化学家想要设计一种新型化合物，用来提高药物活性，或者增加太阳能发电效率。他的策略应该是设计一个量子计算机，使用光子、电子或者原子作为量子比特，而这些量子比特之间的相互作用，和它们在候选分子中的表现完全一样。然后通过在量子计算机里运行不同的程序,候选分子的结构和表现就能被模拟,从而找到和眼前任务相匹配的最佳候选分子。比起在实验室里用化学方法合成大量的候选分子并轮流测试它们,量子模拟找到最佳分子的效率更高。

你可能会对这种创造出"设计者分子"的做法产生怀疑:"我们怎么知道,量子计算机在模拟每个分子的薛定谔方程时,是否给出了'正确的'解答?"完全相同的模拟在经典计算机里是不可能在合理的时间内完成的。因此,看上去要想确认量子计算机操作正确是不可能的。我把这个问题抛给了理论化学家阿兰·阿斯普鲁-古齐克(Alan Aspuru-Guzik)。他的回答为:"你需要做的就是用化学方式合成量子计算机给出的最佳候选分子,然后在化学实验室里测试这个分子,看看它的表现是不是和预测的一样。"也就是说,我们应该忘掉纸上谈兵。相反地,要利用自然界本身来检查自然规律!

为什么制造量子计算机如此艰难?

如果量子计算机没有受到足够良好的控制,它发生故障的概率远比普通经典计算机的要高得多。这是因为,在整个量子计算过程中,保持所有的量子比特处于正确的量子叠加态是非常困难的。举个例子,我们之前提到量子比特的叠加态,(0)+(1)和(0)+(−1)是完全不同的。诚然,如果我们测量这两个量子态,得到0或者1的概率相同;但是,这两个量子态的物理性质有很大区别。为了看到这一点,让我们考虑由单光子的偏振态代表量子比特的情况。偏振态(H)+(V)是对角偏振态D,而(H)+(−V)是反对角偏振态A。它们互相垂直,所以是截然不同的两个量子态。

这些量子态非常脆弱。比如,就像我们前几章中讨论的,在这些量子态的 H 和 V 分量上偶然添加一个非常小的时间差,就可以把它从对角偏振态翻转到反对角偏振态。这样做会彻底干扰预想的量子计算。

在计算过程中,如果由无序干扰或者噪声产生的错误无法被预计、测量和纠正的话,那么量子计算机就无法给出正确答案。幸运的是,在一个运行中的量子计算机里,物理学家们已经利用量子理论找到了纠正上述错误的办法。他们的做法是在输入端加入额外的量子比特,而这些量子比特的作用就是追踪任何错误。这些额外的量子比特和在计算中使用的量子比特,以一种已知的、特殊的方式纠缠在一起。然后,通过测量额外的量子比特,同时不干扰计算中使用的量子比特,科学家们就能探测到有可能出现的错误。这种探测错误的方式,和探测量子密钥分发的错误是异曲同工的。我们曾经提到,爱丽丝和鲍勃能够测量到由试图窃取密钥信息的偷听者所制造的位码错误。当错误被探测到之后,我们可以在进行下一步操作之前纠正它。

不幸的是,添加更多的量子比特,同时对它们进行近乎完美的控制,这样做大大增加了量子计算机的复杂程度,使得制造出量子计算机变得异常艰难。

制造量子计算机的前景如何?

这是一个很难回答的问题,因为目前还没有最终答案。在

2016 年,我们可以保守地认为,可运行的通用量子计算机还没有问世。许多小型的、演示型的项目已经成功运行,它们貌似证明了量子计算机所依赖的物理原理是坚实可靠的。这些演示似乎表明,制造这样一台计算机仅仅面临着创造力的挑战,它是一个极难的工程问题,而不是基础物理学的问题。

我们可能还需要 10 年或者更长的时间,才能设计和了解如何搭建可扩展的量子计算机的系统结构。在这里,“可扩展”的意思是,假如你能制造一台拥有 100 个量子比特的量子处理器,那么制造一台拥有 200 个量子比特的处理器只需要花 2 倍的时间,制造一台拥有 300 个量子比特的处理器只需要花 3 倍的时间,以此类推。也就是说,你不希望制造量子计算机的难度、大小,或者所需的资源随着计算的复杂程度以指数级增加。如果是那样的话,它将使制造量子计算机的初衷变得毫无意义,因为我们的目标就是要克服以指数级增加的扩展化问题。换句话说,你并不希望,在计算一个复杂问题时,克服了以指数级增加的计算时间这一难题的同时,却使制造这个机器所需的资源以指数级增加。

用哪些方法有希望制造出量子计算机?

虽然人们已经研究了很多种方法,但是其中最有希望用来制造量子计算机的方法有三种:超导电路、真空磁井中的单原子离子,以及嵌入硅晶中的单磷原子。在国际上,不同科研团队之间争夺“量子计算第一名”的故事完全可以写成一本小说,但是在这里,我只想通过详细描述最后一种方法来举一个例子。

前面提到的新南威尔士大学的研究小组，已经获知怎样在一个硅晶内部的精确位置上植入单磷原子。硅晶就是制造普通计算机的主要原料之一。在磷原子的中央部位，有一个含有质子和中子的原子核。这个原子核就好像是一个微小的具有南北极的永磁体。它的北极指向可以被限制在上方或者下方。因此，一个量子比特可以用这个永磁体的方向来代表：向上代表 1，向下代表 0。永磁体的方向变化可以通过施加一个短暂的磁场来实现，因为磁力会导致永磁体发生旋转。这个操作同时也实现了量旋门，我们在前面已经描述了这个逻辑门是实现通用量子计算机的必要组成部分。

为了制造量子计算机，在这个设计中需要使用大量的磷原子来代表量子比特，而且需要实现和一对量子比特相关的量子异或门操作。大量的磷原子排列成如同棋盘格子的图案，而每一个磷原子占据了格子的中央部位。每个格子的大小大约是 30 纳米乘以 30 纳米。我们前面提到过单个原子的大小大约是 0.2 纳米，所以这些格子是非常小的！

一般情况下，量子比特被存储在每个磷原子内部的磁体方向上，并不互相影响。这就是“平静期”，在这期间量子比特的值没有变化。这个硅晶必须要冷却到极低气温：—196 ℃。使用如此低的温度，是因为组成晶格的硅原子在温度过高时，随机出现的摆动会干扰磷原子的永磁体，使得它朝错误的方向转动。就像我们前面讨论的，这种无序干扰会导致量子比特的量子态出现错误，迫使我们必须采取措施。

如果研究人员想要在两个相邻的磷原子之间完成量子异或门操作，他们需要从靠近原子的导线上向每个原子输送一个电子，从而激活这两个相邻原子。根据原子物理理论，在获得电子后，每个原子的内磁场将变得更加强大，足够可以开始互相影响（如果你曾经把两个磁体互相靠近，你就知道磁场强的会使磁场弱的发生移动和旋转）。

对两个磷原子进行上述操作，就实现了量子异或门操作：一个磷原子中的磁体（我们把它称作量子比特 B）控制了另一个磷原子的磁体（我们称其为量子比特 A）。也就是说，如果 B 等于 0（磁体向下），那么量子比特 A 保持不变。但是，如果 B 等于 1（磁体向上），那么量子比特 A 就被推挤，从而被翻面，因此它从 0 变为 1（磁体向下变为向上）或者从 1 变为 0（磁体向上变为向下）。

研究人员可以进行一系列的量子异或门操作，其中涉及了许多不同位置的相邻原子对，中间还夹杂着对单个原子（量子比特）进行量旋门操作。因此，至少从原则上来说，研究人员已经制造出用来实现可扩展量子计算机的所有部件。“这项工作和它所搭建的系统结构，最突出的意义在于，它给了我们一个终点。”新南威尔士大学米歇尔·西蒙斯教授说道，“我们现在完全知道，想要在国际竞争中胜出，我们需要做什么。”

11　能量量子化和原子

什么是能量量子化?

量子物理学的一个主旨是,在某些情况下,能量是量子化的。"量子化"的意思是指离散的,也就是说,仅仅存在某些特定的、分离的量。一个经典的例子是楼梯的台阶,它和连续平缓的匝道形成鲜明的对比。在楼梯上,你只能站在某个不连续的高度。相反,在匝道上,你可以站在任何高度;在这种情况下,高度就是一个连续变量,而不是量子化的。量子化意味着,某个物理量被限制为只具有一系列离散的值。比如,把匝道改为楼梯,那么"高度"这个物理量就被量子化了。

在某些情况下能量是量子化的。换句话说,这就是能量量子化。

为什么当一个粒子受到约束时,能量会被量子化?

对一个在空间中自由移动的量子粒子,它可能具有的能量范围是连续的:任何值都有可能。它的能量并没有量子化。相反,对一个被限制在足够小区域内的量子粒子,它的能级是量子化的:只可能具有某些离散的值。这些可能的值取决于粒子受限区域的大小和形状。研究发现,粒子受限区域越小,能量量子化效应就越大,或者说,离散的能级之间的间距就越大:能量"台阶"之间的距离变大,从而粒子激发到下一能级所需的能量变高。

为什么当一个粒子被约束时,它的能量是量子化的呢?这个问题的答案还是来自薛定谔方程。我们在第 6 章已经提到，薛定谔方程代表了和电子相关的“概率波”或者 psi-波函数的时空变化(或者，你也许会说，薛定谔在推断他的方程过程中所使用的方法，就是让它能够很好地还原电子的这种运动方式，就如同一个好的演员能够通过她的表演来还原她所出演的角色)。

你可以通过图 11.1 来理解能量量子化的原因：假设一个电子被限制在由两面刚性“墙”所组成的区域内，电子在里面会被反弹或者反射。假设这个装置被放在了国际空间站里，因此地球引力的作用可以忽略不计。同时，我们还假设没有摩擦力，所以当电子处于运动状态时，它会在区域里永远地来回反弹。电子在装置内是自由运动的，除非它碰到了墙面；因此所有的能量都是“动能”，这里没有任何的“势能”。

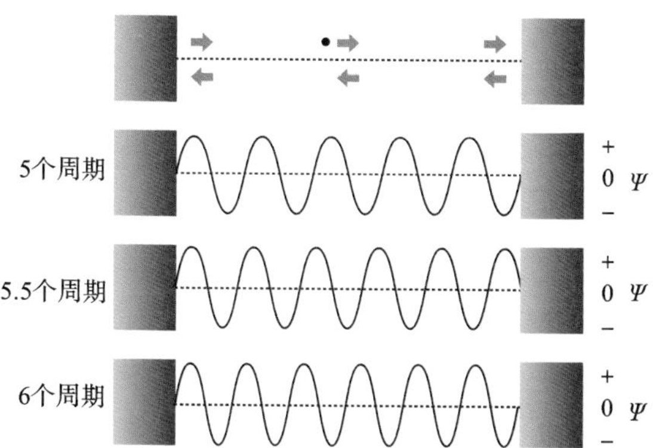

图 11.1 一个电子在两面反射墙之间的运动。在经典物理学中，电子将顺着某轨迹运动。在量子物理学中，它的“运动”由 psi-波函数所描述。图中，psi-波函数的振动周期数是量子化的。

在经典物理学中，我们将会使用牛顿运动定律来预测这个电子的运动轨迹，也就是确定电子在所有将来的时间点所处的位置和速度。在量子物理学中，并没有“轨迹”这个概念，只有psi-波函数这样的近似描述“运动轨迹”的波函数。这个psi-波函数在墙面上和墙外区域必须等于0，因为电子在这些位置被观测到的概率为0。为了满足这个条件，电子概率波在区域内振动的次数必须是某些离散的值。

图11.1显示了这样的例子。在最上方的图中，psi-波函数具有5个完整的振动，或者是5个完整周期（你可以数一数它们）。因为，根据薛定谔方程，psi-波函数的弯曲度代表了一个粒子的动能，所以，5个完整的振动对应了某个特定的能量值。在中间的图里，psi-波函数具有5.5个振动，对应了一个不同的能量值。在最下面的图中，psi-波函数具有6个完整振动，给出了另一个能量值。值得注意的一点是，5.25个振动将无法很好地嵌入两面墙之间，因为psi-波函数无法满足在两面墙上都是0这个必要条件。

从上面的例子可以看出，只有当psi-波函数的振动次数等于一个整数：1、2、3，等，或者是半整数，如1.5、2.5、3.5等，它才能满足必要的边界条件。薛定谔方程告诉我们，psi-概率波的弯曲度代表了动量（注：电子的动能可以写成是动量的平方除以电子质量）。所以，如果振动次数必须满足某些离散的值，那么电子的能量也必将是离散的。这就是能级的量子化：薛定谔方程说，对于限制在某个区域内的一个粒子，它具有的能量必定是量子化的。

现在我们也可以看到，为什么不受限制的粒子，它的能量是连续的。因为它在任何区域内振动的数量不受限制,所以它可以有任何能量。也就是说,在这种情形下,所有可能的能量形成的集是连续不断的。

当然,对于一个可以被经典物理学描述的粒子,它并没有上述类似电子的表现。比如说,一个乒乓球在两块板之间来回运动,但是它具有在连续范围内的任何能量——它的能量并没有量子化。在这种情况下,任何量子效应都被物体与周围环境的相互作用(你能听到乒乓球的反弹声)所掩盖,它不断地留下了关于它所处位置的痕迹。所以,它的运动不是一个幺正的量子过程,因此量子效应也无法被观测到。

在一个原子中,电子的能量是如何量子化的?

这个问题的答案还是隐藏在薛定谔方程里。薛定谔方程申明了以下几点:(1)原子中电子的移动方式取决于它在每个

两个人在打乒乓球

位置的动能和势能;(2)动能取决于代表电子的 psi-波函数的曲率;(3)势能取决于电子的假想“位置”。

假设钠原子(它使某些路灯发出橙色的光)中有一个电子。这个电子被位于原子中央的、带正电的原子核吸引,形成了一个能量“势阱”。也就是说,电子被电磁引力拉向原子中央,就好像一个小球受重力的影响而滚下山坡一样。在图11.2中的浅红色实线画出了电子所处的势阱,也就是电子的势能和它(相对于原子核)的“位置”之间的关系。如果电子在势阱的最低点,那么它的势能将是 0,也就是说,势能将无法变得更低。另一方面,如果电子的动能超过 5.27 个能量单位[①],那么电子将能“飞出”,从而离开这个势阱;否则的话,电子将总是被限制在原子范围内[②]。

因为电子被限制在原子区域内,所以我们预计电子的能量是量子化的。在任何一种情况下,psi-波函数在离原子很远的位置必须等于 0,因为在那些位置上不可能观测到电子。而且,在一般情况下,电子的能量将随着 psi-波函数在区域内振动次数的增加而变大。对于图 11.2 中所示的势阱形状和大小,根据薛定谔方程的解,3 个最低的能级分别是 1.80、3.91 和 4.53 个能量单位。在 4.53 和 5.27 之间,电子还有更多的能级。

任何位于能级之间的能量值是不被允许的。图中虚线显

---

① 电子的能量单位通常被称为“电子伏特”,但我在本书中不使用这个专有名词。

② 如果电子落在原子核上,你也许会想,能量应该等于负无穷。但是,在原子中央的位置上,能量并不趋于负无穷,这是因为,在这里我把电子的三维“运动”近似成了一个一维问题。

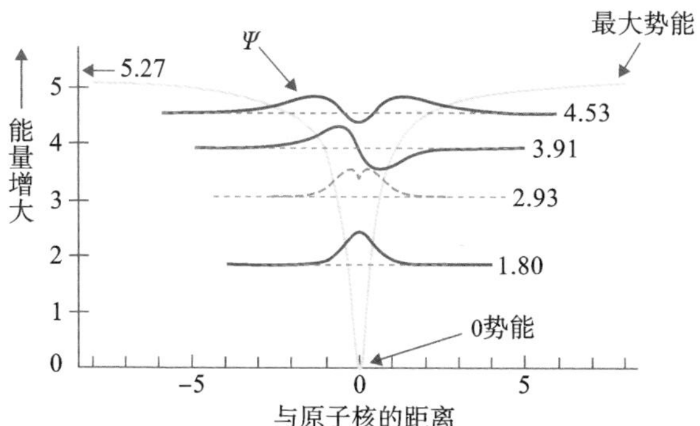

图 11.2 原子中的电子在“势阱”中“运动”。这个势阱的形状如图中浅红色实线所示。当电子位于“势阱”的最低处时，电子的最小势能为 0，而把电子束缚在阱内的最大势能是 5.27 个能量单位。3 个允许的能级用虚线表示，而与之对应的 psi-波函数的波形由实线表示。图中能量值为 2.93 个能量单位的能级是不被允许的。

示了一个这样的例子，能量值为 2.93。它所对应的 psi-波函数的波形中有一个尖尖的褶皱，它代表了在这一点的曲率为无穷大。这样的 psi-波函数是不存在的，因为波函数的曲率代表了动能，而我们知道动能的值不可能是无穷大的。因此，电子具有的能量必须满足以下条件：它所对应的波函数在两端是零，而且波形中没有尖尖的褶皱或者断裂式的跳跃。波函数可以是弯曲的，但不能有褶皱。

当我们精确求解那些描述某个特定类型原子（氢原子、氦原子、氮原子等）的薛定谔方程时，求解的结果可以预测出每个原子类型所具有的量子化的能级，而这些能级和实验中测量出的能级完全一致。这也使得我们相信，量子理论是完全正确的。

为什么电子不会停留在势阱的底部？

在经典物理学中，物体肯定可以停留在能量势阱的底部。这种情况出现通常是因为摩擦力逐步地消耗了物体的能量，致使它的运动慢慢停止。当一个电子在向带有正电的原子核靠近时，它会通过辐射而失去能量；也就是说，它释放出了无线电或者光波。在量子物理学发展的早期，电子为什么不会把所有的能量都发射出去而落入能量为 0 的正中央，这是一个主要的难题。

根据量子物理学理论，粒子的能量不可能位于势阱的最底部。为什么呢？我们刚才看到，薛定谔方程只允许电子在一些特定的能级上，而 0 能量并不是其中之一。对于这样的结果，一个启示性的解释来自我们在第 6 章中讨论过的海森堡不确定性原理。

海森堡不确定性原理大致是这样说的：如果你描述粒子位置的精确度越高，那么你描述粒子动量的精确度就越低；反之亦然。所以，当你已经确定电子的位置在势阱的正中央，也就是势阱的底部时，电子的动量将具有无穷多的可能性。这也意味着，最有可能的情况是电子的速度并不为 0，也就是说它不是静止的。在那种情况下，电子将快速地从正中央的位置移开。在另外一方面，如果你已经确定电子的动量是 0，也就是它的速度为 0，那么你不可能知道电子的位置，所以就不能说电子位于势阱的正中央。无论怎么做，你都赢不了！

这个对量子物理学的新理解，解决了一个在薛定谔方程出现以前困扰了很多科学家(包括了尼尔斯·博尔)的难题——为什么电子不会落入原子核中,同时把其具有的能量都转化成电磁场的辐射能。在经典物理学中,很容易预见这一现象的发生。现在我们看到,这个问题的答案是:因为和电子“运动”相关的 psi-波函数的波动性,不允许电子在被局限于一个确定位置的同时,它的速度也为零。这个结论和之前用经典物理学方法想象出的原子和电子的情况截然不同。

原子如何吸收光波?

假设在一个钠原子中,电子具有最低能级的能量,也就是 1.80 个能量单位。如图 11.2 所示,它的 psi-波函数波形具有一个单一窄峰。玻恩定理告诉我们,如果我们测量电子的位置,观测结果的概率等于 psi-波函数在该位置的概率平方。对于最低能态来说,电子最有可能被发现的位置处于原子的中心附近。这个最有可能的位置不随时间变化,因此这个态也被叫作“静止态”。

同样的道理也可以用在和任意能级对应的电子态上。对于图 11.2 中所示的 3 个允许的能级,电子所处的最有可能的位置也不随时间发生变化。它们都是静止态。用经典物理学的思维方式,电子绕着原子核转动,但是在量子物理学中,电子的“运动”没有真实的轨迹;我们所知道的,只是描述电子的量子态,以及这个量子态所对应的概率。

现在我们假设,如果电子最初处于静止态,然后一束光突然照在原子上,那会发生什么呢?我们知道,这个电子可以吸收一部分光而获得能量。但这是怎样发生的呢？假设电子最初的能量是 1.80 个能量单位，它的 psi-波函数如图 11.2 所示。因为电子的能量是量子化的（它被限制在原子大小范围内），所以它不能获得任意数量的能量，而只能获得离散的能量，这使得它的能量可以从 1.80 个能量单位增加至其他允许的能量值，也就是 3.91、4.53，等等。

我们前面提到过，光是由光子组成的，而光子的能量取决于光的颜色或者频率。频率通常用字母 f 表示。普朗克关系式告诉我们，光子的能量 E 和频率之间的关系是 $E=h\times f$，其中 h 是普朗克常数。因此，我们可以得出结论，只有某种特定颜色的光或者频率可以使电子的能量值从 1.80 变为允许的高能级能量值之一。比如，1.80和3.91之间的能量差是 2.11 个能量单位。从普朗克关系式中我们可以计算得到造成电子能量变化所需的光的频率：这个频率应该是 $E/h=f=5.09\times 10^{14}$ 周/秒。这对应了钠光灯所发射出的橙色光。

既然电子的表现可以用它的 psi-波函数来描述，那么当上述频率的光照在原子上时，电子会有什么反应呢？如果电子最初是在最低能级的能（量）态，然后当光照在它上面时，电子会进入由两个不同的能态，1.80 和 3.91，作为可能性的量子叠加态。光的强度越高，以及光照的时间越长，电子被发现在高能态的概率就越大。因为能量是守恒的，我们知道如果电子获得了能量，那么光将失去等量的能量。这个过程被称为“光吸收”。

这个涉及两个能态之间的量子叠加具有有趣的一面：最有可能发现电子的区域不再是静止的——它处于移动和振动的

状态。图 11.3 显示了这个处于移动中的两个 psi-波函数叠加时的动画片段。图中的曲线代表的是概率，它等于 psi-波函数叠加态在每个地点的平方。在初始时间，t 等于 0，两个 psi-波函数的叠加形成了干涉条纹，概率的最大点位于（图中以刻度线为标记的）原子中心的左侧。随着时间的增加，概率最大点向右移动，穿过原子的中心位置，然后在时间等于4/8的时刻到达最右边。这也是整个振动的半周期。当时间等于全周期时，概率最大点又移动到了起点。这个振动的全周期时间，等于 1 除以频率，或者 $1/f$，大约是 2 飞秒。这是一个非常短的时间，因为 1 飞秒只有 10^{-15} 秒。

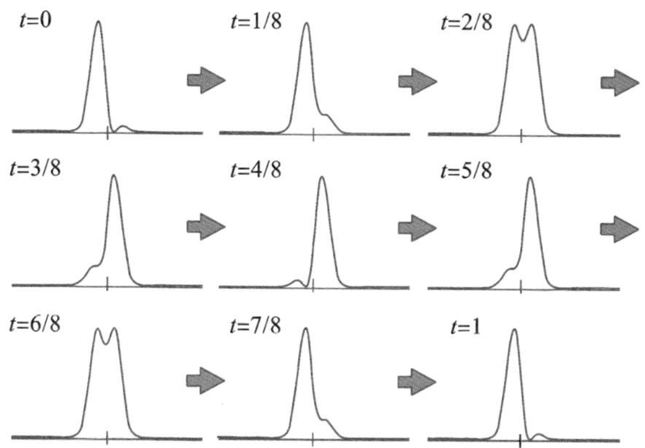

图 11.3　图中，电子的量子态是由两个不同能级（1.80 和 3.91 个能量单位）的量子态叠加而成。电子的 psi-波函数在时间领域内来回振荡，而它的平方给出了在原子内部各处观察到电子的概率。

这个振动频率取决于组成量子叠加态的两个能态的能量差。这种能量差定义了“共振频率”。如果光的频率不等于这个共振频率，那么光将不会被吸收，也不会有能量转移到电子上。这个“共振现象”和经典物理学中荡秋千的原理相似：为了创造出最大幅度的来回振动，孩子们重心的摇摆频率必须和秋千本身的振动频率相同。

一个原子如何辐射出光？

就像上面提到的，一个电子在向带正电的原子核移动时，它会通过辐射而失去能量；也就是说，它辐射出无线电波或者光波。在经典物理学和量子物理学中，电子的表现都是如此。

当一束光与原子中的电子作用以后，电子的 psi-波函数表现出振动性：如图 11.3 所示，电子在最有可能出现的位置发生振动。所以，原子有可能辐射出光而失去能量。换句话说，电子有一定概率制造出一个光子，光子会以光速驶离原子，而电子将回到能值为 1.80 的最低能态。

经典物理学理论中电子围绕原子核进行轨道运动的说法，在量子物理学理论中变成了什么？

我在图 11.2 中显示的势阱其实是一个三维表面的一维抽象表达方式。它代表电子沿着一条贯穿原子核的线进行运动。为了给出更加完整的画面，我在图 11.4 中显示了在二维空间里的同一势阱。它看上去有点像一个漏斗。从这个图形中，你可以把经典物理学描述下的电子运动视觉化：它沿着一条贯穿漏斗中心的线来回运动，或者它围绕着漏斗中心进行圆周轨道式运动。

对于量子物体，我们怎样才能把量子概念中的圆周轨道式

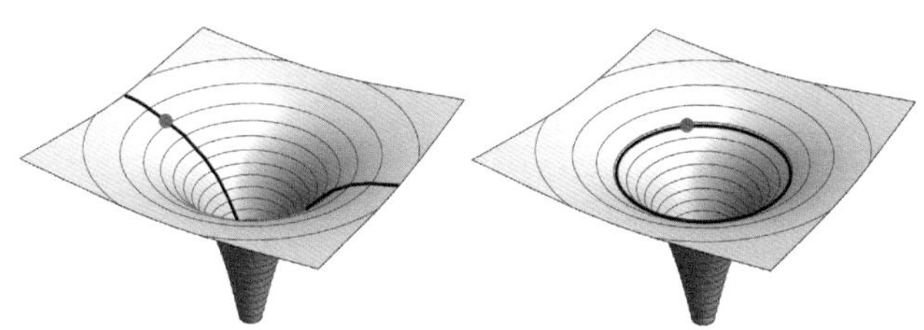

图 11.4 原子中电子的二维势能面。在经典物理学中，电子的轨迹可以用图中的粗线表示：它要么通过中心，要么围绕中心旋转。

“运动”视觉化呢？它看上去应该像一个围绕着漏斗中心的环形波。图 11.5 列举了两种可能的环形波，一种是在圆周上具有 4 个完整的波动，而另一种具有 10 个。同时，它还显示了两种不可能的环形波，它们试图在圆周上具有 $4\frac{1}{3}$ 或者 $10\frac{1}{3}$ 个波动。这些“失败”的波形具有跳跃式的断层或者尖尖的褶皱，所以它们是不能存在的，否则这与薛定谔方程描述的量子物体具有有限的能量不一致。

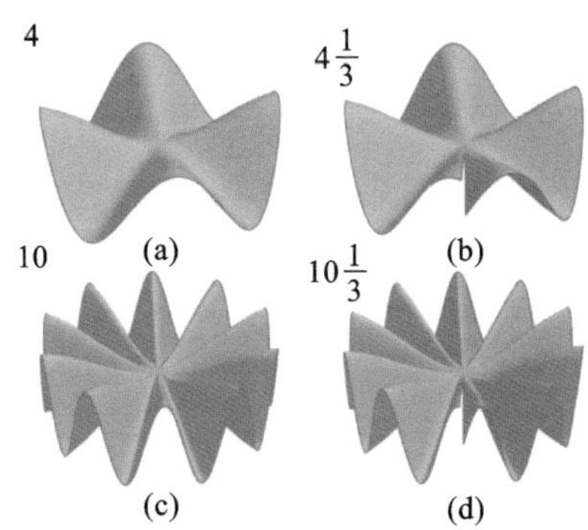

图 11.5 位于图 11.4 所示的势能面里的电子，它所具有的 psi-波函数可以用图中的环形波来表示。

我们再一次指出，振动次数多的环形波具有更大的曲率，从而对应了更高的能量。这些环形波是静止的,就像图 11.2 所示的波形。在不同地点找到电子的概率不随时间变化。静止态[①]同时也是一个具有定额能量特征的能态。

原子中电子的量子能级取决于图 11.2 和图 11.5 中所示的两种“运动”——从漏斗形的能量表面中心穿过的“运动”,以及围绕着中心旋转的“运动”。具体的能级可以通过薛定谔方程计算得到。

环形 psi-波函数和量子尺有什么关系?

回忆一下,我们得到 psi-波函数这个概念是考虑了每个粒子的内部时钟和量子尺。同时,psi-波函数由概率组成。这样的想法为描述电子围绕原子核旋转的环形波提供了另外一种解释:一个电子的量子尺可以折弯,从而在以原子核为中心的周围区域内形成一个封闭环路。这也给出了另外一种方法来陈述一个特定的环形波函数需要满足的条件:环形量子尺必须完美地嵌入一个环形波的圆周,它的主刻度要与尺子的两端相交处吻合。

电子的 psi-波函数在三维空间是什么样的?

真正的原子当然是三维的,因此上面的图示都只是针对实际情况进行的近似描述,尽管它们保持了原汁原味的物理特

---

① 静止态的波形,对应了围绕着中央旋转的,同时沿着相反方向传播的两个波所形成的干涉纹。

征。在图 11.6 中,我列举了通过薛定谔方程的精确解得到的氢原子电子的静止 psi-波函数。这些图形是三维概率图的二维切面。你可以看到,当能量增加时,psi-波函数变得更加“弯曲”,也就是它拥有更加复杂的空间结构,同时也暗示着电子具有更高的动能。

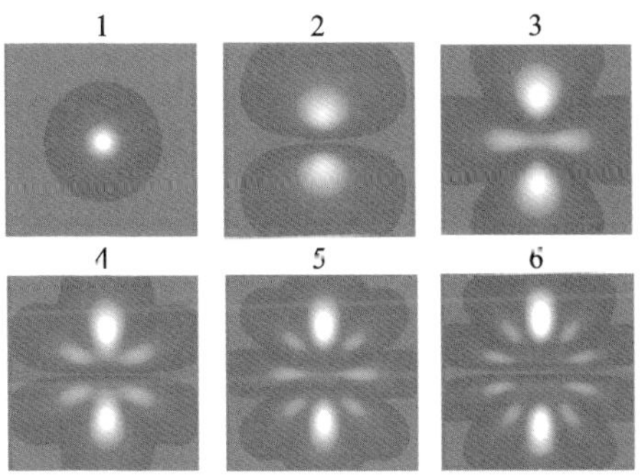

图 11.6 原子中电子的 psi-波函数的二维剖面图。从图 11.6(1)到图 11.6(6),电子的能量慢慢增加。

12　应用——利用量子技术感应时间、位移和引力

什么是基于量子物理学的感应技术?

基于量子物理学的感应技术,指的就是那些以量子物理学为工作原理的技术。如果经典物理学就是整个物理学,那么我们将不会有机会接触到这些新技术。

在第5章中我们很宽泛地讨论了感应技术,并且介绍了一种很复杂,但非便携式的重力传感技术。在这里,我将详细讨论如何利用第11章中描述的量子化的原子能级来创造出原子钟、原子加速仪,以及原子引力感应仪。

什么是时间的科学定义?

艾萨克·牛顿,17世纪最伟大的物理学家,认为时间就像平静的流水,沿着过去到现在的顺序,扫过万物。他认为:时间,就其本身而言,是均匀流动的,与任何外部事物都没有关系。

物理学家戴维·梅尔曼(David Mermin)对现代观念中的时间进行了总结。他写道:“虽然公众相信有一种东西叫作时间,它可以被时钟测量,但是人们从爱因斯坦的相对论中学到,时间的概念不过是一个省事的说法。它只是简洁地总结了不同计时方式之间所具有的相互关系。”看上去这里用了一个很奇怪的方式来定义时间,但它的基本思路包含了宇宙是有序的,以及事件发生是同步的这两点思想;然而它拒绝承认在某一个地方有一个“主时钟”,以某种方式控制着万物的同步性。

我们把梅尔曼对时间的描述当作是实用主义的观点，它可以帮助我们发掘出制造、测试超高精度的时钟的方法。假设你收集了许多漂亮的、价格不菲的手表，而且你对它们呵护备至，让它们始终处于良好的工作状态。有一天，你怀疑其中的一块表走得不准。你能怎么测试呢？很明显，你应该把这块表和周围其他的表进行比较[①]。如果所有的手表所指的时间都一致，而只有你“怀疑”的那块表有所不同，那么你就证明了你的怀疑是正确的：肯定是那块表走得不对，而不是其他所有的表都走得不对。

什么是时钟？

从实用主义的观点出发，我们认为，一个“好”时钟指的就是任何一个物体或者设备，它能执行重复、有规律、相同的运动并对运动次数进行计数。就像我上面所说的，测量一个时钟走得准不准，可以把它和其他一批走得准或更准的时钟进行比较。它们应该具有相同的指针移动速率或者频率。更进一步讲，为了能观察到两个时钟快慢之间的任何差异，它们应该以最快速率移动。这样我们就能尽快地观察到两者的差异，因为最终总会有一个时钟走得比另一个快。

走得比较准的时钟类型，包括悬挂在弹簧上振动的重物、被用在很多腕表上的振动的石英晶体，以及被用在很多“爷爷级”的老式落地钟上的摆锤。摆锤指的是悬挂在一根棒上的重物，而这根棒具有固定的长度。就算摆锤在来回振动，它的摇摆距离会因为摩擦而慢慢地缩短，摆锤每次摇摆的时间却能保

① 这些用来对比的钟表应该保持相对静止，这样相对论效应就不会造成误差。

持不变。换句话说,摆锤的振动频率是不变的。悬挂摆锤的棒的长度决定了摆锤完成一次完整摇摆所需的时间。这个时间是“完整周期时间”。只要棒的长度不变,完整周期时间就是一个常数。为了使落地钟不因为摇摆距离慢慢地缩短而导致停摆,摩擦力通常被保持在最低程度,而小部分能量以“推”的形式周期性地注入钟摆里。这种类型的落地钟,可以做到每 12 年只差 1 秒的精度。

任何重复性的自然运动都可以被用作时钟的工作原理。机械振动(谐振子)一般具有良好的属性,因为它们自然而然地“想要”以一个特定的频率振动,而这个频率取决于它们的属性和构造。我们把这个特定的频率称为谐振子的自然共振频率。

我们怎样才能制造出完全相同的时钟?

为了使一组时钟所指的时间保持一致,那么每个时钟都应

不同款式的手表

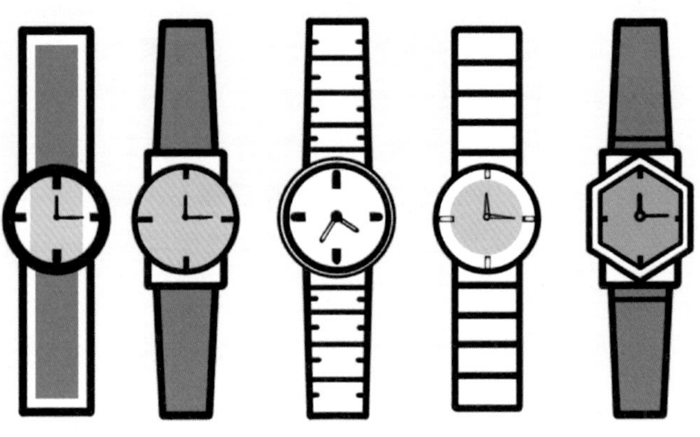

该和其他时钟尽可能完全一样。而量子物理学就是在这里以一种令人惊讶的方式进入了我们的视野。

在研究量子物理学的过程中,科学家们发现了一个自然界的根本原理:所有的同类基本粒子都完全相同。也就是说,所有的电子都是相同的,所有的光子都是相同的,所有的中子都是相同的,等等。同类基本粒子的相同性被公认为一个基本原理,因为我们无法从其他已知的原理中推断出它。所以我把它列为量子物理学指导性原则之一:所有同类基本粒子都是相同的。

这并不意味着,举个例子,所有的电子都会有相同的能量,任何相同的汽车(如果存在的话)会具有相同的车速。它们从本质上都是相同的。同样的原理也可以用到光子身上:在一束混合光中,一个红色的光子和一个蓝色的光子的组成是相同的,即使两者具有不同的能量或者颜色。

如果你以批判的眼光看待这个指导性原则,那么你也许会得出这样的结论:我们没有理由去推定,自然界是由各种完全相同的基本构件所组成的。在微观层面上,自然界也许就是一个具有无穷样式的泡沫“沼泽”,其中没有任何相同的物体。然而,通过比较许多细心完成的实验和理论预测的结果,量子理论已经被证明是完全正确的;与此同时,量子理论依赖于基本粒子的统一性来作为它的一个基本原理。

为什么基本量子物体可以被制成最完美的时钟?

到目前为止,你应该能回答这个问题了。最好的时钟就是某些表，你可以有好几块完全相同的复制品。刚才我们提到，同类型的基本粒子都是相同的，而且每一种粒子都表现得好像它含有一个内部时钟。这种说法对于两个同类型原子也适用；举个例子，两个钠原子具有相同的电子、质子和中子成分，因此它们是相同的。更进一步讲，原子中电子能级的量子化保证了，原子时钟的振动频率具有非常清晰的定义，同时，对于相同类型的两个原子，这个频率是完全相同的。

因此，单个的原子是制造超级时钟最好的材料！所谓的“量子钟”或者“原子钟”，都是基于单原子或者一小组原子的计时能力而制得的。下面我将讨论它们的工作原理。

为什么先进的时钟技术非常重要？

我们很多人几乎每天都使用全球定位系统(GPS)，而它的运行关键取决于安装在卫星上的量子钟的性能，因为这些时钟

车载GPS的显示屏
Photo by Alvaro Reyes on Unsplash

会向我们的移动定位装置发射GPS无线电信号。当你每次使用GPS来导航至一个新的地点时,你就会使用到至少4颗卫星上的原子钟。

精确时钟的另一个用途是用来同步连入互联网的计算机和其他设备。通过双铜线中的电脉冲或者在光纤中传送的光脉冲,信息和其他数据在计算机之间进行传输。在大部分情况下,这些短脉冲并不需要在提前预订的时间点到达接收端。也就是说,处理这个信号的计算机只是在脉冲抵达时被动地探测到它们,而不管它们抵达的时间点。在这些情况下,同步并不重要。然而,在不久的将来,很多应用需要在整个互联网内具有高精度的同步性,比如,远程外科手术、无人驾驶汽车、电网操作以及金融交易等。

此外,精确的时钟在科学研究中也有很多应用。最突出的一个例子是,1971年约瑟夫·黑费勒(Joseph Hafele)和理查德·基廷(Richard Keating)同步了两个原子钟,然后把其中一个放入一架飞机里,让它朝西绕地球飞行一周。当把经过飞行的原子钟和留在地面的原子钟进行比较时,前者居然“年轻”了275纳秒。也就是说,这个原子钟“嘀嗒”了更少的次数。这个结果和处理时空关系的爱因斯坦相对论吻合得很好。自此之后,同样的实验被重复过很多次,每次都使用更加精确的时钟,而获得的结果都和相对论吻合得更好。

事实上,在飞行里出现的这种时钟微慢现象必须要在GPS的操作中被考虑到;否则的话,计时上的误差将使你朝错误的方向行驶!所以,如果有人告诉你,他不相信相对论(无论是因为它看上去很奇怪或者是其他理由),你就问问他用不用 GPS[①]。

目前的原子钟有多精确?

爱因斯坦的广义相对论预测,当被放置在更强的引力场周围时,包括量子钟在内的所有时钟都将走得更慢。事实上,在一个黑洞附近,当地引力场的强度接近极值,时钟的“嘀嗒”速率将减慢到 0,而远离这个黑洞的时钟却不会。如果你有办法靠近一个黑洞,并且成功地回到地球,那么引力导致的时钟慢行效果会非常强,以至于你可以用任何老式的腕表来观察到它。也就是说,你只需要把你的腕表和朋友所戴的腕表比较一下就能看出区别。然而,在现实中,类似测试的最强引力来自地球,它的强度远远小于黑洞附近的引力。为了能够测试地球引力引起的时钟慢行现象,我们需要非常精确的时钟。

所幸的是,原子钟可达到的精度,能够很容易满足由微小引力变化所导致的时钟慢行的观测条件,例如,引力在 1000 英尺的高度和地面之间的差别。这也是在上面的例子中飞行过的时钟被观测到比在地面的静止时钟走得慢的原因之一。

为了展示现代原子钟令人瞠目结舌的精度,在 2010 年,来自美国国家标准及技术研究院的物理学家周清文(Chin-Wen Chou)博士和他的同事,建造了两个原子钟。他们把一个原子钟放在桌上,而另一个放在不远处的起重机上。他们非常精确地调试了这两个原子钟的同步性。周清文博士计算的结果显

① GPS 有独立的无线电广播系统,因此它不和互联网时间同步。出于这个原因,它需要非常精确的时钟系统。

示，在经过37亿年以后，两者之间的差距才会达到1秒！然后他把起重机上的原子钟竖直向上提升了1/3米。了不起的是，他可以观测到起重机上的原子钟比桌上的原子钟稍稍地走快了一点点：随着每一秒钟的流逝，它被观测到走快了10^{-17}秒。两个原子钟之间出现如此之小却又可观测的差别，就是因为离开地面越远，地球引力变得越小。

原子钟的基本工作原理是什么?

原子钟的设计基于以下原理：一个量子个体的“内部时钟”的“嘀嗒”速率或者频率，等于这个物体的能量除以普朗克常数。利用这个原理，我们可以用许多不同的方法来制造原子钟。原子钟的两大重要优势是它们“嘀嗒”得非常快，并且它们只需用单个或者一些原子。根据量子物理学原理，这些原子在本质上都是相同的。

在前一章中，我提到过，一个被限制在原子内部的电子，它的能量必须是量子化的，这样才能满足薛定谔方程的解。能量量子化是原子适合于制造时钟的关键属性。对于每一种原子，比如钠原子，它具有完全相同的共振频率，而只有这个频率的光才能使电子的psi-波函数发生振动。如果没有量子化——一个真正的量子效应——我们将无法利用原子能级来制造时钟。没有量子物理学，我们不会制造出近乎完美的时钟，而没有这样的时钟，我们就不能使已经技术化的现代世界保持同步。

现代世界的时间标准是以铯原子钟为基础的，让我们来具体地讨论一下它的工作原理。铯元素每个原子的原子核周围有55个电子，形成了一种“电子概率云”，可以用psi-波函数表示。纯铯金属表现得柔软而有光泽。当它被加热到一定高温时，铯金属将熔化成液体。而单个铯原子将会从液体中挥发出来，在液体上方形成原子“蒸气”（就好像在茶壶上方冒出的水蒸气一样）。

每个铯原子内部的电子云都有一个共振频率，而原子自发地倾向于以这个频率振动，这点我们在前一章中已经讨论过。由于能量量子化，这个频率等于最低能级和倒数第二能级之间的能量差，除以普朗克常数。如果你想要电子云振动，你必须以特定的频率、周期性地“推动”这个电子云。在解释这一点时，我做过一个类比，就是荡秋千时需要用相似的周期性推力使秋千的振动达到最大。对于电子来说，“推力”来自振动的微波或者激光。

茶壶上方形成水蒸气

铯原子钟的共振频率是每秒9192631770次振动。幸运的是，使用微波可以很容易达到如此高的频率——类似的微波被用在微波炉中，来加热食物中的水分子。对于家用微波炉来说，如果微波频率是每秒2450000000个周期，水分子中的电子云将与微波发生共振，并且吸收微波能量的效果将达到最大化。很明显，水分子的吸收频率低于铯原子钟的共振频率。

以下是第一台铯原子钟的工作方式：首先在一个叫磁控管的电子仪器中产生微波，它的频率由一个电子线路控制，其调节频率的方式就好比一个音乐家为吉他或者小提琴调音。当微波的频率被调到正好是每秒9192631770个周期时，来自微波对铯原子电子的共振推力将是最有效的，于是它的电子云的振动将达到最大化。通过电子线路持续监测微波被电子吸收的能量并进行微调，微波频率被严格地保持在铯原子电子的共振频率上。一旦频率通过这种方法稳定下来，一个分离的电路开始对微波的振动进行计数，当记到正好9192631770次振动后，这个电路就声明“一秒钟过去了”。

事实上，一秒钟的科学定义就是指铯原子电子经过9192631770次振动所需的时间。这个定义在国际上被广泛接受。虽然它看上去很随意(是的！)，但是这个定义却很方便，因为任何懂技术的人都可以制造这样一个铯原子钟。现在，它们的制作既便宜又精致，所以它们被部署在很多地方，包括卫星和一些手机信号塔。

最先进的原子钟是如何工作的？

现在，科学家们可以制造出更加先进的铯原子钟，它们计时的精确性要远远高于上一节描述的便携式铯原子钟。在国际上最优秀的标准频率研究机构之间的友好竞争和推波助澜下，这些最先进的模型一直在不断地改进和更新中。

在美国，目前官方的计时标准被称为 NIST-F1，由位于科罗拉多州博尔德城的美国国家标准与技术研究院制定。它的改进之处在于，铯原子接收微波辐射的时间远远加长，超过了上述便携式铯原子钟的极值。原子钟技术的难点在于，当每一个铯原子从金属铯中挥发释放时，它很像一个杂技球，会在引力的作用下落向地面。当这个原子落出微波所在的区域时，或者当它落到容纳原子的金属腔壁时，它就已经“出局”了。每个原子和微波作用的时间长短限制了测量微波频率的精度。为了能看到这一点，我们还是利用荡秋千这个例子。假如秋千本身的振动频率是每秒 1.12 次，但是要想确定这个频率，仅仅观察一次秋千的完整振动是远远不够的。更好的办法应该是在秒表上计时 100 秒，数一数在这段时间内秋千振动的次数，也就是 112 次。同样道理，如果计时达到 1000 秒，而在这期间数到了 1120 次秋千振动，那么你会对观测到的频率更加有把握。

因此，这场“国际友谊赛”就是看谁能做到观测原子的时间尽可能地长。但是在蒸汽中的热原子，其移动速度超过了每秒 1000 米，因此对于一个 1 米长的金属腔，你只有 0.001 秒的观测时间，否则原子就会碰到腔壁。因此，你的首要目标就是使原子减速。如图 12.1 所示，你可以把 6 束激光从 6 个方向直接照射到原子上，来使原子“冷却”。铯原子最初在标记为 1 的位置，它们被特殊颜色的激光轻轻地推到一个球形区域中，并且被减速至大约 0.03 米/秒的平均速度。这个速度比原始模型中的热铯原子的速度小了大约 10 万倍(注:5 个数量级)。

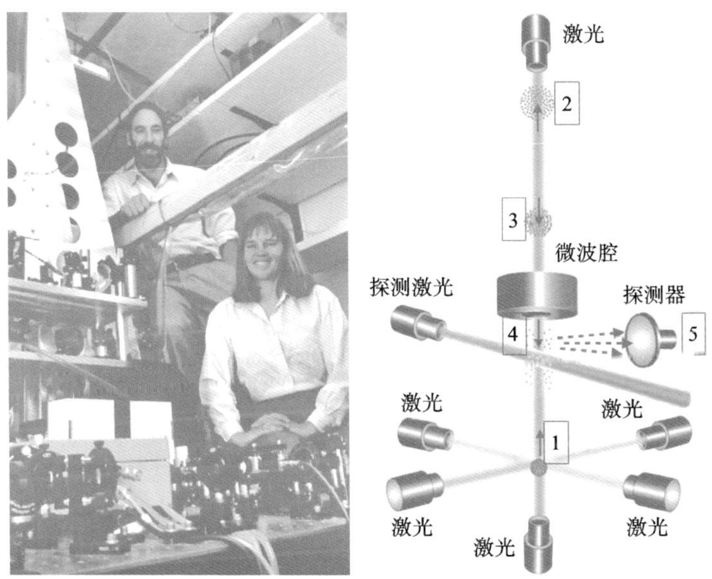

图 12.1　史蒂夫·杰福兹(Steve Jefferts)和道恩·米科霍夫(Dawn Meekhof)在美国国家标准与技术研究院和他们所搭建的 NIST-F1 原子钟合影。原子钟的计时原理如下:铯原子从位置 1 向上进入位置 2,然后开始下落。如果原子所通过的微波腔更接近原子的共振频率,那么,原子就会在位置 4 处散射更多的“探测激光”,从而使在位置 5 处的探测器发出更强的信号。

然后,底部的激光发射出一束足够强的脉冲光,使得含有铯原子的球形区域被向上推,从而进入一个被称为微波腔的微波强度最大的区域。原子在标记为 2 的位置达到顶点后,便像小球一般落向地面,从而再次穿过微波腔。当原子进入一束被称为“探测激光”的照射范围时,根据它们所处的原子态,铯原子要么散射一部分探测激光到标记为 5 的光探测器上,要么不会散射。如果微波频率被正确地调节至铯原子的共振频率附近，也就是每秒 9192631770 次振动，那么当原子进入探测激光区域时，它们将会散射激光。如果在光电探测器上探测到的光信号很弱，那么说明微波的频率和共振频率有微小的差别，因此，微波的频率就会被微调以使散射的光信号最大化。这样的调节使得微波频率严格地等于(或最大限度地接近)铯原子的自然共振频率。

那么，在 NIST-F1 原子钟里的铯原子所停留的时间，和便携式模型中的铯原子相比，到底有多长呢？因为所有的物体在引力的作用下做相同的自由落体运动，所以原子爬升到顶点与从顶点下落所用的时间是相同的，轨迹就好像是你向空中扔出一个杂技球。这个时间大约是 1 秒钟，也就是我们前面讨论的原始模型的 1000 倍。所以，利用秋千那个例子中的论点，这个原子钟至少要比原始模型精确 1000 倍。用这种方法，NIST-F1 原子钟达到的计时精度，是每经过 1 亿年，误差在 1 秒钟以内。

什么是惯性传感器？

惯性传感器测量的是一个物体的加速度或者引力强度的微小变化。以原子物理为基础的技术革新，正在指引出新的方法来制造精度越来越高的惯性传感器。

惯性或者动量的意思，是指物体天生抵制速度或者运动方向发生变化的能力。测量惯性的精确度越高，科学家们就能在更深的层次上测试引力场论，也就是爱因斯坦的广义相对论。

比如，爱因斯坦的理论预测了引力波这个现象，而在 2016 年，使用最先进的引力波探测器，科学家们第一次探测到引力波。对相对论进行如此深度的测试，揭开了很多关于空间、时间以及浩瀚宇宙的谜团。

在解释了传统意义上的加速仪如何工作以及如何被使用之后，我们将探讨量子物理学是如何大幅度提高惯性传感器的精度，从而扩大它们的应用面的。

什么是加速度计？

温度计用来测量温度，速度仪用来测量速度，和这些名称相似，一个加速度计是用来测量加速度的装置。加速度的意思是指速度变化的快慢程度，也就是说，某个物体的速度变化有多快。举个例子，如果你以某个恒定速度开车，你的速度不为 0，但是你的加速度是 0。如果你踩下油门，你的加速度变为正数；如果你踩刹车，你的加速度变为负数。一个加速度计可以感应和测量运动物体的速度及方向的即时变化。

你的身体就是一个天然的加速度计：它能感受到速度的变化。如果你闭着眼睛站在一部电梯里，你可以感觉到电梯开始加速，也就是说，感觉到电梯的速度发生了变化。你还能感知这部电梯是不是开始向上移动——你感觉到更“重”了，或者向下移动——你感觉到更“轻”了。

事实上，根据爱因斯坦的广义相对论，加速的效果和引力的效果是没有区别的。如果你站在一部悬挂在外太空的电梯里,你的脚下有一颗很大的彗星掠过,那么你将感觉到自己更“重”了,因为彗星在你身上施加了引力。但是,如果有人从下往上推动电梯,你也会产生同样的感觉,而你没有办法区分两者之间的差别,因为在两种情形下,你都是感到更重了。如果在电梯里你随身带了一个加速度计,那么它也没办法区分这到底是引力作用,还是有人对电梯施加了一个向上的加速作用。

有个好消息是你可以使用同一种装置来感应加速度或者引力。但是,你必须要仔细,要知道你正在测量的是哪一种。你可以通过“上下文”逻辑或者周围的环境来得知这一点,比如,你从电梯的窗户口向外观察——到底是有一颗彗星经过,还是有人推动了电梯。

常规加速度计是怎么工作的?

商业用途的加速度计,通常是在一个紧绷的弹簧下悬挂一个小重物,通过电子仪器探测这个重物和一块固定面板之间的距离。当这个装置感受到一个加速度或者引力的变化时,小重物就会被弹簧“向下”拉动,或者是“向上”提拉。它移动的方向由加速度或者引力的变化所决定。这样的装置可以被微缩到和你的指甲一样小。

更紧凑的设计可以使用一种特殊的、对加速敏感的晶体(压电式传感器)。加速会使得这种晶体被稍稍挤压,从而产生一个电压信号。这样的装置可以做得很小而且价格便宜,只是它们的灵敏度和精度都不高。

加速度计有什么用途?

如果在智能手机里安装加速度计,你就能通过移动或者摇动来给它下指令。在一辆车上安装加速度计,则可以用来感知车是不是遇到了车祸,以决定安全气囊是否迅速弹出。

更进一步讲,如果在一辆车上安装了加速度计,并且从三个垂直方向(向前,向左,以及向下)测量引力,那么,你可以确认车是否相对于竖直方向倾斜。也就是说,你可以不用观察车外而确认车辆的方位角。通过在车里安装几个加速度计,你可以知道它是不是在转弯,如果是的话,速度有多快。这个技术对无人驾驶或者自动飞行的无人机都很有用。

如果这些加速度计的精度足够高,那么通过连续记录它们的加速度读数,你可以从地图上的已知点开始,一直掌握车辆

车内的安全气囊弹出

行驶时的方向和距离情况。最终，这样的方法可以完全取代GPS来监控车辆移动时的位置。使用这样的系统的好处是：它可以在车辆处于地下或者海底时进行导航，而在这些地方GPS卫星信号无法穿透；它也可以无视太阳风暴，即使地球上的普通电子设备会受到干扰；它也不会因敌方“堵塞”电路而遭到破坏。

什么是重力仪？ 它的用途是什么？

被设计为只在竖直方向上测量加速度的超高精度加速度计，通常被称为重力仪。它被用来绘制一个地理区域的重力变化图。重力仪必须保持静止，这样的话它的读数将会反映重力强度，而不是设备本身的移动加速度。举个例子，假设在某个区域的地底含有金矿，而它的周围区域却只有普通泥土。因为金子密度很大，所以在金矿上方测得的重力强度将比其他区域的重力强度高一点。我想你已经能看出在这种情况下测量重力强度的好处。

一个更加有价值的应用是不需要通过深挖来探测蕴藏在地底的石油矿床，或者绘制地底考古遗迹，另一个有趣的应用是绘制出一个繁忙城市的废弃下水道或者老旧的地铁隧道网络图。在这样的一个城市里，你真的不希望为了探测而在地面上挖掘出一个又一个大洞。

常规重力仪如何工作？

在被众所周知的“树上落下的苹果”砸中时，牛顿其实已经想到了测量重力的有效手段。苹果下落时的加速度越大，说明周围的重力越强。比如地底金矿这个例子，它的存在就使得周围的引力变强。

使用这种“下落”方法来测量重力强度的难点在于，观测物体在下落过程中加速度的微小变化很不容易。一个不错的办法是使用激光来监测下落物体的高度。因此，物体通常是一面镜子，它在下落的过程中会反射激光。通过连续记录物体下落时的高度，它的加速度就能被计算出来。然后整个仪器被移动到另一个地点，重复上述实验。经过在许多不同的地点进行测试，就能绘制出一幅某区域的重力分布图。该图和地图里的等高线有点像。这幅重力分布图的整体形状，将指引勘探队员去探测那些有可能蕴藏石油或者金属矿的区域。

使用下落镜子的办法来测量重力，达到的可重复性或者精度大概是十亿分之一。虽然这已经是了不起的技术成就，但是

牛顿被苹果砸中

绘制更清晰的矿藏图却需要精度更高的加速度计。而且，目前的加速度计所能达到的精度还无法满足那些不依赖 GPS、能够完成“绝对导航”的要求。现在，研究的方向是瞄准量子效应，利用它来提高重力仪的灵敏度(可探测到的最低引力强度)和精度(可探测到的最小读数误差)。

第一台量子重力仪是如何工作的?

在前文中，我描述了在量子力学的背景下第一次测量引力效应的实验。这个实验技术利用了中子干涉仪。科学家们在一个单晶硅中刻蚀出三个平行的硅平面，中子可以直接穿过这些平面，或者被向上折射。因此每个中子有两条可能的路径，这样量子干涉会影响中子到达探测器并发出信号的概率。德布罗意关系式告诉我们，一个粒子的动量(速度乘以质量)和代表这个粒子的“量子尺”之间的关系是:

$$量子尺主刻度线间距 = h / 动量$$

h 代表的是普朗克常数。当中子以某种速度进入干涉仪时，和它相关的 psi-波函数的完整周期长度(量子尺主刻度线间距)由它的动量所决定。如果中子被折射而逆着引力作用向上爬，它的速度将变小。这意味着在上路径中 psi-波函数的完整周期长度将比下路径中的稍稍长一点。因此，当两个 psi-波函数相遇时，它们的干涉方式将由概率波通过上下路径的速度差决定。

科学家们发现，如果他们把这个装置慢慢倾斜，从而使得中子在上路径中爬升的高度越来越高，那么中子束会在两个探测器之间来回地被探测到。中子束来回出现的快慢程度暗示了仪器所处位置的引力强度。然而,中子干涉仪并不是便携式的,因此并不能做成一个有实际用途的重力仪。

高级量子重力仪如何工作?

有实际用途的重力仪是一个便携式的仪器,它可以用来为一些地区绘制重力强度分布图。同时,它也需要具有高精度,从而当它从一个位置移到另一个位置时,它能够区分重力中的微小变化。目前最先进的量子重力仪使用了受激光控制的原子,而这个装置和前面提到的原子钟相似。

在 1991 年,物理学家马克·卡谢维奇(Mark Kasevich)和朱棣文(Steven Chu,诺贝尔物理学奖获得者,美国能源部前部长)第一次展示了这种量子重力仪。它巧妙地利用了原子在下落过程中产生的量子干涉效应。在 1999 年,这个重力仪的精度达到了十亿分之几,而 15 年后,世界各地造出的新版重力仪的精度达到了百亿分之几。科学家们正源源不断地投入大量的精力来制造高精度的便携式、商用量子重力仪。

图 12.2 展示的是原子重力仪的侧视图,它显示了其第一阶段的操作。在一个高度真空的腔体内,有一个大约由 100 万个铯原子组成的小原子云,聚集在图中左侧的灰色区域。其中,每个原子的内部电子处在一个特殊的量子态,由标记为 a 的 psi-波函数表示。这是一个圆形 psi-波函数,它对应了一个电子能级,我们在第 11 章的结尾处讨论过。

利用激光技术,原子云首先朝着右上方射出。然后,一束

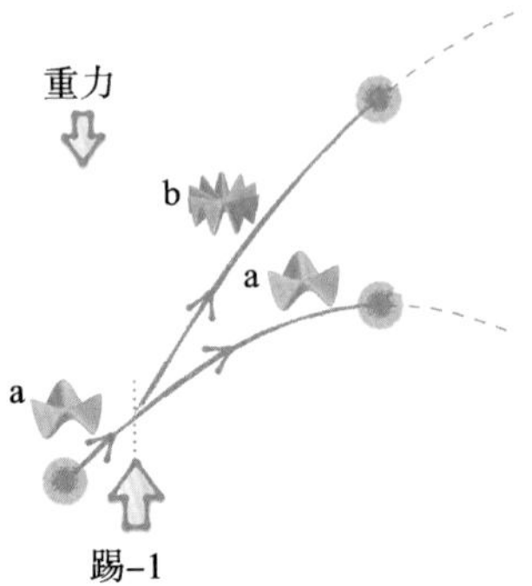

图 12.2 当移动的原子云被一束脉冲激光"踢"了一下时，这个过程创造了两个量子可能性：原子云有可能获得光的能量或动量。因此，原子云中的每个原子都有两条可能的量子路径。

弱激光脉冲(在图中被标为踢-1)从下方照到原子云上。由于在实验中所有原子的表现都一样，因此，从现在开始，我们只需要讨论单个原子。原子中的电子也许会从激光中获取能量，也许不会。激光的亮度被调整到一定程度，使得电子有 50% 的概率会获得能量，从而电子的量子态发生变化，由标记为 b 的 psi-波函数表示。如果上述现象发生了，那么电子获取了能量，同时激光也失去了能量。因为光失去了能量，它也失去了动量，与此同时，原子在向上的方向获取了动量，于是它的轨迹抛物线比起没有获得能量的原子要更高。所以，原子有两条量子路径，一条下路径和一条上路径。你可以看到，这个装置越来越像一个干涉仪。

回忆一下，我们强调过，任何一个给定的原子，它并没有选择通过其中的一条路径，或者两条路径都通过。原子的"运动"是一个量子幺正过程，它不能被分割成可观测的路径。但是，就像我们前面讨论的干涉仪一样，这两条路径是客观存在的，因此，在实验的最后，当我们对原子可能出现的位置进行测量时，路径干涉会影响我们对测量结果的预测。

图 12.3 显示了原子重力仪操作第一阶段后的剩余阶段。在第一阶段中的激光脉冲照到原子云上，过了 0.5 秒以后，另外两束激光脉冲，一束从上方，一束从下方，照到原子云上。这两个脉冲(被标记为踢-2)比踢-1 更亮，从而导致原子中的电子有 100％的概率改变量子态。当踢-2 作用到下方路径中的原子时，电子的量子态从 a 变为 b，同时对原子产生了一个整体向上的移动。相反，当踢-2 作用到上方路径中的原子时，电子的量子态变回 a，同时还导致了原子向下移动的轨迹更加陡峭。

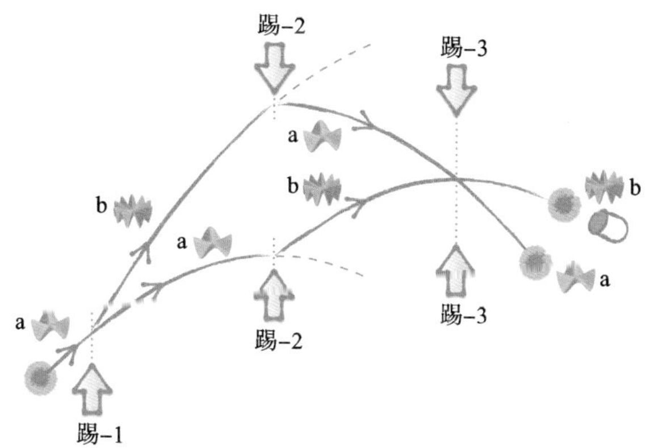

图 12.3 在原子重力仪中，原子云被激光脉冲"踢"了三次。原子抵达探测器的概率由引力仪周围的引力场强度所决定。

又过了 0.5 秒之后，原子的两条量子路径重合，如果这时另外两束更暗的激光照在原子上，那么量子路径将发生干涉。这两束激光将有 50％的概率改变电子的量子态并且改变原子所走的路径。在图中最右边电子量子态为 b 的位置上放有一个原子探测器。从分析中我们可以看出,原子通过两条量子路径到达这个探测器。它可以在踢-1 作用以后走上方路径,然后在踢-3 作用以后被向上折射。或者它可以在踢-1 作用以后走下方路径,然后在踢-3 没有被折射,保持在原有路径上"运动"然后到达探测器。

这两条量子路径发生干涉的方式,取决于原子在两条路径相交时,位于踢-3 作用处的两个 psi-波函数(或者量子尺)之间的同步关系。如果这两个波函数是"同相",那么原子将到达探测器。如果这两个波函数是"反相",那么原子就不会达到探测器,但会在 a 路径中出现。和前面讨论的中子干涉仪一样,探测器的探测结果取决于实验附近的引力强度。如果原子在踢-1以后顺着路径 b 逆引力作用向上爬,它的速度将会降低,于是它的量子尺的完整周期长度将会比下方路径中的更长。当两个 psi-波函数在 b 点的探测器上重新相交时,它们的完整周期又变为相同,但是两者之间已经相对移动了,从而影响干涉的结果。

所以,当这个原子干涉仪慢慢地从一个地方移动到另一个地方时,持续观察原子到达 b 探测器的概率,就可以测量到引力强度的微小变化。

原子干涉仪可以探测到引力波吗?

物理学中最重要的未知数之一,就是引力波到底存不存在。在 1916 年,爱因斯坦根据他的广义相对论给出预言,在最极端情况下,比如两个大质量恒星在很短的距离之间互相公转,引力本身可以形成波动,从而在整个宇宙中传播。引力波和无线电波很像,因为它们都是以光速传播,但是引力波的“介质”是引力场,而不是电磁场。

科学家们做了很多实验,试图探测到引力波,但是直到2016年,他们才在坎坷征途中获得成功。探测到引力波的是激光干涉引力波天文台(Laser Interferometer Gravitational-Wave Observatory,LIGO)。它利用了激光干涉仪,即利用了激光在通过两条可能路径后发生干涉的现象。根据已知的量子技术,有两种方法可以提高引力波探测器的性能。第一种是继续提高它们的灵敏度,从而允许天文学家探测到从宇宙更深处传来的引力波。第二种是大大降低此类探测器的巨额花费(建造LIGO的费用超过5亿美元)。

第一种方法,是使用量子物理学技术来减小激光在干涉仪内传播时产生的、不受控制的相位(波动的时序)抖动。麻省理工学院教授兼LIGO研究组组长纳吉斯·马珐尔珐拉(Nergis Mavalvala)打了这样的比方:“这有点像用一把尺来测量纸张的厚度,而尺子的刻度却在不停地抖动。”她解释说:“因为某些噪声导致了我们米尺上的刻度不断抖动,我们必须降低噪声。”科学家们有可能通过设计光波的量子态,使它的波动相位比普通激光更容易控制和限定。这种技术叫作“量子压缩”。虽然它减少了光波相位的不确定性,但却增加了光亮度的不确定性。这是第6章中提到的海森堡不确定性原理的另一个例子。在这里,这个原理应用到了一束光的相位和光强,而不是一个粒子的位置和速度。这个降低相位抖动的技术,预计很有可能在2017年应用到LIGO干涉仪的设计中,从而大大增加LIGO探测引力波的范围。

鉴于 LIGO 的巨大花费，包括马克·卡谢维奇（见上一节）在内的物理学家们，已经提议使用上一节描述的原子干涉仪来探测引力波，而不是用 LIGO 这个极其庞大的激光干涉仪。在这个设计里，如果一个引力波穿过原子干涉仪，引力强度将以振动的方式随时间变化，它是可以被探测到的。不幸的是，仅仅一台这种类型的干涉仪无法拥有足够的灵敏度来记录如此小的引力变化。根据卡谢维奇的提议，解决方案是把原子干涉仪安装在三个围绕着地球公转的卫星上，它们在空间上两两相距大约 1000 千米，位置分布呈三角形图案。这三个卫星之间的距离足够长，如果引力波穿过它们，那么每个原子干涉仪将在不同时间记录到稍稍不同的引力强度。虽然这个方案还是很昂贵，但它比 LIGO 的花费要少，而且它的另一个优势是不会受到来自地面振动的影响，这使得它更加灵敏，而且更加有应用前景。

毫无疑问，在不久的将来，我们肯定会看到原子干涉仪在科学和技术领域里的更多应用。

13　量子场和它的激发子

什么是经典物理学中的粒子和场?

在经典物理学描述下的自然界,所有基本单位都被认为是粒子或者场。在这个理论里,粒子是一个具有质量的物体,因此它具有惯性,并且受到与其他粒子之间的万有引力的影响。一个粒子同时也能带有电荷,这意味着它将与其他带电粒子之间发生相吸或者相斥的库仑力的作用。

在 18 世纪和 19 世纪,对于既分开又无实质接触的粒子之间能感受到力的作用,科学家们感到困惑不已。他们把这种让人不安的现象称为"超距作用"。为了填补粒子间的空白,物理学家们酝酿出"场"这个概念。根据经典物理学理论,一个"场"是看不见的实质,它在所有的空间中穿行,并且把力的作用从一个物体"带"到另一个物体。举个例子,在这样的观点下,月球和地球通过引力场互相吸引,而引力场来自它们的质量。虽然这两个物体没有实质接触,但是两者都在各自所在地和引力场进行接触。

乍一想,需要利用"场"这个概念的理由并不清晰。它只是理论家们的想象吗?物理学家认为不是。考虑一种假设的情况:地球突然朝月球移近了一点。因为它们的距离变近了,所以引力也将变得更强。可是,爱因斯坦相对论中的一个重要事实是,任何物理影响的传播速度都不能超过光速,这点我们在第 8 章中讨论过。出于这个理由,地球靠近造成的影响不会马上被月球感觉到,所需的时间不会比一束脉冲激光从地球传播到月球的用时更短(这个时间大概是 1.3 秒)。我们可以构想出,地球的突然移动在地球附近的引力场中产生了一个涟波,它以光速向外传播。你可以把它想象成在湖面出现的涟漪。但是,在地球和月球之间肯定没有任何物质,仅仅存在引力场。当引力场的涟波到达月球时,它将突然对月球产生引力。

物理学的基本原理是,任何物体相互作用时,整体动量保持不变。动量等于物体的速度乘以它的质量。也就是说,一个更重或者更快的物体具有更高的动量。举个例子,当一颗台球撞上另一颗原本静止的台球时,一部分动能被转移到那颗静止的台球上。虽然每一颗台球的动量都发生了变化,但是两颗台球的动量总和却是不变的,这是一个常量。于是,这里就有一个疑问:当引力场的涟波到达月球时,月球将瞬间被拉向地球,改变了月球的运动轨迹。也就是说,月球的动量发生了变化。早期科学家们所面临的难题是:在月球还没有感受到引力变化的 1.3 秒内,月亮因引力作用而获得的那部分动量在哪儿呢?这个问题的答案必须是:这部分动量存在于引力场本身。意识到这一点,科学家们更加大胆地指出,引力场不只是一个虚幻的想象,它在自然界中真实存在。

同样的道理也可以应用到电场和磁场上。它们都具有动量和能量:当一个带电物体突然被某样东西推动时,它将放射出电磁辐射,比如无线电波或者光。这个辐射最终会被另外一个物体接收,比如无线电天线,或者在放射出光的情况下,被你的眼睛接收。但是,在这种形式的能量到达天线或者你的眼睛之前,能量存在于哪里呢?就存在于电磁场内部!

如果一样东西具有动量和能量,那么它就是一个物理实体。所以,在经典物理学描述的自然界中,有两种基本单位:粒子和场。在这样的表象里,粒子和场已经足够描述整个自然界。

统一了粒子和场这两个概念的量子物理学原理是什么？

在自然界中，所有的物理实体都是量子化的；也就是说，量子理论可以用来描述它们。物理实体也包含了所有的物理场，其中第一个被量子理论成功描述的是电磁场。在 20 世纪 20 年代，玻恩、海森堡和约尔旦，以及狄拉克提出了电磁场的量子理论，从而引领物理学进入了新纪元。

回顾一下，在经典物理学描述下，电磁场以波或者涟波的方式携带扰动。电磁场的特征是振动，并以光速传播。事实上，这些波就是光。

作为类比，考虑水波在湖面上传播的情形。为了能把波视觉化，想象一下在湖面上漂浮着大量分布均匀的小瓶塞。当水波流过时，瓶塞就会上下振动，形成一个像波一样的图案。波就是多个实体在不同地点的协调移动。电磁波也类似：在空间

湖面上漂浮着大量分布均匀的小瓶塞

中的每一点,“场”具有特定的值或者强度。电磁波并不“上下移动”。相反,电磁场在所有的地点以协调的方式从强到弱振动。

打个更加贴切的比方:设想有一百万个瓶塞,被按照棋盘格的方式,铺满了网球场大小的区域。每个瓶塞周围有四个相邻的瓶塞,并且它和每个相邻的瓶塞用一个短而紧的弹簧连在一起。现在,通过支撑起它的四个角,整个串联起来的瓶塞网格被完全悬挂起来,没有任何一个瓶塞能碰到地面,如图 13.1 所示。如果所有的瓶塞原先都处于静止状态,然后你跳起来“拨动”其中一个瓶塞,波动式的运动将从此地向外“辐射”。每个瓶塞将开始围绕它的中心位置进行振动或者振荡;所有的瓶塞都具有相同的振动频率。瓶塞的这种波状移动可以用经典物理学来描述。但是,如果你用微小物体代替瓶塞,在这种情形下,你就必须使用量子理论来描述这些物体,那又会怎样呢?换句话说,如何使用量子理论来描述波状运动呢?回忆一下,在量子物理学中,我们不能像使用经典物理学理论那样谈论每个物体的“运动”;运动轨迹这个概念并不具有意义。为了清楚起见,让我们规定,这个由微小物体组成的网格被放置在一个暗室中,因此无法观察到每个微小物体的运动;而且它们也不会留下任何永久的痕迹,从而使我们无法得知它们在某个时间所处的具体位置。用量子测量的术语来说,就是我们假设每个物体都没有被测量。所以,描述整个网格运动的量子理论把它的“运动”当作是一个幺正过程。就像第 4 章中介绍的:一个幺正过程不能被分割为许多单独的步骤,并且其中每一个步骤都具有确定的、可观测的结果。

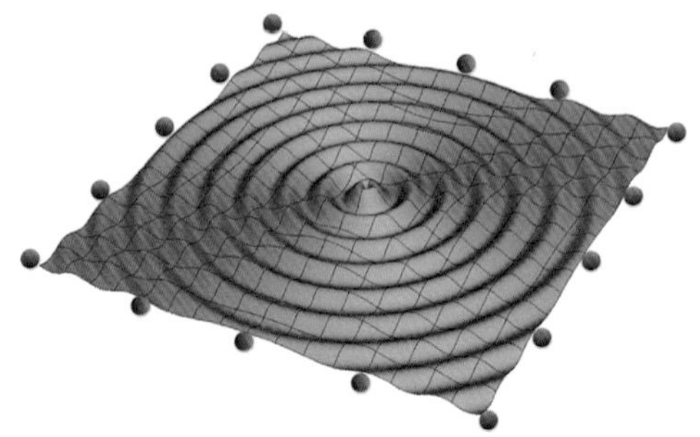

图 13.1 在串联起来的物体网格中，由于对中央物体的拨动，整个网格开始振动。在网格的边缘四周放置了一些运动传感器来探测这些振动。

这个由弹簧连接在一起的、许多微小物体组成的网格，表现得就好像是一个单一量子系统或者实体。在讨论纠缠量子态的时候，我们曾使用过两个物体构成的组合体，相比之下，现在这个想法更加复杂。也就是说，现在我们有一个与许多物体相关的纠缠态，而不仅仅是两个物体。每个物体的量子态都无法独立于其他物体之外。在位于不同地点的大量实体之间形成的量子纠缠，正是量子场论的精华。

如果我们测量一个量子场，会发生什么？

假设我们想要去拨动网格中央的物体。网格处于黑暗处，没有被测量过。为了完成一次测量，我们在网格边缘的某个物体旁放置一个小型运动传感器。当我们拨动网格中央的物体时，位于边缘的物体也会轻轻摇晃，从而触动运动传感器。与之相连的灯泡就会闪亮，提醒我们，它探测到一次振动。这个过程构成了一次只针对边缘物体的测量；网格中央的物体没有被测量。

我们可以让上述实验变得更加有趣：在每个边缘物体旁都放置一个运动传感器。如果网格是由经典物理学描述的物体组成，那么在中央物体被拨动过一段时间后，每个边缘物体就将开始微微振动。假设你重复以上“拨动—观测”实验很多次，但每一次都减小拨动的强度。同样，每一个边缘物体都将振动，但振幅慢慢减弱。如果运动传感器的灵敏度足够高，那么每个传感器都将会提示，波动抵达了它所处的边缘位置。

如果网格是由量子物体组成的，那么量子理论预计了一个有趣的效应。和前面一样，我们重复实验很多次，每一次都减小拨动的强度。我们也同样预计，在拨动中间物体一段时间后，每一个边缘物体都会发生振动，即使它们的振幅会很轻微。但是，玻恩、海森堡和约尔旦发现情况并非如此！量子理论预测，当拨动的强度很轻微时，仅有一小部分的边缘物体被观测到，它们身边的传感器被触发了。当拨动中央物体的强度慢慢减弱时，触发传感器的边缘物体的总数将减少，但是这些物体的振幅并不会减弱！更进一步讲，如果同样的实验被试着重复很多遍，每一次实验都将会发现不同的一组边缘物体发生了振动。根据量子理论，它只能计算出每个边缘物体发生振动的概率。如果拨动强度进一步减小，直到有且仅有一个边缘物体的传感器会被触发。在这种情况下，当每次重复实验时，只有一个边缘物体会被观测到发生了振动，而且和上一次观察到的不是同一物体。

如此有趣的探测可以用一个简单的模型来解释：被轻轻拨动的中央物体“抖落”了少量的、包含动量和能量的独立个体，它们被称作“能量子”。当其中一个能量子离开中央物体并且击中一个边缘物体时，这个边缘物体就会开始发生振动，从而触发它的运动传感器或者说探测器。假设能量子被传送出去的方向是随机的，那么就很容易明白，为什么每一次实验都观察到了不同的边缘物体发生振动。为了使这个简单模型完整化，我们还需要进一步假设：如果中央物体被拨动得更强，那么，抖落的能量子数量将会更多，同时更多数量的边缘物体将会发生振动，而且它们的振幅都相同。在只有一个“能量子”（量子的单数形式）被抖落的情况下，仅仅一个边缘物体将开始振动并且触发它的传感器。

网格的量子理论如何被应用到光波上?

玻恩、海森堡以及约尔旦从量子理论中推断出，如果上面的网格以单一而确定的频率（每秒的周期数）进行振动，那么，网格中的每个量子应该具有相等的能量。这个理论暗示，这个能量应该通过普朗克关系式和网格振动频率联系起来。我们在第 6 章中已经讨论过普朗克关系式，也就是：

$$频率=能量/h$$

h 指的是普朗克常数，它被认为是自然界的一个基本常数。这是一个很不错的结果，因为如果我们把想象中的网格用电磁场代替，那么我们发现，它与普朗克和爱因斯坦以光子为基础发展出的那一套光的旧理论所预测的结果完全一致。很明显，网格的能量子和光子扮演着同样的角色，因为对于同一种频率或者颜色的光来说，光子所具有的能量也是由普朗克关系式所决定的。

因此，玻恩、海森堡和约尔旦充满自信地把网格振动理论应用到了电磁场上。他们意识到，不是在网格中的每一个位置都有一个物理对象，电磁波本身在这些位置上就具有数值或者强度，这个强度对应了电磁场在那个位置上对一个带电粒子产生作用的大小。在每个位置上，电磁场(光)的振动频率，由它的颜色所决定——蓝色的振动得较快，而红色的较慢。这种让想象中的物质实体概念性地消失并且以场的实体性代替它的做法，应该会让你想起刘易斯·卡罗尔(Lewis Carroll)在《爱丽丝梦游仙境》中描绘的那只柴郡猫(Cheshire Cat)，当它的身体消失后，仅存的就是它露齿的笑容。

如果一个带电粒子，比如电子，发生轻微晃动或者振动，那么它将发出电磁辐射。如果这个辐射对于眼睛是可见的，那么我们称之为光。假设当电子振动时，它处在一个暗室的中央，而且大量的光电探测器被安装在这个房间的墙壁上。如果这个电子振动得很轻微，那么，我们会观测到，有且只有一个光探

柴郡猫

测器会被触发。这意味着它接收到了一个光量子。到底是哪一个探测器会被触发却是无法预测的——这完全是随机的。我们仅仅能计算每个探测器被触发的概率。相反，如果电子振动的幅度稍稍增加，那么就不止一个探测器会被触发，这同样也遵从了量子理论预测的概率。

把从电子上“抖落”而触发光探测器的粒子想象成光子，看上去是很自然而然的事情。但这是一个太过于简化的观点。更加正确的观点是，电子的振动使得电子和探测器之间的整个量子电磁场被激活或者“激发”，并且也开始振动。然后在某个时刻，一个或者更多个探测器被触发，并且电磁场重新变为非激活状态。

什么是量子场？

通过上面的讨论，我们对什么是量子场有了一致的理解。我们可以提出论断：一个量子场由无数个分离的量子实体组成。每一个量子实体是空间中的一点，它们之间以协调振动的方式，就像一个波的运动那样，在量子场内部传送能量和动量。

量子实体是抽象的，因为它们仅仅代表了在空间中每一点的场强，即使在这个点上没有实质物体。每个组成量子场的量子实体被保持在指定的空间点上，而能量和动量则是在一点到另一点之间传送，最终它们抵达各个不同的空间点，在那里量子场的能量被吸收，从而触发探测信号。

什么是光子?

从量子场论的观点看,我们现在可以说:一个光子就是量子电磁场的一个单独激活或者激发。光子不是粒子。为了强调这一点,我们注意到,量子场的激发,并不是只存在于空间中的一点——它可以分布在很广的区域里,这一点和物体网格里的波动很像;或者这个量子场也可以集中在一个很窄的区域。从这个意义上来说,一个光子的大小与你如何制备它有关。如果电子振动的方式是恰如其分地急剧而又短暂,那么,一个电磁振动波将以紧密地"稠团"形式从电子处向外移动。如果电子振动了很长一段时间,那么一个量子激发将在很广的区域里蔓延。这意味着,如果一个电子振动了很久,并且只放射出一个光子,那么这个光子将分布在很广的区域中。一个光子绝对不是一个点状的物体。事实上,它根本就不是一个物体。

让我们再次强调,光子,作为量子场的激发,与经典物理学中描述的场激发有着很大的区别。正如前面所解释的,经典物理学中场的激发将会把自己的能量和动量,大致相等地分给周围所有的探测器。相反,光子把自己的能量仅分配给一个探测器,这个过程通过量子物理学的内在性质——概率——来随机选择。光子是无法分割的,或者,用物理学家阿特·霍布森(Art Hobson)的话说:"你不可能拥有一个量子的一部分。"光子的无法分割性是量子场论所特有的。

粒子和场是同一种事物的不同形态吗？

在经典物理学描述的自然界里，基本实体是粒子和场。然而，玻恩、海森堡和约尔旦，以及其他科学家们发现，当把量子理论应用到无数个互相间能传递能量的实体或者场时，类似粒子的实体自然而然地浮现在了人们眼前，比如说光子。也就是说，类似粒子的实体仅仅是量子场的形态；它们在本质上并不是独立于量子场之外的“东西”。这一点，可以被看作对自然界各种形态的理论大统一；而在这之前，粒子和场被认为是独立的。

场和粒子的统一也适用于电子吗？

是的！为了能理解下面的讨论，你必须要放弃把电子看成一个微小的、具有质量和电荷的、类似石头的物体。虽然我在本书中多次使用“物体”这个词来指代电子，但是，我都试图避免把电子描述成一个像石头一样的小物体。现在，让我们思维跳跃一下，用全新的方式来想象一个电子。

就像存在电磁场，它的量子激发是光子一样，自然界中存在“电子-物质场”，它的量子激发就是电子。这个电子-物质场是一种遍布于所有空间内的三维网格，它的振动激发态的表现和电子的出现相对应。从这个观点出发，一个电子并不是一个粒子；它是电子-物质场通过量子激发而产生的一个类似粒子的实体。

你怎样才能“拨动”电子-物质场，从而创造出一个从拨动点向外运动的电子呢？在20世纪30年代，这个过程的理论发现[①]是量子物理学史上的一个里程碑式的事件，并且引出了关于基本粒子的现代理论。在此之前，人们已经知道，电磁场和电子-物质场之间发生作用时，它们的能量可以进行交换。这一点并不令人惊讶；就算是在经典物理学中，一个振动的电子也可以把能量分给电磁场。

物理学家们发现，量子理论预测电磁场和电子-物质场之间的作用方式意义深远：如果一个电磁场的能量子——光子——消失了，那么一个电子会在光子消失的一瞬间，由电磁场所放弃的能量产生。用更加准确的场论术语来讲，就是电磁场失去了一个量子激发，而电子-物质场获得了一个量子激发。作为一个附赠品，另外一种场——当时并不为人所知——同样也获得了一个量子激发。这个场对应的是反物质，在这里特指“正电子”，它具有和电子一样的质量，但是与之相反，带正电荷。

实验物理学家的确观测到了量子理论预测的量子过程——电磁场失去一个光子，同时电子-物质场和正电子-反物质场各获得一个激发子。整个过程的能量保持不变；能量只是从一种形式变为另外一种。当量子场进行能量交换时，量子物理学使用数学方法，正确地预测了以电子为形态的物质实体被创造和消灭的过程，这一点让科学家们印象深刻。对于这个数学方法还正确地推算出了另一种新型物质——反物质的存在，

---

① 由W.弗里(W. Furry)、J.R.奥本海默(J. R. Oppenheimer)、W.泡利(W. Pauli)和V.魏斯科普夫(V. Weisskopf)提出。

科学家们同样印象深刻。

另一方面，爱因斯坦的相对论表述了物质和能量之间是可以互相转化的，它与量子物理学的预测一致，这一点也让理论物理学家们感到很满意。爱因斯坦方程式 $E=mc^2$，代表了能量 E 和质量 m 是成比例的，而光速 c 在这个公式中是常数因子。回忆一下，光速是运动速度的上限，这一点为“场”作为真正的物理实体提供了有力的论据；“场”可以用来解释，在两个有因果关系的事件时间点之间，能量和动量是如何存在的，比如说，地球的突然移动和月球感受到的引力变化。在 20 世纪 30 年代，物理学家们所做的就是把爱因斯坦的相对论和量子理论结合起来。他们发现，这种“联姻”预测了一些特定的过程，其中能量和物质可以互相交换。

为什么我们看不到普通物体的出现和消失？

如果量子场论预测物质可以被创造和消灭，那么，为什么普通物体，比如铅笔和薯片，不会随时出现和消失？答案是因为我们生活在一个低能量的世界。在我们周围的物体，它们所具有的能量由接近室温或者更高一点的温度所决定。如果我们周围大部分的物体具有更高的能量，那么我们人类就可能无法在地球上生活了。

基本粒子的创造和消亡，所涉及的能量远远大于我们周围普通物体的能量。符合这种状况的情形，存在于太阳和高能粒子加速器的内部。当然，这两个地方我们人类最好还是别去。

宇宙是由什么组成的?

就如存在和电子对应的物质场一样,和质子及中子对应的场也存在——一种是质子-物质场,另一种是中子-物质场。事实上,每一类基本"粒子"都有与之相对应的物质场,它的激发子就是这种类型的"粒子"。

诺贝尔奖获得者、量子物理学家史蒂文·温伯格(Steven Weinberg),总结了量子场论的发展:所以,宇宙中的居住者们被认为是一组场——电子场、质子场、电磁场等——粒子反而被认为是副现象而已。最重要的是,这个观点已经"活"到了今天,并且成为量子场论的中心法则:本质上来说,这是一组服从于爱因斯坦的相对论和量子力学定律的场;其他的只是这些场的量子动力学作用的结果。

阿特·霍布森把上述想法总结为:场就是宇宙里所有的一切。

什么是量子真空?

在量子理论问世以前,关于不含有物质和辐射的空间区域里到底还剩下什么,物理学家们产生了很多设想。事实上,宇宙里没有一个角落是完全没有物质和能量的,但是这并不阻止理论学家们提出各种理论。一个当时流行的想法是,这样的被称作"真空"的空区域里绝对不包含任何东西。另一个想法是这个空间充满了"以太",它是一种不同于能量或物质的实体,为空间中的每一点提供了一种标志杆,告诉能量和物质它们所在的位置,以及方位的"上、下、左、右"。这个经典的以太说在1887年被阿尔伯特·迈克耳孙(Albert Michelson)和爱德华·莫雷(Edward Morley)的干涉实验证明是错误的:他们使用了一个干涉仪来测量在两个垂直方向上的光速,发现这两个速度之间不存在任何差别。这个实验结果说明,以太是不存在的。这样的结果和爱因斯坦的相对论一致。

那么,什么是真空?它并不是什么都没有。量子场论说,所有的空间都充满了量子场——电子场、质子场、电磁场,以及其他与每种基本粒子相对应的场。就算没有量子激发或者"粒子"的存在,这些场还是客观存在的。但是,我们可以把除此之外都是空的区域称为量子真空。

量子真空的性质是什么,以及它怎样才能被感知呢?量子真空的一个重要特征可以运用前面章节中讨论的量子物理学原理来推断出。首先,任何量子实体不具备预先确定的测量结果;在测量前只有量子概率存在。其次,某些物理量是互补的:它们没有办法被同时精确测量。这个想法引出了海森堡不确定性原理,更确切的应该被称为无法确定性原理。也就是说,如果测量某个特定物理量可以达到的精度越高,那么测量另一个物理量的精度就越低。举个例子,如果一个粒子的位置被精确测量,那么它的速度或者改变位置的快慢,就无法确定。于是,"粒子的速度是多少?"这个问题,在这种情况下就没有意义。

把"无法确定性原理"应用到一个量子场,假设是电磁场,会引出一个惊人的结果:量子场不可能完全静止不动,即完全处于休眠或者不活跃状态。如果量子场在某个位置的强度恰好为 0，那么它的强度变化的速度就不是 0！所以，在短暂的一瞬间之后，它的强度将不再是 0。可以做到最接近完全静止的，只是移除掉量子场中所有的类似粒子的激发，然后它的场强和场强变化速度都将处于最小值，但都不为 0。如果你去测量二者之一，那么，根据量子理论①计算出的概率，你将获得随机但不为 0 的值。但是，这些随机数值的平均却是 0。它们被称为真空涨落。

在这里，我们得出的结论是，量子真空被扰动中的量子场所填满，大致如图 13.2 所示。这个扰动的量子场只有在被测量或者与其他场以不可逆的方式作用时，才具备确定的数值。关于量子理论的这个预测，它的第一个实验证据，是在测量氢原子的电子能级时被发现的。一个忽略真空涨落的理论，错误地预测了能级，而包含真空涨落的理论却正确地计算了能级，并且其结果精确到了百万分之一以内！理论和实验如此高度吻合，完全说服了物理学家们接受量子真空的存在，同时也让威利斯·兰姆（Willis Lamb）获得了 1955 年的诺贝尔物理学奖。

基本粒子是怎样获得质量的？

量子真空场的另一个重要物理实例是和希格斯场的真空态有关。尽管在 20 世纪 60 年代，彼得·希格斯（Peter Higgs）

---

① 1994 年，我在俄勒冈大学的研究小组使用了量子态断层扫描法对这种真空量子态进行了测量。

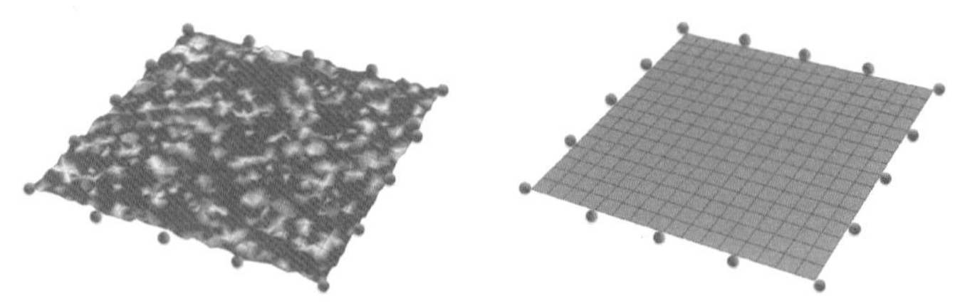

图 13.2 量子真空(左)以及经典物理学中的真空(右)。

就预言了希格斯场的存在,但直到 2012 年它才被实验证实,这一发现引起了媒体的广泛报道,希格斯和弗朗索瓦·恩格勒特(François Englert)因此获得诺贝尔物理学奖。希格斯场是一种量子场,它的作用就是将质量传递给基本粒子,例如电子和夸克。从量子场论的观点来说,当电子场被激发而创造出一个单电子时,这个电子会和无处不在、到处传播的希格斯场相遇。希格斯场的作用和电子的运动相反,就像逆水行舟一般。如果另外一个力作用到电子上,那么希格斯场就使得电子的加速行为受阻。这种阻碍加速的效果就是惯性的本质。所以,电子和希格斯场之间的作用把惯性赋予电子,而惯性又被想象成来自电子的质量。

这个"故事"的精彩之处在于,希格斯场在几乎所有的时间内都保持在量子真空态中。在常规条件下,并不存在着希格斯粒子——著名的希格斯玻色子——作为自由移动的粒子。这样的粒子,作为希格斯场的激发,是非常少见的,并且它们并不会在其他粒子获得质量的过程中担当主角①。这是一个现实性很强的例子,并且反映了量子场真空态的重要性。没有希格

① 在 2012 年的实验里,科学家们创造出了足够多的希格斯粒子。他们使用的办法,是在位于瑞士的大型强子对撞机里,使高速运动的质子进行猛烈的互撞。

斯真空态，或者没有它的量子涨落，所有粒子的质量都将是0！换句话说，所有的粒子都将以光速传播，就像光子一样，从而不会有原子，也不会有我们人类！

还有其他事实为量子场的存在提供证据吗？

从20世纪30年代到20世纪60年代，物理学家们花了很长时间，才完全接受了量子场在自然界中是真实存在的这一观点。甚至到了今天，量子场论还是被当作量子理论中深奥难懂的、高等级的那一部分，只有量子物理学专家们才会使用。大部分专家，比如温伯格和弗朗克·维尔切克(Frank Wilczek)，都认为量子场论比粒子学说更加基本，并且认为这样的观点应该在物理学中有更高的地位。下面的论据支持了他们的说法：

(1)量子场进行“全局思考”，但只发生局部作用。维尔切克写道：定域性的概念是科学的基本实践，粗略来讲，它就是一个人在不使用远处物体做对照的情况下，就可以预测周围物体的表现。量子场论能满足这个要求，当它被用来描述各种现象时，都获得了成功，而其中并不涉及远距离之外的行为，否则将违反爱因斯坦相对论原理。量子场论的成功，包括正确地描述了对相距很远的、具有相关性的物体进行测量时观察到的贝尔关系式，它和我们的直觉相反。

(2)量子场明确了同类型基本粒子都是相同的。维尔切克写道：“毫无疑问，量子场论独一无二地解释了关于自然界最根本的一个事实，那就是存在不同的，但又无法分辨出区别的基本粒子的复制品。”世界是由有限种基本粒子组成的，而任何同种类型的基本粒子都完全相同。但是这个事实背后的原因却一点都不明显。举个例子，任何两个电子都是相同的，它们可以互换。“我们对这一点的理解，是基于两个电子是同一潜在的‘那个东西’的激发子这个事实。在这里，我们指的‘那个东西’就是电子场，因此它是基本实体。”维尔切克说道。

(3)量子场自然而然地解释了粒子数目的变化。量子场论不仅仅解释了在原子辐射或者吸收光的过程中，光子被创造和消亡的过程，它还解释了其他诸如电子和正电子的创造和消亡的过程。维尔切克写道：“在这个画面里，永恒的只是量子场，而不是由它们创造和消亡的孤立个体。”

(4)就算只有一个粒子，量子纠缠也能存在。当我在前面的章节中描述量子纠缠态时，我总是提到两个物体，比如光子，它们的组合态的形式是(0)&(1)+(1)&(0)。在这里我使用量子比特的语言，其中(0)和(1)指的是任意两个量子态，它们可以用来描述每个物体的特征。回忆一下，记号“&”的意思是“叠加在一起”。如果我们现在考虑处于两个不同位置的电磁场，会发生什么呢？假设我们有两个微波炉，它们相距5千米。我们把每个微波炉调节到只含有零个或者一个微波光子(下面简称光子)的电磁场激发态。如果每个微波炉内部的电磁场有一个光子，那么我们标记为(1)；如果没有光子，我们就标记为(0)。现在，(0)&(1)+(1)&(0)指的是两个电磁场的量子态，因为每一个微波炉内部存在一个电磁场。这个量子态是两个微波炉电磁场的纠缠态，并不是两个粒子的量子纠缠态。这种量子场纠缠态是可以通过实验证明的，其中两个微波炉保持相距很远，并且两者之间没有量子实体的互换。量子物理学家史蒂文·范恩克(Steven van Enk)写道,由于微波炉的操作是定域性的,“所以我将得出结论,(0)&(1)+(1)&(0)的量子态含有纠缠。”两个分离的电磁场可以含有量子纠缠,即使它们总共只有一个光子。这样的事实暗示了电磁场是真正的物理实体。

(5)量子场论给出了关于波粒二象性的清晰解释。电子-物质场不是一个电子。确切地讲,一个电子是电子-物质场的一个独立激发子。一方面,电子-物质场本身表现得像一个波动,它可以给出测量电子时,电子处在某个位置的概率。所以,如果一个人错误地相信电子是一个粒子,那么,他提出一些前后矛盾的、毫无意义的问题就不足为怪了。比如,电子到底是走了哪条路径到达探测器的,这个问题就没有意义。另一方面,一个量子场贯穿了整个空间,因此它存在于所有(两条)路径中。所以,正确的说法不是一个电子有时表现得像波,有时表现得像粒子。相反地,我们应该说,量子场总是表现得具有波动行为,而电子是这个场的一种显现。我们最好把谜团一般的“波粒二象性”用不那么神秘的“量子场-量子粒子二象性”代替。

对量子场的理解解开了贝尔关系式的谜团吗?

不,它没有。回忆一下,测量分离物体时得到的非定域性的、贝尔类型的关系式,它的悖论和量子物理学没有直接关系。所以,无论你是把量子粒子还是把量子场作为更加基本的量子实体,这个悖论都是存在的。

对量子场的理解解开了量子测量的谜团吗?

不,它没有。量子测量的谜团,用量子场论的术语来讲,可以被表述成:假设在一个原子的内部,有一个电子处于能量激发态,然后它以量子电磁场激发子的形式辐射出光,也就是一个光子。现在这个原子的能量减少,而量子电磁场的能量增加。当电磁场中创造的能量向外传播时,它到达了一个含有一组等距探测器的区域。假设爱丽丝"驻扎"在一个探测器上,而鲍勃"驻扎"在另一个探测器上。如果爱丽丝看到了她的探测器被触发,那么,由于光子的不可再分割性,她知道光子的所有能量全部被她的探测器所吸收。因此,她也知道鲍勃的探测器不会获得任何从原子中放射出的能量。

这听上去很有道理,但是它存在一个问题:如果从原子所处的地方向外、向所有方向传播"褶皱",每个"褶皱"中带有能量,那么光子的全部能量又怎么会突然之间都聚集到爱丽丝的探测器上呢?很明显,能量不会跳跃式地从一个区域到另一个区域中瞬时穿越。

上述情形迫使我们进一步思考量子场的意义。在经典物理学的场里,能量被存储在传播中的"褶皱"里,而与其不同的是,一个量子场并不代表任何现实化的物理实体。它代表的仅仅是量子概率。在前几章中,当谈论到单光子通过两条路径到达探测器时,我给出了同样的解释,而现在这个解释就是对它的归纳。我们必须非常小心,不能给每个真正的实体的出现赋予概率。我们必须要严格区分量子概率和测量结果这两个概念。所以，就像我们在处理单电子时那样，我们需要在头脑中始终保持量子场的量子态仅仅代表概率这个概念，而它并不和测量结果一一对应。虽然我们很难把量子场视觉化成一个传播中的量子概率网格，但它却是我能给出的、最接近于量子场真实情况的描述。

为什么关于量子场的讨论被推迟到接近本书的结尾处？

就像量子场论在物理学史上出现的时间点一样，只有当量子物理学的基本原理被完全理解后，量子场背后的概念才能被解释清楚。本书主要致力于对量子物理学的解释。然后，通过假定“场”的存在，并且坚持认为它被量子物理学原理所支配，于是，伴随着它对自然界的所有正确预言，量子场论就以强大而优雅的姿态浮出水面。

14 有待解决的问题和争议

关于量子物理学，有哪些是我们不知道的?

诺贝尔物理学奖获得者默里·盖尔曼说："量子力学的发现是人类历史上最伟大的成就之一，但它同时也是人类最难掌握的理论之一……它违反了我们的直觉思维——更确切地说，应该是人类的直觉思维建立在忽略量子效应的基础上。"我以这些文字作为本章的开头，就是想提醒读者，本书的最后一章将和前面的章节不太一样。它谈论的内容，更多是关于我们所不知道的量子物理学，而不是强调我们所知道的。

有一些重要的学术问题是我们不知道的，比如怎样发展一个包含爱因斯坦广义相对论的量子理论；或者当能量大于希格斯玻色子的能量范围时，会出现什么样的量子现象；或者什么是暗物质。这些都是物理的未来论题。

到目前为止，我们掌握的量子理论，几乎覆盖了我们所知道的一切，包括经典物理学和量子物理学。然而，什么样的自然界才是量子理论试图告诉我们的呢？关于这一点，物理学界没有一个完美而清晰的脉络；或者说，至少没有一个大部分物理学家都同意的观点。在量子理论中，存在一些有待解决的问题。当我们在尝试建立一个直观体系来理解量子现象时，这些问题会让我们感到尴尬而不知所措。就像物理学家沃伊切赫·茹雷克(Wojciech Zurek)写的："因为对量子物理学的不同理解而产生的争议，主要源自薛定谔方程的预测和人类的感性认识之间的冲突。"

什么样的自然界是量子理论试图告诉我们的?

我再次引用盖尔曼的话:“在量子力学里,对宇宙的描述是概率性的。它的基本定律不会告诉你宇宙的历史。它告诉你的是无穷组宇宙替代史可能发生的概率。”这个描述和经典物理学提供的宇宙论不太一样,后者告诉我们,如果你知道现阶段某个系统中所有东西的状态,那么,在原则上,你可以完美地预测该系统在未来阶段的状态①。从经典物理学的观点出发,如果我们无法预测未来,根本原因是我们对现在所有事物的状态缺乏完整的了解,以及我们没有能力完美地计算牛顿公式。在这个观点中,概率可以简化成更加基本的因果论。我把这个观点称为“可简化的概率”。

相反,量子现象中的概率被认为“不可简化的概率”,它不是来自任何潜在的隐秘机制或者知识的缺乏,而是世界在基础层面上固有的本性。随机性或者概率性的表现是自然界的一个特征,不仅仅是因为我们试图以这种方式来理解自然界。

这个结论不是来自我们试图预测的最复杂的系统——宇宙,而是来自试图预测的最简单的系统,比如单电子或者光子。实验结果和逻辑思维必然引起物理学家们使用“量子态”和伴随它们而出现的独有特征,来描述与自然现象相关的实体。量子态的特征有:幺正过程,叠加和纠缠。我希望本书中的许多

① 就算在经典物理学中,随着时间的流逝,预测未来的难度也以指数形式增加。但是,这种预测的局限性和量子物理学中固有的随机性相比,在本质上是不同的。

例子和讨论已经告诉读者，如何去理解这些特征。

在一个普遍接受的观点中，量子态被假定为对物理情形能做到的最完整描述。如果这个假定是正确的，那么，除了量子态以外，就没有其他错过的信息等待发掘。在这种意义上，量子态被想象成一个基本概念。但是，量子态到底是一个“物体”——它们组成了部分(或者全部)现实(无论指什么)，还仅仅只是一个抽象概念——在人们思考或描述物理系统时它们扮演了一个重要角色？对于许多物理学家来说，这个问题的答案并不完全清楚。也就是说，量子态是不是受制于物理定律？还是说它本身就代表了这些定律？它是肇事者还是执法者？它是油漆还是粉刷匠？

量子理论很明显的一个问题是什么？

对于很多物理学家来说，量子理论面临的一个显而易见的“难题”，是它不具备一个明显而简单的方法，在所谓的幺正过程和测量过程之间画上一条分割线。下面的一个简明例子可以演示这个问题：假设在一个真空腔内，一根炙热的金属线放射出一个电子。这个电子在离开金属线时，在各个方向上传播的概率都相同。假设真空腔的内壁上覆满了大量的探测器，那么当电子传播到内壁时，只有一个探测器会被触发。因为真空腔内不含有空气或者任何其他东西，电子从金属线传播到探测器的方式是无法被监测的。所以，量子理论把电子在抵达探测器前的表现认为是一个幺正过程，并且使用德布罗意和薛定谔提出的 psi-波函数来代表电子“运动”过程的所有可能性。量子概率波从放射源向外传播，就像一个膨胀中的球形气球，直到它碰到了在腔壁上的大量探测器。这个概率波在每个探测器所处的位置上的值不为0。我们知道,量子概率波代表了任何一个探测器发出信号的可能性的叠加。那么,如果一个探测器——你无法预测是哪一个——被触发,你就马上知道,其他探测器不会再被触发。这也意味着,psi-波函数在所有其他探测器所处位置上的值突然全部变为0。和电子相关的所有能量也突然聚集在了一个探测器上。

量子理论体系(幺正演化和叠加)的理解“难题”在于,看上去并没有一个物理机制可以“导致”psi-波函数在所有其他探测器所处位置上的值,从不为零到“塌缩”为0。退一步讲,即使存在这样一个物理机制,它的物理影响所作用的方式也将违反爱因斯坦相对论原理:在一个探测器上发生的事件将瞬时“探出双手”来影响位于远处的psi-波函数的值。在量子理论中,没有任何力学原理能描述这样的影响,因此,几乎没有物理学家相信,超光速的“psi-波函数塌陷”是一个有用的思考途

在真空腔内,一根炙热的金属线放射出一个电子

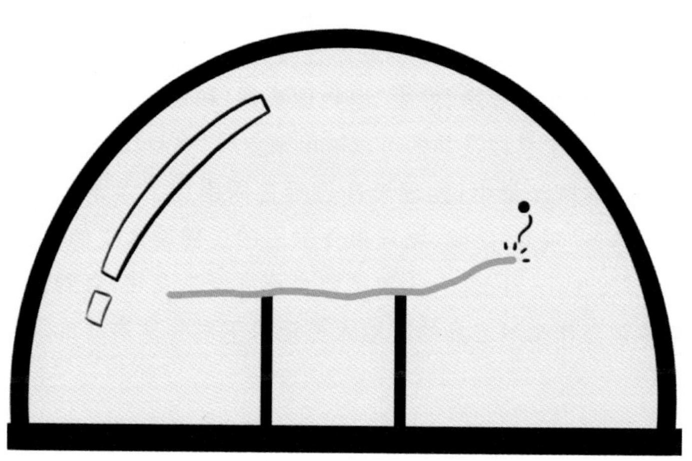

径。所以，大部分物理学家不相信量子态是一个受限于物理定律的有形“物体”。

思考这个所谓的“测量问题”的一种方法，是采用量子理论的奠基者们在20世纪20年代的哥本哈根所制定的立场。海森堡后来写道：“观测本身间断性地改变了psi-波函数，它从所有可能的事件中选择了一个真正发生的事件。因为通过观测，我们对系统的认知发生了间断性的变化，所以，系统的数学表述也同样要经历间断性的变化，它被我们称作‘量子跳跃’。……所以，在观测中，从‘可能’到‘现实’的演变突然发生了。如果我们想要描述在原子的幺正过程中到底发生了什么，那么，我们必须意识到‘发生’这个词，仅仅能应用到观测上，而不能用在两个观测事件之间对系统状态的描述上。它应用到有形物体，而不是观测行为的心理作用。因此，我们可以说，在物体和测量工具发生作用时，从‘可能’到‘现实’的演变就立刻发生了，与此同时，系统中剩余的别的物体也随之开始作用；这样的演变和观测者是否在脑海中记下观测结果的行为并没有联系。然而，psi-波函数的间断性变化是和浮现出结果同时发生的，因为，在那个瞬间，正是我们对系统的认知发生了间断性的变化，被反映在psi-波函数的间断性变化上。”海森堡这段话的意思是，在物质世界里“发生”的物理事件，和任何人的观测无关，也和测量工具以及其他可以被用来完成“观测”的物理系统无关。在这些测量中，物理事件已经在周围留下了永远的痕迹。在这些“观测”之间，物理事件发生的过程是幺正的，无法被说成“发生了”什么。psi-波函数也不会发生变化，直到把这个概率波当作预测工具的实验人员记录下对物理事件的测量结果。

在经典物理学中，和上述说法相类似的，就是你如何看待银行账户里的钱。假设这些钱出现或者消失，它的变化和你无关，通常你只是在月底去看一下账户里的数字，更新你对账户余额的认知。在这个类比里，psi-波函数就是一种记账的办法。当然了，它远不止这些，因为量子规则包含了我们对所知自然界最深层次的物理描述。这样的规则肯定不只是经典物理学中的那些。

量子纠缠态是如何更新的?

图 14.1 显示了符合海森堡观点的一个更加复杂的例子。两个光子被制备在贝尔偏振纠缠态，(↑)&(←)＋(←)&(↑)，其中括号里的箭头代表了“左”和“右”光子。让我们假设你和爱丽丝都知道这个量子态。现在，爱丽丝使用测量结果为(↑)或者(→)的方案来测量“左”侧的光子。每一种结果都有50%的概率。假设爱丽丝观测到了(↑)，并且在纸上记录下这个结果，但是她不把它告诉你。你只知道爱丽丝完成了她的测量工作。由于测量必定产生了某个特定的、被默认为永久的结果，因此，你相信“右”侧光子的量子态变成了要么是(←)，要么是(↑)，但你不能确定。量子纠缠的叠加态被测量所“摧毁”了，而测量也产生了一个被永久记录的结果。换句话说，“右”侧光子的两个概率之间没有相干性[①]。现在，有关“右”侧光子的量子态的信息，你和爱丽丝已经处于完全不同的境地：她知道，而你却不知道。

---

① 回忆一下，如果两个可能性(←)和(↑)之间存在相干性，那么，他们可以组成一个明确的偏振态，比如(↗)和(↖)。如果它们之间没有相干性的话，上述说法就不成立。

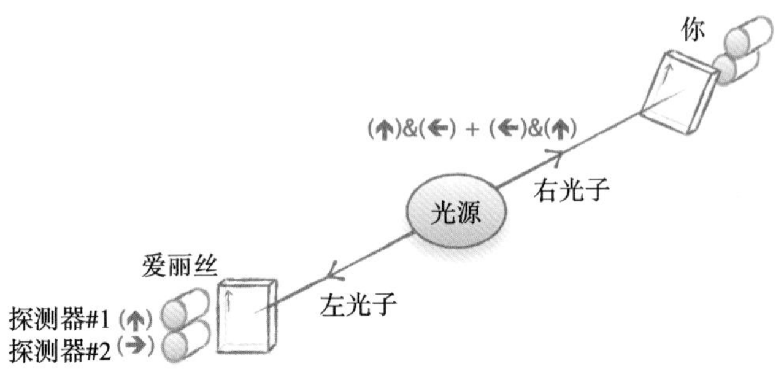

图 14.1 传送到爱丽丝和你那里的纠缠光子。如果爱丽丝首先进行探测，那么，对于你所得到的光子，你能说出它的量子态是什么吗？

最后，爱丽丝忍不住告诉你："对了，我测量左侧光子时得到的结果是(↑)；现在你完全知道右侧光子的量子态是(←)。在下面对这个光子进行任何偏振态测量时，你应该利用这个量子态来精确计算出测量结果的概率。比如，测量可能得到的结果是(↗)或者(↖)。"

这个例子展现了，在量子理论中，可简化概率(由对系统的了解程度所限)和不可简化概率(物理上与生俱来的)都发挥了作用。在测量之前，你知道光子对的量子态；概率这个概念里起作用的只有不可简化的量子概率。当爱丽丝向你表明，她已经完成了对一个光子的测量工作，但却不告诉你测量结果以后，两种概率都起到了作用：可简化是因为你不知道爱丽丝的测量结果，因此你不知道未被测量的光子的量子态；不可简化是因为你知道未被测量的光子现在可以由一个或者另外一个量子态来描述，而每个量子态都暗藏着不可简化的概率。在爱丽丝告诉你测量结果后，你完全知道了右侧光子的量子态，所以在接下来的测量中只会涉及不可简化的概率。

海森堡的观点解决了“测量难题”吗?

海森堡的观点是,由于测量的缘故,psi-波函数在你的脑海中发生了变化。虽然他的观点是可以被接受的,也被很多科学家采纳,但是,它还是无法避免一些尴尬的问题。比如,我们怎么知道什么样的行为构成了一次测量? 也就是说,对于所谓的测量仪器,就像一个光电探测器,它有什么特别之处从而使得它可以完成一次测量? 而其他仪器,比如把入射的偏振光子分成两束光的方解石晶体,为什么却不能呢? 正如物理学家查斯拉夫·布鲁克纳(Caslav Brukner)所言:“至少光子探测器的制造商应该知道这个问题的答案,不是吗?”

其实,这是一个很难回答的问题,而量子理论的奠基者们早就注意到了。我们可以从实用主义的角度出发来认识,既然在现实中看到探测器能探测到光子,我们就简单地假设它们能正常工作,不需要详细的量子理论来描述它们的工作方式。但这个辩证方法看上去有一点矫揉造作:为什么我们需要利用一个假设才能描述探测器? 难道它们不是由原子组成,表现不受制于量子理论吗? 换句话说,使用基本的量子理论原理应该能描述探测器的表现。

从 20 世纪 20 年代到 20 世纪 30 年代,玻尔做了大量的工作来解释隐藏在探测器背后的物理原理。他认为,任何真正的测量必须创造一个“不可简化的放大行为”。需要用到放大器这一点其实是很明显的,因为任何有用的观测记录,都必须利用大量的原子来制造一个人类可以看得见的永久的痕迹或者轨迹，也就是需要从微观放大到宏观。

但是，为什么说玻尔的看法具有洞察力？其中更深层次的原因，就是“不可逆过程”这个概念。就像我在前面章节中指出的，一个幺正的量子过程是可逆的。也就是说，假设一个系统的起始状态是某些粒子集合的已知量子态；然后在幺正过程发生以后，如果你知道所有粒子的量子态，那么，你就可以反转它们的运动速度，让它们反向通过同一个量子过程，这样你将得到和起始状态完全相同的量子态。可逆性是幺正过程的标志。在另一方面，玻尔说，只有探测过程是不可逆的，它才能被认为是一次真正的测量。这暗示了探测过程不应该是幺正的。但是我们相信，所有的物理过程，如果能列出足够多的细节，都应该被看作幺正过程。这似乎暗示了测量过程本身是在量子理论范畴以外。难道我们又回到了原点？

一个更深层的问题是，从描述幺正过程的量子理论原理出发，我们如何正确地描述至少“看上去”是非幺正的测量过程呢？一个令人满意的答案是“毛遂自荐”：就算所有的过程在原则上是可逆的，但是在我们进行实际测量时，它们必然是不可逆的。只有当你完全知道记录测量结果的宏观物体的量子态时，测量过程才是可逆的。举个例子，这样的宏观物体可以是爱丽丝记录实验结果的纸张上的墨水。它有太多的墨水分子，而且这些分子的表现也过于复杂，以致它们的量子态是无法完全被获知的！完全知道宏观物体的量子态这个要求，和让材料中所有的原子以及电子的速度反转这个异常困难的任务相比，两者又是不同的。

在这里，量子纠缠态的想法可以告诉我们，为什么一个真实的测量不能是可逆过程。还是考虑图 14.1 所示的纠缠光子对。当“左侧”的光子触发某个光电探测器时，它的能量就被这个处于不稳定状态的探测器所吸收，并且促发它发生“雪崩”效应。就像一个在野外的滑雪者，一不小心碰触到雪山上那些状态不稳定的雪堆，有可能发生雪崩事故那样。在这里，一个光子可以引致大量电子（比如一百万个）出现。这就是玻尔所说的放大效应。如果我们完全知道所有电子在“雪崩”过程前和“雪崩”过程后的量子态，那么我们就能写下“雪崩”效应后所有的电子的量子态。这样的过程可以用状态进化描述，类似于：

$$(10^6\text{个不稳态 e})\rightarrow(10^6\text{个发生雪崩的 e})$$

其中 e 代表电子，而箭头代表“变为”。

回想一下，有两个探测器监视着“左侧”光子：假设被标记为♯1 的探测器发生雪崩效应对应了结果（↑），而被标记为♯2 的探测器发生雪崩效应对应了结果（←），那么我们可以写下

雪崩

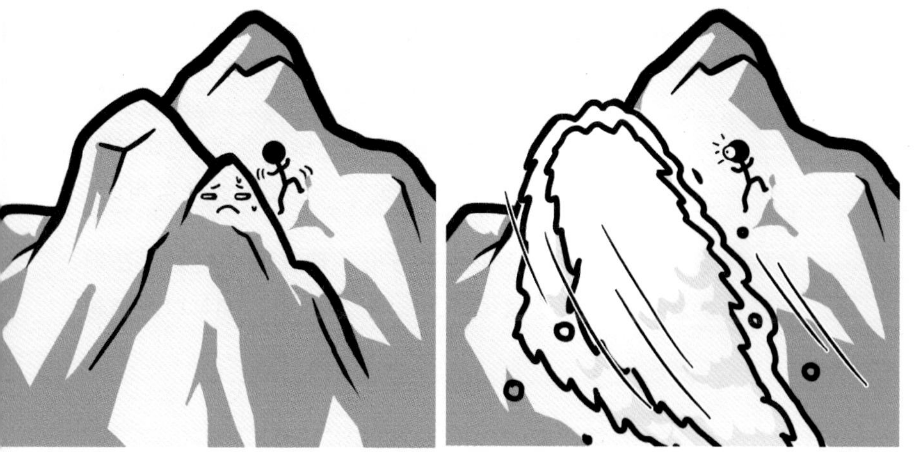

的状态进化过程为：

{(↑)&(←)+(←)&(↑)}&(10^6不稳态 e)$_{\#1}$&(10^6不稳态 e)$_{\#2}$→

(↑)&(→)&(10^6发生雪崩的 e)$_{\#1}$&(10^6不稳态 e)$_{\#2}$

+

(←)&(↑)&(10^6不稳态 e)$_{\#1}$&(10^6发生雪崩的 e)$_{\#2}$

在这里，初始状态是光子对的纠缠态(通过第一行的两个组合偏振态中间的加号表示)，而探测器的电子态之间没有纠缠。在探测过程发生以后，"左侧"光子偏振态的两个概率被"写入"每个探测器的一百万个电子中。根据这个状态进化，在探测器#1里的一百万个电子将和探测器#2里的一百万个电子发生量子纠缠(由第二行和第三行之间的加号表示)。在第二行中，仅仅探测器#1的电子发生雪崩，而在第三行中，仅仅探测器#2的电子发生雪崩。

我们写出的量子态，它忽略了测量过程中至关重要的一面。具体地说，它依赖一个假设，那就是探测器和外部世界完全隔离。但是，如果我们想要将探测器作为一个真正的测量工具，那么这个假设的条件是无法满足的。雪崩效应的信息必须以永久不变的形式"读取"，这样测量所表达的信息才可以被人类或者被当作观测者的计算机接收。读取的形式可以是在纸上打印或者直接读取电子计算机存储位置的号码，等等。让我们把这种永久不变的读取的内容称作"内存"。内存将和光子的偏振态以及两个探测器中的百万电子形成量子纠缠。在前面给出的状态进化表达式中添加一个"内存态"，就可以表示这个纠缠态。内存态可以读成（探测器 ♯1 发出雪崩信号）或者（探测器 ♯2 发出雪崩信号），这取决于哪一个探测器发出了雪崩信号。

现在，回想一下，量子纠缠态代表了我们对一个组合系统尽可能完整的描述，而这个系统被当作一个完整的实体。如果这个系统的一部分不能被测量或者进行任何其他的量子操作，那么这个系统的剩余部分就不能被描述成完全已知的量子态。

对于我们正在描述的情形，测量的光子和两个含百万电子的探测器组成了一部分，而内存则是另外一部分。如果被记录或者写在内存上的信息是"稳定的"，也就是说它已经保持了足够长的时间来让很多人都观察到或者被复制到其他电子设备里，那么就没有办法可以完全获知内存（包括了所有复制品）的量子态——它们实在是太冗长而复杂了。只知道测量结果（假设探测器 ♯1 发出了信号）并不足以确认一百万个电子的具体状态，它们是高度纠缠的。所以，要想完美地反转整个探测过程而回到测量前的初始状态是不可能的。这样的逻辑思维方式可以帮助我们理解为什么一个不可逆的测量能够"发生"，就算在我们已经知道，测量只是由大量幺正过程所组成的一个集合。

退相干有什么用？

在过去的 30 多年间，为了支持上述论点，科学家们发展了一个详尽的理论。这个理论的基本观点是：实际的测量过程破坏了纠缠态中量子叠加的初始相干性。实验中观测到的这种现象被称为“退相干”。这个理论的主要贡献者是物理学家沃伊切赫·茹雷克，本章开头时我曾引用他的名言。就像他说的：“退相干破坏了叠加性。”2002 年，茹雷克总结了这个理论：“自然科学建立在一个默认的假设上：关于宇宙的信息，可以在不改变宇宙状态的条件下获取。‘自然科学’的理想是追求客观，并且提供一种方法来描述现实。信息曾经被认为是非物质的、以太化的、仅仅是对有形世界的记录、一个无关紧要的映射以及游离在受物理定律支配的领域之外的。上述这个观点已经站不住脚了。量子理论终结了关于物理世界的拉普拉斯梦想[①]。量子现象的观测者不只是被动的观众。想要获得被测物体的信息，同时又不改变它的状态，在量子物理学中，这种做法不可能实现。是什么和知道是什么之间的分隔线越来越模糊。当放弃这个界限时，量子理论同时也剥夺了‘好奇的观测者’以垄断的方式获得和存储信息的权利：任何相关性都是一个读数，任何量子态都是其他一些量子态的记录。当相关性足够牢固，或者记录无法磨灭时，人们所熟悉的经典‘客观现实’就从量子‘衬底’中浮现。”

“从实际情况出发”，足够吗？

至少，上面给出的推理在实用性的基础上解释了为什么测量过程看上去不是一个幺正过程：因为它不是可逆的。约翰·贝尔创造了一个词来描述这样的推理方式。他把它称为“For

① 指的是在 18 世纪，由拉普拉斯提出的经典物理学理论，其中假设了，如果有足够多的信息，在原则上可以计算出未来宇宙的详情。

All Practical Purpose.(从实际情况出发。)”,并且以搞笑的方式使用了这个词的首字母缩写:FAPP。

一些科学家认为,如果把退相干的观点作为论点,那么,它仅仅是从“从实际情况出发”的角度解决了量子测量难题。他们辩称,从原则上说,我们可以知道测量后系统的高度纠缠态,包括内存本身的量子态,所以,在原则上,我们可以使所有粒子反向运动,从而回到测量前的初始状态。也就是说,根据量子理论,整个过程实际上是幺正和可逆的。因此,他们认为,量子理论无法正确地描述真实的、不可逆的测量过程。

针对这个反对意见,一个可能的回答是:我们必须定义什么是所谓的“测量”。一方面,如果我们指的只是一个根据量子进化而得到的放大过程,那么根据量子理论,任何这样的过程都是完全可逆的。尽管这样的可逆性在现实中很难实现,但是从原则上来说,是可以做到的。另一方面,如果我们定义,测量是一个在内存中留下永久痕迹的过程,那又会怎么样呢?就像查斯拉夫·布鲁克纳写的:“测量肯定会造成不可逆的情况;否则的话,测量这个概念本身就会变得毫无意义,因为测量将不会给出任何结论。”另外,物理学家奥托·弗里施(Otto Frisch)在1965年写道:“也许,最重要的结论是,只要我们足够聪明,任何可逆过程都可以被反转。结论是,直到某些不可逆过程发生以后,一次测量才算是完成了……测量的目的是创造信息,信息本身就是一个态——存在于一个机器或者生物体中——从某个时间点延伸至未来。”

让我们进一步指出：一个永久的痕迹是“可复制的”。也就是说，我们可以复制它，然后分发到朋友的内存里。因此，我们可以创造信息，把它永久地记录下来并且进行任意的复制。从测量中获得的信息可以被毫无错误地复制，这样的事实和我们把它归类为“经典态”是一致的。

创造或者获得信息，通过复制来永久保存它，这样的行为让我们无法逆转测量过程。用这种方式来解释为什么测量过程不是幺正的，不仅仅是“从实际情况出发”，而是它不违反或者打破任何量子理论原理。这是一个典型的逻辑论证：“如果”你坚持测量结果必须有永久的记录，“那么”测量过程必然是不可逆的，因此，自然而然地，它也不是幺正的。

量子概率是主观的吗？

海森堡写道：“当然了，量子理论不会……把物理学家的见解当作原子事件的一部分。”可是，在前面的引述中，他还说过，psi-波函数的不连续变化和测量者脑海中浮现出结果是同时发生的。这就提出了问题：什么是主观？什么是客观？随机性和概率性又算在哪一方呢？

“主观”在字典里的定义是：把脑海中对一个事物的认知和它的本质联系在一起，和这个事物本身无关。“客观”的定义与之相反：它属于被思考物体而不是思考者。

区分“随机性”和“概率性”这两个概念是非常重要的，因为只有这样做，才能弄清它们在物理理论中的使用方式。随机性在经典物理学和量子物理学中有不同的意思。随机性意味着没有潜在的理由或者原因就发生了,而且没有可辨认的规则。在经典物理学的世界观中,并没有真正的随机性。此外,在量子物理学的世界观中,存在真正的、固有的物理随机事件。

根据我在这里采用的观点,在经典物理学理论和量子理论里,概率是主观的。如果我们对事件可能出现的结果进行预测,然后思考之后再决定我们对这个预测结果的自信程度,这是一种抽象思维的方法。在量子物理学中,随机性存在于自然界,而概率性则存在于观测者的脑海中。

这种观点和物理学家尤金·维格纳的观点是一致的。他在1967年写道,"(量子态)仅仅表达了我们所知的、有关系统过去的那部分信息,它和我们预测系统的未来表现有关。"

在21世纪,卡尔顿·凯夫斯(Carlton Caves)、克里斯托夫·富克斯(Christopher Fuchs)和鲁迪格·沙克(Ruediger Schack)把非常相近的想法公式化,并且提出了各种细节,他们把这种观点称为"量子理论的贝叶斯法"。他们写道,"在量子力学的贝叶斯法中,概率——也就是量子态——代表了一个代理[人]的信任程度,它不和物理系统的客观性质相对应。"

在18世纪早期,托马斯·贝叶斯(Thomas Bayes)就提出了观测结果和它在特定情况下出现的概率之间的数学关系式。拉普拉斯稍后也独立地提出了相同的公式,并进一步论证概率应该被看成主观的,也就是一种思考问题的方法。他强调,概率是主观的,因为不同的人,即便会观察到相同的结果,但他们可以为导致这个结果的各种因素赋予不同的概率。拉普拉斯的概念就是,概率是一个数字,代表了一个人对某个结果出现的信心度，而它取决于这个人以前的信心度以及任何新的、使概率改变的信息。现在，这种方法被称作概率论的贝叶斯法[①]。

概率论中的贝叶斯法的突出作用，在于它强调了一个人在获得新信息之前对某个预测所拥有的信心度。贝叶斯法把这个人获得新信息前后的信心度联系了起来。

考虑一个经典物理学的例子：假设，根据一个城市的市长所设的数据库，大城市的人口感染疾病 X 的发生率是 10%。假设你在街上随意选择了一个人，名叫鲍勃，那么他感染这个疾病的可能性是多高？如果你相信数据库，那么答案很明显的是 10%。现在，鲍勃告诉你，他在一个医学机构里接受了这种疾病的检测，结果为阳性，而这个医学机构的检测正确率是 90%。也就是说，一个患者被确诊的概率是 90%，而一个没有被感染的人被测出阴性的概率也是 90%。现在，你认为鲍勃感染这个疾病的概率是多少呢？你的直觉也许会是 90%，但是正确答案却是 50%。原因是，在你知道阳性检测结果之前，你对鲍勃不患病有 90%的把握。所以你的结论是鲍勃检测为阳性这个结果很有可能是错误的。下面描述了更加详细的论证过程。

考虑 100 位随机选择的市民。假设其中 90 位没有染病，而 10 位染病了，情况和市长的数据库一致。在 90 位没有染病的市民中，大约有 10%，也就是 9 位，被错误诊断为阳性。而

① 严格地说，没有证据显示，贝叶斯自己是贝叶斯法支持者。这个方法最好被称为“拉普拉斯法”。

10 位染病的市民中，有 90%，也就是 9 位，被正确诊断为阳性。所以，对于一个被随机选择的市民来说，他染病被诊断为阳性和他没有染病却也被诊断为阳性的概率是一样的。

为了使整个故事更加完整，假设省长也有一个同样的数据库，但他的数据显示，在刚才提到的那个城市里，染病的概率是50%。如果你不相信市长的数据库，那么当鲍勃告诉你他诊断为阳性时，在这种情况下你得出的结论是，鲍勃有 90% 的可能性是真的染病了（假设 100 个人中有 50 个染病了，其中 45 个都查出是阳性；50 个没有染病，但有 5 个被查出阳性。因此总共有 50 个人被查出阳性，其中 45 个人或者 90% 是真的染病了）。这个例子很明显地告诉我们，你在获得新信息前所持有的信心度，对获得新信息后更改信心度有巨大的作用。

在现代量子理论的贝叶斯法中，人们认为，在确定一个人对某个预测的信心度时，量子态代表了所需要的全部信息。但这个概念和之前的信息有什么关系呢？假设你用一个值得信赖的实验方法制备了一个量子态。根据贝叶斯的观点，你之前对实验器具和方法的信心度将在你制备的量子态中扮演重要的角色。在获得新信息后更改量子态的一个具体实例将使这个观点更加清晰。

假设"市长"告诉你（当然，前提是你相信他），在鲍勃测量之前，你和鲍勃的光子对被制备在贝尔纠缠偏振态，也就是（↑）&（→）+（←）&（↑）。从这个信息中，你可以正确地预测，无论你用怎样的测量方案，你都将有 50% 的概率观察到两个可能的结果之一，（→）或者（↑）。然后鲍勃告诉你，"我测量了我的光子，发现它处于（←）。"现在你可以根据量子理论更改你的预测：你现在相信你的光子将被量子态(↑)所描述，然后从这个结论里你可以预测任何测量结果的概率。

相反地，如果“省长”告诉你(而你相信省长的话)：“市长说，你无论用什么方案来测量你的光子，都有50%的概率观察到两种可能的结果之一，这一点是正确的；但和市长不同的是，我的手下已经和我确认，你和鲍勃的光子没有纠缠，或者根本没有任何关联。”然后鲍勃告诉你，“我测量了我的光子，发现它处于(←)。”在这种情况下，你得出的结论是，鲍勃带来的这个新信息没有改变你对自己的光子的认知，所以你不会更改你预测的结果。

这一切都在我的脑海里吗?

根据贝叶斯法，量子理论不是物理系统“必须遵循”的自然界定律。相反，它是一个理论，建议你如何根据之前对系统的认知和最新的观测结果，来确定你对未来实验结果预测的把握。

贝叶斯法看上去和量子理论是一致的，它做出的预测将不会和其他任何解读量子理论的有效方法起冲突。无论量子理论的使用者偏好哪一种哲学观点，他或她总是计算和使用相同的概率。然而，很多物理学家对贝叶斯法并不满意，因为它的局限性在于，贝叶斯法认为量子理论代表了信心度而不是物理世界。

作为贝叶斯法的创作者之一，鲁迪格·沙克承认量子贝叶斯论的哲理对很多科学家来说就像是一块很难吞咽的药片。

他说："量子贝叶斯法坚持认为，科学家和处于科学家之外的物质世界应该被同等地对待为科学研究的对象，这样的观点对大部分物理学家所持有的、根深蒂固的偏见提出了最深层次的挑战。"

一些物理学家批评贝叶斯法，认为它把一个人的信心度和纯粹的、随心所欲的信念等同在一起。针对这样的批评，反驳者指出，贝叶斯法这个理论，深层次地反映了自然界的工作方式，所以，一个人的信心度是基于完全合乎情理的推理上的。这也是物理细节的切入点，它限制了在使用贝叶斯法时，科学家可以选择相信的结论。换句话说，对贝叶斯法谨慎使用，不会导致科学家们预测出"在一个大头针上有1000个精灵在跳舞"这样的结果。然而，根据很多物理学家的观点，量子贝叶斯法还是存在让人尴尬的问题。物理学家史蒂文·范恩克说："量子贝叶斯法简单地假设量子力学没有描述现实世界，仅仅描述了我们脑海中世界的样子。但是，当然了，他们还是需要回答这个问题：世界是什么样的？"也就是说，物质世界到底是什么样子，从而导致它看上去是"那样"？查斯拉夫·布鲁克纳在理解测量怎么发生时，写下了他所遇到的困难："解决这些问题的一种可能性，是把测量问题搁置为一个伪命题……对于我来说，这样的方式正在被一些……量子贝叶斯法的支持者所采用。举个例子，当富克斯和沙克写道，'一次测量就是一个行为，通过它测量者引出一种经历。实验结果就是引出与其对应的经历。'这样的观点是协调而又独立的，但是在我的观念中，它并不完整。它对下面的问题避而不答：是什么使得光子计数器比分束器在探测光子时更好用？这个问题没有在科学上摆正位置，也没有一个不模糊的答案（光电探测器厂商是知道这一点的！）。"

这些评语把我们带回到之前关于退相干和测量问题的讨论，也就是说，合理摆脱这个问题的说法，是把它缩小为一个逻辑论证：如果你坚持测量结果必须有永恒的记录，那么测量过程必然是不可逆的，因此，自然而然地，它也不是幺正的。然而，对于这些问题，“陪审团仍在商议中”，并且一些其他观点也在和量子贝叶斯法争奇斗艳，我将在下面解释它们。

相干性万岁？

一个复杂的系统，甚至包括人类，能被完全已知而且概率之间具有相干性的量子态描述吗？这个问题，通常是在一次测量过程中被提出，如图 14.2 所示。假设爱丽丝知道一个光子可以由对角偏振态描述，她用(↑)和(→)的叠加态来表示。这个光子被送到了鲍勃处。鲍勃把它送入一个方解石晶体来分开(↑)和(→)偏振，方解石晶体后放置的两个探测器之一将通过电子雪崩来发出信号。

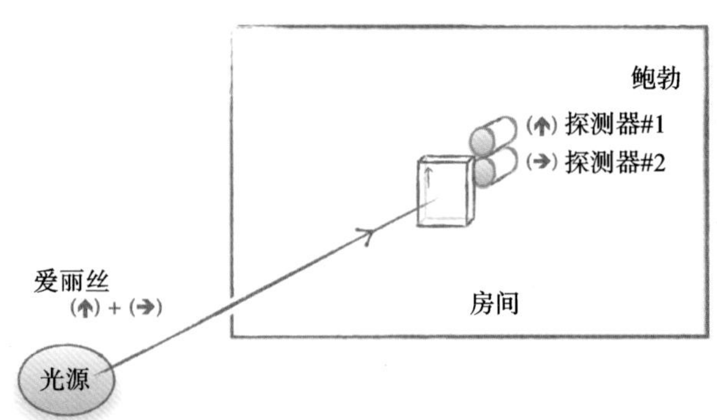

图 14.2　在一个“与外隔绝”的房间内，鲍勃测量了一个光子的偏振量子态。位于这个房间外的爱丽丝，写下了鲍勃所获得的光子的量子态。

探测器 #1 对应了(↑)的结果,而探测器 #2 对应了(→)的结果。让我们姑且认为鲍勃是通过观察某个探测器上发出的闪光来知道观测结果的。我们假设鲍勃和他的实验装置都在一个密闭房间内。除了爱丽丝送来的光子,没有其他能量和信息可以进出这个房间。爱丽丝在房间外,想要用量子理论来描述房间内发生的事。

在测量结束后,爱丽丝也许会想,她应该把鲍勃也包含在光子和结果所处的相干叠加态里,于是她写下的状态进化过程为:

{(↑)+(→)}&(探测器 1 暗) & (探测器 2 暗) &(鲍勃)→

(↑)&(探测器 1 闪亮)&(探测器 2 暗) & (鲍勃看到 #1)

+

(→)&(探测器 1 暗)&(探测器 2 闪亮)&(鲍勃看到 #2)

这样一个状态在物质世界里可能吗? 如果可能,那么,这个态中的两个量子概率应该能被观测到量子干涉效应。可是,能观测到这种干涉的实验,应该是无比困难,或者说在现实中是不可能完成的。如果你同意这个观点,也就是不可能观测到涉及人类状态的干涉现象,那么你就可以争辩,上述所写的量子态不能被考虑成任何理论的有效部分。你可以说这个观点具有现实性的立场,也就是"从实际情况出发",或者你也可以说,这样的态不具备任何意义,等等。

在另一方面,许多物理学家却同意这样的状态在原则上是具有意义的,因为量子理论本身没有任何一点禁止进行这样的干涉实验。持上述观点之一的是加州理工学院理论物理学教授约翰·普雷斯基尔[①]。对于量子测量的难题,他写道:“我知道,没有理由不相信所有的物理过程,包括测量,都可以被薛定谔方程(包含叠加态)所描述。但是,为了用这种方式描述测量,我们必须把观测者当作演化中的量子系统的一部分。这个(理论)并没有提供给我们,也就是观测者,对观测结果进行完美预测的能力。所以,我们被迫使用概率论来描述这些结果……‘经典’世界的出现是因为退相干,也就是被观测的量子系统和其未被观测的四周环境之间无孔不入的纠缠态(的退相干)……在(这里)包含的观点,是经常被称为量子理论的由休·埃弗里特(Hugh Everett)解释的一个版本。让我感到有点困惑的是,一些我非常尊敬的物理学家(量子贝叶斯论的支持者)……似乎觉得这样的观点很愚蠢。不过我也许是在以讹传讹。我承认这个观点没有想象中那么精确,而且一想到描述的物理系统包括自己,任何人都会感到有些头晕。”

普雷斯基尔在这里所指的“量子理论的埃弗里特解释”,是由休·埃弗里特在1957年提出的。最初它被称为“量子理论的相对态观点”。这个观点坚持认为,测量不会产生某个确定性的结果,而是会在被测系统和测量仪器之间产生量子相关性或者量子纠缠。任何发现自己和探测器形成了一个纠缠态的人员,都将感知到一个确定性的结果,但从外部世界的角度看来,两种结果的概率还是存在于纠缠的量子态中。

---

① 约翰·普雷斯基尔(John Preskill)为理论物理做了很多贡献,但是他在流行媒体中最闻名的事迹是他和斯蒂芬·霍金打赌,这个赌是关于黑洞内部量子信息。

在埃弗里特解释的现代版本中，如果把它扩展到其逻辑推理的极限，那么宇宙中将只有一个包含了万物的量子态：你、我、我的猫、每一个遥远的星系，等等。如果我们假设没有外界观测者，这个量子态将永远不会改变。每个观测者都和他的或者她的测量结果纠缠，而这些结果没有一个是确定的。量子理论不是有意要描述某些确定的结果，而只是给出了特定的概率，和它一起出现的，是诸如"'如果'……发生了，'那么'……"这样的叙述。当以这种方式叙述时，它听上去没有那么令人不愉快。事实上，这个观点在数学上产生的概率预测和用其他方式思考量子力学时得到的概率完全一样。这也是这些不同的观点被称为"解释"，而不是独立的理论的原因。

这个观点还是无法避免相同的问题：量子态代表了真实的世界还是代表了我们所知的世界？回忆一下，支持量子贝叶斯法的物理学家认为，由于量子态仅仅代表了主观性（在人脑海中的）的概率，它必须被考虑成是主观性的。普雷斯基尔反对这样的提法，他说："一个相关的争议是关于量子态是'实体的'（对物理现实的数学描述）还是'与认知有关的'（一个特定的观测者对现实的描述）。我不是很理解这个问题。为什么不能既存在一个系统和观测者结合在一起的根本实体态，同时也存在系统本身的'与认知有关的'（毫无争议，它没那么根本），并且根据观测者的认知在不断改变的态？"

这样的观点看上去把宇宙的量子态提升成它的一个实体，它根据自然界定律而进行永不休止的进化。量子态无论如何都不是由人类的想法所决定的，而它存在的目的也不是为人类的逻辑或者思考服务。量子理论的这种观点，很适合用来发展包含天体物理和宇宙论的量子理论。宇宙论是一门关于宇宙起源和发展的科学，它被推定和人类的想法无关。

在天体物理和宇宙学领域里的很多研究人员倾向于不把量子态和 psi-波函数当作人类记账的方式，而是当作某种本质上更有物理意义的东西，决不能像海森堡和量子贝叶斯法那样肆意地篡改。虽然他们有可能同意，你从测量中获得信息后，你应该需要人为地改变 psi-波函数在你本地的那一部分，但是，他们辩称这么做是没有必要的，也无法严格证明它的合理性，因为薛定谔方程所包含的力学原理没有告诉我们应该怎样做。

在许多物理学家的眼中，埃弗里特解释有一些挥之不去的尴尬之处。如果每个观测者和所有测量可能得到的结果处于一个量子纠缠态，这意味着什么呢？一种回答是基于所谓的量子理论的多元世界解释。持这个观点的领头羊是物理学家大卫·多伊奇(David Deutsch)，他写道："埃弗里特的量子理论暗示，在广义上当一个实验被观测到具有某个特定的结果时，所有其他可能的结果也同样出现，并且同时被同一个观测者在多元宇宙里另一元的同一场合下观测到。"这看上去的意思是宇宙中有很多个你的复制品，一些"你"把鸡蛋当早餐，而其他的"你"却没有。

多元世界解释一个吸引人的地方就是，在某种意义上它很简单。一个量子态就代表了所有东西。没有必要"解决"测量难题。不需要把人类的想法介入量子态，以及量子理论甚至可以被看成确定性理论。

对于很多物理学家来说，多元世界解释不吸引人的地方是，它看上去很荒唐，也无法用实验证实。当一个量子过程演化成多种可能性时，宇宙就会以某种方式分裂出新的多元平行宇宙，每一元对应一个概率。其他元平行宇宙无法被观测，只是在某个说不清楚的地方存在，而宇宙的总数量却在每一纳秒内呈指数形式增长。许多科学家对这个观点嗤之以鼻，笑称："在多元世界中，'假设'不要钱，宇宙却很贵。"

为什么贝尔关系式会出现？

我想要回到贝尔测试实验这个主题。到 2015 年为止，贝尔测试已经证实了，任何基于定域论和实在论的理论都不能正确地描述自然界。鉴于这个现在已经被证实的结论，很多人(包括我自己)对下面的结果感到震惊：无论怎样，在恰当的实验条件下，两个分离但具有量子纠缠的物体，比如光子，可以产生随机但又完全相关的结果。这就好比两个舞蹈演员，虽然被分开很远并且之间没有交流，也没有预先达成协议或者计划，居然可以随机地、临时创作出相同的舞蹈。这个结论(当然只对量子物体而不是真正的人类舞蹈演员来说是正确的)公然违背了我们对现实主义的常识性认知。

这个结论的魅力之高，引起了科学家们对它出现的原因进行深层次的思考。量子贝叶斯法和量子理论的多元世界解释都是自洽的，并且被不同的物理学家群体所偏爱。然而，它们两者都不能"回答"这个问题："贝尔关系式是从哪里来的？"

量子理论的当代数学形式，很容易正确地预测相关性，但这个理论并未提供关于它们"为什么"或者"怎么样"出现的启示。根据量子理论，不存在任何物理机制来"强制"这样的相关性;据我们所知,它们只是自发地出现了而已。然而,出于这一点,许多科学家感觉,关于宇宙总有一些东西是极其神秘的。毫无疑问,这个神秘之处体现在量子态的叠加和纠缠里。也就是说,它被包含在量子理论本身的结构中。

斯潘塞·张(Spencer Chang),一位年轻有为的高能物理理论学家,很好地总结了许多实验物理学家的感受:"我同意,具有因果关系的定域实在论不能存在,当然了,我也是量子力学的坚定支持者,所以我相信量子力学是正确的。对于相关性可以跨距离传输这一点,我想在这个领域中,让专家们感到舒服的解释不外乎以下两点:(1) 量子态'塌缩'可以跨距离出现,但是信息的传递却不能;(2) 如果一个人把测量仪器当作量子仪器,那么测量每个光子的偏振态会使光子和仪器发生量子纠缠——这种耦合方式的退相干允许我们坚持认为没有量子态塌缩,但是各个多元世界在经历了退相干后,每个分支上的仪器会给出正确的结果。我承认,在支持(1)还是(2)之间,我经常摇摆不定。但幸运的是,在现实中它并不影响人们如何计算贝尔关系式,这就是物理学家还没有统一意见的原因。"

本书的意义是什么?

首先,我们学到了自然界是概率性的,也就是说有些事件在本质上以随机的方式出现。举个例子,如果一个电子被激发到原子中的高能态,它将衰变,放射出一个光子。它可以在被激发后的任何时间衰变,而且根本没有办法来准确预测它的衰变什么时候会发生。

在另一方面,因果关系还是正确的——某个特定的事件不能发生，除非必要的先决事件已经发生，以及必要的先决条件已经达成。对于给定的某些先决事件和条件，可以存在不止一个可能的未来事件。举个例子，激发的电子可以在一秒钟后，或者几千秒后衰变。而且，从原子中发出的光子可以向任何方向传播，碰到这一个或者那一个探测器。在特殊情况下，这样的量子随机事件可以产生引人注意的影响。举个例子，如果光子碰到的探测器，被用来触发一台自动咖啡机，而你要在咖啡煮好后才出门穿过马路，那么量子随机事件就会对你是否会被某个时间经过的一个鲁莽驾驶员撞倒产生影响。这样的影响可以波及未来，从而影响一系列其他事件。

所以，本书的意义是什么？在讨论物种进化时，生物学家爱德华·O. 威尔逊(Edward O. Wilson)写道："……历史的巧合……是意义的来源。其中(有)……盘根错节的物理原因和结果。历史的车轮只遵从于宇宙的基本定律。每个事件的随机性却改变了随后事件的概率。"用物理的语言来叙述就是，没有预先确定的未来。现在的量子事件是建立在过去的量子事件上的。有可能出现的未来的范围，由过往事件和量子物理学的基本定律所限定。

量子理论如何表现物理历史呢？回忆一下，玻恩定理告诉我们，一个事件的概率是由它的"可能性"的平方给出的。同样回忆一下，可能性是状态箭头指向事件的某个结果方向上的分量。薛定谔的 psi-波函数代表了无限多个这样的可能性。当一个测量结果被记录下时，或者更宽泛地讲，当一个事件以不可逆的方式发生时，状态箭头或者 psi-波函数发生了变化。这种变化或者"更新"组成了特定的新条件，它们将决定有可能出现的未来事件的范围。

所以,世界的表现是因果性的,因为不是“任何旧事”都会发生。但它有概率性,因为一个给定的现在可以引出一系列可能的未来。虽然关于如何最好地解释量子理论这一点还有谜团,就像上面讨论的那样,但是使用量子理论的力学原理来计算未来可能性的概率是清晰明了的,同时,它对创造新技术非常有用,这也是本书试图展示的一点。

注释

序

1. 默里·盖尔曼的话“量子力学的发现是人类历史上最伟大的成就之一，但它同时也是人类最难掌握的理论之一……”来源：Murray Gell-Mann, *The Quark and the Jaguar: Adventures in the Simple and the Complex*, St. Martin's Press, 1995。
2. “《科学》杂志把这项发现纳入当年的十大科学发现之一。”来源：“Runners-up,” *Science*, December 18, 2015, Vol. 350, Issue 6267, pg. 1458-1463。美国物理学会的一篇开源文章也得出了类似的结论：Highlights of the Year, December 18, 2015, *Physics* 8, 126, “Death Knell for Local Realism”。

1 什么是量子物理学？

1. “物理童话”这个词来自吉姆·巴戈特的书，它阐述了一个观点：如果一个物理学理论太依赖于数学，那么将会产生一些意想不到的危险性。来源：*Farewell to Reality: How Modern Physics has Betrayed the Search for Scientific Truth*, Pegasus, 2014。

2. 关于贝尔测试实验结束了所谓的“定域实在论”经典世界观，来源：Alain Aspect，“Viewpoint：Closing the Door on Einstein and Bohr's Quantum Debate，” APS Physics，December 16，2015，*Physics*，Vol. 8，123。
3. 在实验中，人们观察到，物体体积大到毫米量级依旧能显示量子性，来源：Lee K C，Sprague M R，Sussman B J，Nunn J，Langford N K，Jin X-M，Champion T，Michelberger P，Reim K F，England D，Jaksch D and Walmsley I A，“Entangling Macroscopic Diamonds at Room Temperature，” *Science*，2011，Vol. 334，pg. 1253。关于该实验的一篇开源文章：“Diamonds Entangled at Room Temperature”。

2 量子测量以及测量产生的后果

1. 詹姆斯·金斯爵士的话“我们的思维从来都不能跨出它们的牢笼……”，来源：Sir James Jeans，*Physics and Philosophy*，Cambridge，1943；reprinted by Dover，1981，pg. 8。
2. 马克斯·玻恩的话“在经典物理学中……一个物理状态依赖于另一个物理状态……”，来源：Max Born，*Natural Philosophy of Cause and Chance*，New York：Dover，1964，pg. 102-103。

3 应用量子数据加密

无

4 量子行为

无

5 应用方面——用量子干涉感应重力

图 5.1 的左图来源：R. Colella, A. W. Overhauser, and S. A. Werner, "Observation of Gravitationally Induced Quantum Interference," *Physical Review Letters*, 1975, Vol. 34, pg. 1472。

6 量子概率和波动性

无

7 里程碑和三岔路口

无

8 定域实在论的终结和贝尔测试

1. 阿兰·阿斯帕克特的话"我们必须得出结论，一对纠缠的光子对是不可分割的物体……"，来源："Alain Aspect in 'Bell' s inequality test: more ideal than ever," *Nature*, March 18, 1999, Vol. 398, pg. 189-190。
2. 参见在第 1 章所提到的阿斯帕克特所写的文章。
3. 约翰·贝尔的话"对于我来说，认为这些实验里的光子本身携带某些程序……"，来源：J. Bernstein, *Quantum Profiles*, Princeton: Princeton U. Press, 1991, pg. 84。

9 量子纠缠和隐形传态

1. 薛定谔在 1935 年所写的"如果两个分开的个体,每一个单独来讲都是完全已知的,它们一起进入了一个场景,在里面两者互相影响,然后把它们再次分开,于是就出现了……我们对这两个个体所知的'纠缠'"。来源:"The Present Situation in Quantum Mechanics: A Translation of Schrödinger's Cat Paradox Paper," In:J. A. Wheeler and W. H. Zurek, eds., *Quantum Theory and Measurement*, New Jersey:Princeton University Press,1983。
2. 伦纳德·萨斯坎德的话"关于一个量子组合体,就算你知道了所能知道的一切,可是你还是不知道组成它的所有个体成分的一切。"来源:Peter Byrne, "Bad Boy of Physics," *Scientific American*,2011,305,pg. 80-83。这句话是对薛定谔在 1935 年发表的关于量子纠缠这个概念的复述:"关于一个整体的、极尽可能的所知并不一定包含了对它所含个体的极尽可能的所知。"来源:*Proceedings of the Cambridge Philosophical Society*, 1936, Vol. 31, pg. 555-563, and 1936, Vol. 32, pg. 446-451。
3. 图 9.5 中关于爱丽丝和鲍勃的图画由唐·赫德森(Dawn Hudson)所绘,获得授权使用。

10 应用——量子计算

1. 罗尔夫·兰德尔的话"信息不是一个不具形体的、抽象的实体;它总是和一个物理表现联系在一起……",来源:Rolf

Landauer,"The physical nature of information," *Physics Letters*,1996,Vol. 217,pg. 188-193。

2. 摘自面向大众的一本关于量子计算的读物:Gerard Milburn, *The Feynman Processor: Quantum Entanglement and the Computing Revolution*,Basic Books,1999。
3. 米歇尔·西蒙斯的话"这项工作和它所搭建的系统结构,最突出的意义在于,它给了我们一个终点。"来源于网络文献:"How to Build A Full-Scale Quantum Computer in Silicon,"November 2,2015。

11 能量量子化和原子

图 11.6 所示的电子 psi-波函数的模拟图像用应用程序 Atom in a Box 绘制,获得授权使用。

12 应用——利用量子技术感应时间、位移和引力

1. 戴维·梅尔曼的话"虽然公众相信有一种东西叫作时间,它可以被时钟测量,但是人们从爱因斯坦的相对论中学到,时间的概念不过是一个省事的说法。它只是简洁地总结了不同计时方式之间所具有的相互关系。"来源:N. David Mermin, *It's About Time:Understanding Einstein's Relativity*,Princeton University Press,2009。
2. 图 12.1 由美国国家标准与技术研究院提供(版权所有:Geoffrey Wheeler,1999)。
3. 纳吉斯·马珐尔珐拉的话"这有点像用一把尺来测量纸张的厚度,而尺子的刻度却在不停地抖动。"来源:Viviane Richter,"A new tool to study neutron stars," *Cosmos*

Magazine,June 24,2016。

13 量子场和它的激发子

1. 阿特·霍布森的话“你不可能拥有一个量子的一部分”以及“场就是宇宙里所有的一切”,来源:Art Hobson,“There are no particles, there are only fields,” *Am. J. Phys.*, March,2013,Vol. 81,No. 3,pg. 214。
2. 斯蒂芬·温伯格的话“所以,宇宙中的居住者们被认为是一组场……”,来源:Heinz R. Pagels, *The Cosmic Code*, Dover,1982。

14 有待解决的问题和争议

1. 默里·盖尔曼的话“量子力学的发现是人类最重大的成就,它也是人类智慧最难掌握的知识之一……”,来源:Murray Gell-Mann, *The Quark and the Jaguar: Adventures in the Simple and the Complex*, St. Martin's Press,1995。
2. 默里·盖尔曼的话“在量子力学里,对宇宙的描述是概率性的……”,来源:“Interview: Murray Gell-Mann, Developer of the Quark Theory,”December 16,1990。
3. 沃纳·海森堡的话“观测本身间断性地改变了 psi-波函数……”,来源:Werner Heisenberg, *Physics and Philosophy: The Revolution in Modern Science*, Harper and Row, 1962,pg. 54。
4. 查斯拉夫·布鲁克纳的话,摘自一次有关量子测量问题的会议的会议记录,来源:“Quantum UnSpeakables II: 50 Years of Bell's Theorem”,Vienna,June,2014,pg. 19-22。

5. 沃伊切赫·茹雷克的话,来源:Wojciech H. Zurek,"Decoherence and the Transition from Quantum to Classical Revisited," *Los Alamos Science*,Number 27,2002,pg. 2。
6. 奥托·弗里施的话"也许,最重要的结论是,只要我们足够聪明,任何可逆过程都可以被反转……",来源:Otto Frisch,"Take a Photo," *Contemporary Physics*,1965,Vol. 7,pg. 45。
7. 尤金·维格纳的话"(量子态)仅仅表达了我们所知的、有关系统过去的那部分信息,它和我们预测系统的未来表现有关",来源:E. Wigner,*Symmetries and Reflections*,Indiana University Press,1967,pg. 164。
8. 卡尔顿·凯夫斯、克里斯托夫·富克斯和鲁迪格·沙克的话"在量子力学的贝叶斯法中,概率——也就是量子态——代表了一个代理[人]的信任程度,它不和物理系统的客观性质相对应。"来源:Carlton Caves,Chrisopher Fuchs,and Ruediger Schack,in "Subjective probability and quantum certainty,"*Studies in History and Philosophy of Science Part B:Studies in History and Philosophy of Modern Physics*,2007,Vol. 38, pg. 255-274。
9. 鲁迪格·沙克的话"量子贝叶斯法坚持认为,科学家和处于科学家之外的物质世界应该被同等地对待为科学研究的对象,这样的观点对大部分物理学家所持有的、根深蒂固的偏见提出了最深层次的挑战。"摘自2014年卢克·米尔豪泽(Luke Muehlhauser)对机器智能研究所(Machine Intelligence Research Institute)进行的一次采访:"Ruediger Schack on quantum Bayesianism"。

10. 史蒂文·范恩克的话“量子贝叶斯法简单地假设量子力学没有描述现实世界，仅仅描述了我们脑海中世界的样子。”来自 2015 年的私下交流。

11. 约翰·普雷斯基尔的话“我知道，没有理由不相信所有的物理过程，包括测量，可以被薛定谔方程所描述(包含叠加态)……”，来源于博客：Quantum Frontiers, January 10, 2013, “A poll on the foundations of quantum theory”。

12. 大卫·多伊奇的话“埃弗里特的量子理论暗示，在广义上当一个实验被观测到具有某个特定的结果时，所有其他可能的结果也同样出现，并且同时被同一个观测者在多元宇宙里另一元的同一场合下观测到。”来源：D. Deutsch, “The Logic of Experimental Tests, Particularly of Everettian Quantum Theory,”2015；修改之后发表于：*Studies in History and Philosophy of Modern Physics*, Elsevier, 2016。

13. 斯潘塞·张的话“我同意，具有因果关系的定域实在论不能存在……”来自 2015 年的私下交流。

14. 爱德华·O. 威尔逊 的话“……历史的巧合……是意义的来源……”，来源：Edward O. Wilson, *The Meaning of Human Existence*, Norton, 2014, pg. 13。